石油化工生产能效评估、诊断与优化

邵 诚 巩师鑫 著

科学出版社

北 京

内 容 简 介

本书系统地介绍了作者及其研究团队关于石油化工生产能效评估、诊断与优化问题的研究成果。书中分别从系统层、过程层和设备层三个层面，根据能源流和物流动态监测信息，建立了多粒度能效评估指标体系，提出了基于工况划分的多模型能效评估方法和综合考虑诊断周期的生产过程分布式能效诊断方案。本书提出了考虑系统层、过程层和设备层之间的能效动态关联、实现整个生产能源利用率最大化的能源优化配置方案，开发了基于大数据平台的乙烯生产能效监测与评估系统，为石化企业实现从关键能耗设备到整个生产过程的能效科学评估、诊断，以及能源优化配置提供了综合解决方案。

本书可作为流程工业石化企业的管理人员，控制工程、化学工程和能源工程领域的研究和开发人员、工程技术人员的参考书，也可供理工类大学相关专业教师和学生在科研和教学时参考。

图书在版编目(CIP)数据

石油化工生产能效评估、诊断与优化/邵诚，巩师鑫著. —北京：科学出版社，2020.6

ISBN 978-7-03-063576-1

Ⅰ. ①石… Ⅱ. ①邵…②巩… Ⅲ. ①石油化工—生产工艺—节能—研究 Ⅳ. ①TE08

中国版本图书馆 CIP 数据核字（2019）第 273740 号

责任编辑：姜 红 常友丽 / 责任校对：樊雅琼
责任印制：吴兆东 / 封面设计：无极书装

科 学 出 版 社 出版
北京东黄城根北街 16 号
邮政编码：100717
http://www.sciencep.com
北京建宏印刷有限公司 印刷
科学出版社发行 各地新华书店经销
＊
2020 年 6 月第 一 版 开本：720×1000 1/16
2020 年 6 月第一次印刷 印张：20 1/4
字数：408 000
定价：139.00 元
（如有印装质量问题，我社负责调换）

前　言

以生产原材料为主要产品的流程工业企业是国家的产业基础，是支撑国家经济发展、保障人民生活的基础，也是支撑其他产业发展的基石，更是国家核心竞争力的重要组成部分。同时，流程工业企业又以高能耗、高污染、高排放为特征，节能减排、提质降耗意义重大，成为国内外共同关注的焦点。石油化工企业是典型的高能耗流程工业企业，在工业 4.0 和企业智能制造转型强大挑战的新形势下，采用以互联网技术为代表的新一代信息化技术来解决石油化工企业的节能降耗问题，特别是利用人工智能和大数据技术，研究开发新的能效监控、评估、诊断与优化理论和技术，正在成为近年来控制工程、化学工程和能源工程领域的研究热点。本书正是作者及其研究团队在国家高技术研究发展计划（863 计划）项目"石化企业设备级、过程级、系统级的能效监测评估技术"（项目编号：2014AA041802-2）支持下，近年来在这一领域的最新研究成果的总结，希望给该领域的研究工作者和企业管理者提供一个新的视角，做一些有意义的尝试，为解决石油化工企业节能降耗问题起到一点引领作用。

本书以石油化工企业生产能效评估、诊断和优化方法研究为主线，首先建立一套科学的能效指标评估体系，用于化工生产过程的动态监测和分析；在此基础上研究针对不同实际生产条件和生产目标的能效评估策略和评估方法；然后进一步结合企业生产能效评估开展面向生产工艺、设备、操作等影响能效水平因素的智能诊断方法的研究；进而以提高企业生产能效为目标，全面优化企业的生产水平和管理水平，为科学合理地评价和分析企业生产能效水平，挖掘节能潜力，提高生产能源利用率和企业运营效率，实现以"能效优化"为核心的智能制造转型和可持续发展，提供解决方案。本书所提出的部分方案已应用于生产企业，取得了很好的效果。

全书分为概述、乙烯工业、炼油工业、应用四篇，共 11 章，对具体研究内容进行阐述，力求体现科学、系统、完整、易读，书后还提供了有代表性的参考文献，以备读者参阅。

特别感谢参与本书研究工作的所有团队成员，包括博士孟迪，硕士张峻华、刘佳、王峥、华丽、董小云、何文韬、李超、邓加川等，他们在攻读学位期间对本书的研究做出了很有意义的工作。巩师鑫博士完成了本书的初稿，朱理博士在项目实施过程中做了大量建设性的工作。感谢钱新华博士、王克峰博士，他们为本书中的实验验证工作提出了很好的建议。作者还要感谢国家高技术研究发展计划（863 计划）项目"石化企业设备级、过程级、系统级的能效监测评估技术"、辽宁省工业装备先进控制系统重点实验室的经费支持。

由于作者水平有限，书中不足之处在所难免。作者谨希望能够借此书抛砖引玉，为致力于流程工业石化企业生产能效评估、诊断和优化方法研究的学者、技术开发人员和管理者开展更加深入的研究和探索提供参考。

作 者

2019 年 9 月于大连

目　　录

前言
英文缩写对照表

第一篇　概　　述

第1章　石油化工行业能源形势与挑战 ………………………………………… 3

1.1　石油化工行业能源种类概述 ……………………………………………… 3

1.2　石油化工行业能源应用现状 ……………………………………………… 7

　　1.2.1　国内现状 ………………………………………………………… 7

　　1.2.2　国际现状 ………………………………………………………… 8

1.3　工业节能的战略地位 ……………………………………………………… 9

1.4　国家节能降耗规划 ………………………………………………………… 10

第2章　能效概述 ……………………………………………………………… 13

2.1　能效基本概念 ……………………………………………………………… 13

2.2　能效量化指标 ……………………………………………………………… 13

2.3　能效评估、诊断、优化技术与节能降耗 ………………………………… 15

第二篇　乙　烯　工　业

第3章　乙烯生产能效指标体系 …………………………………………… 21

3.1　乙烯生产技术 ……………………………………………………………… 21

　　3.1.1　裂解过程 ………………………………………………………… 22

　　3.1.2　急冷过程 ………………………………………………………… 25

　　3.1.3　压缩过程 ………………………………………………………… 25

　　3.1.4　分离过程 ………………………………………………………… 26

3.2　乙烯生产能耗现状与分析 ………………………………………………… 26

　　3.2.1　乙烯生产能耗盘点 ……………………………………………… 26

3.2.2 乙烯生产能耗与产出综合分析 ················· 30

3.3 乙烯生产能效指标体系的建立 ···················· 31

3.3.1 指标体系建立原则 ····················· 31

3.3.2 乙烯生产能效指标体系 ··················· 32

3.4 本章小结 ································ 37

第4章 乙烯生产能效评估、诊断技术 ···················· 38

4.1 乙烯生产能效评估、诊断概述 ···················· 38

4.2 乙烯生产能效评估、诊断技术与流程 ·················· 39

4.2.1 能效评估、诊断技术 ···················· 39

4.2.2 基于DEA模型的能效评估、诊断流程 ············· 41

4.3 基于工况划分的乙烯全流程能效评估 ·················· 42

4.3.1 乙烯生产典型工况确定 ··················· 43

4.3.2 基于K均值聚类算法的工况辨识 ··············· 47

4.3.3 基于因子分析法的能效评估模型输入指标选择 ········· 49

4.3.4 基于工况划分的乙烯生产能效评估 ·············· 50

4.4 乙烯生产分布式能效诊断策略 ···················· 54

4.4.1 两阶段DEA模型和网络DEA模型 ·············· 55

4.4.2 基于乙烯生产能源流的能效诊断边界确定 ··········· 62

4.4.3 乙烯生产过程分布式能效诊断模型建立 ············ 66

4.4.4 能效诊断结果及分析 ···················· 75

4.5 乙烯生产裂解炉设备能效诊断策略 ··················· 83

4.5.1 乙烯生产的工况划分 ···················· 83

4.5.2 乙烯裂解炉PCA模型的建立及诊断结果分析 ········· 84

4.6 本章小结 ································ 90

第5章 乙烯生产能效优化技术 ······················· 91

5.1 乙烯生产能效优化概述 ························ 91

5.2 基于三层结构的乙烯生产多工况能效优化 ················ 94

5.2.1 投入产出建模方法 ····················· 94

5.2.2 乙烯生产系统层、过程层和设备层模型建立 ·········· 101

5.2.3 乙烯生产能效优化 ····················· 106

5.3 乙烯生产裂解炉的优化策略 ······················ 117

5.3.1 乙烯裂解炉能效优化 ···················· 118

　　　　5.3.2　乙烯裂解炉裂解深度的优化·····················121

　　5.4　乙烯生产精馏塔的节能操作优化策略·················123

　　　　5.4.1　乙烯精馏工艺流程与精馏塔乙烯损失率·········124

　　　　5.4.2　基于模糊聚类的精馏塔运行工况划分···········127

　　　　5.4.3　优化目标函数的确定························129

　　　　5.4.4　仿真实验及效果分析·······················131

　　5.5　本章小结·····································133

第三篇　炼　油　工　业

第6章　常减压生产装置能效指标体系·······················137

　　6.1　常减压生产装置工艺技术·························137

　　　　6.1.1　蒸馏原理·······························137

　　　　6.1.2　常减压生产装置工艺流程···················138

　　6.2　常减压生产装置能耗现状分析····················141

　　　　6.2.1　常减压生产装置能源介质流分析··············141

　　　　6.2.2　常减压生产装置能耗特点分析···············146

　　6.3　常减压生产装置能效指标体系的建立···············147

　　　　6.3.1　常减压生产装置层级划分···················147

　　　　6.3.2　能效监测指标的建立······················148

　　6.4　本章小结·····································155

第7章　常减压生产装置能效评估、诊断技术·················156

　　7.1　常减压生产装置能效评估、诊断概述···············156

　　7.2　常减压生产装置拔出率诊断策略··················157

　　　　7.2.1　PSO优化SVM的模型参数·················162

　　　　7.2.2　基于PSO-SVM诊断模型的仿真结果···········164

　　7.3　常减压生产异常工况诊断策略····················166

　　　　7.3.1　诊断与优化算法·························166

　　　　7.3.2　异常工况诊断模型的建立···················169

　　7.4　本章小结·····································176

第8章　常减压生产装置能效优化技术·····················177

　　8.1　常减压生产装置能效优化概述····················177

8.2 常减压生产装置综合能效优化策略 ·· 178

8.2.1 基于 IPSO 的常压炉能效优化模型的建立 ····························· 178

8.2.2 优化结果及分析 ·· 180

8.3 基于工况划分的常减压生产装置能效优化 ································ 182

8.3.1 基于 PSO 的常减压生产装置能效建模优化 ························· 182

8.3.2 基于 IPSO 的常减压生产装置能效建模优化 ······················ 189

8.4 本章小结 ··· 210

第四篇　应　用

第 9 章　能效监测与评估系统 ·· 213

9.1 乙烯生产能效监测与评估系统 ··· 213

9.1.1 企业需求分析 ·· 213

9.1.2 系统功能设计 ·· 216

9.1.3 系统结构设计 ·· 218

9.1.4 系统使用流程设计 ·· 220

9.1.5 系统模块设计 ·· 222

9.1.6 实验室内的测试与运行 ·· 228

9.1.7 工业现场的系统投运 ·· 232

9.1.8 运行结果与分析 ·· 233

9.2 炼油生产能效监测与评估系统 ··· 236

9.2.1 系统工作原理 ·· 236

9.2.2 系统功能设计 ·· 237

9.2.3 系统结构设计 ·· 238

9.2.4 系统模块设计 ·· 239

9.2.5 工程应用情况 ·· 247

9.3 本章小结 ··· 249

第 10 章　乙烯生产能效监测与评估移动端系统 ·································· 250

10.1 系统需求分析 ··· 251

10.2 系统功能设计 ··· 252

10.3 系统结构设计 ··· 253

10.4 服务器设计 ··· 255

10.5 Android 客户端设计 ··· 256

10.6　本章小结 ··· 263

第 11 章　基于大数据平台的乙烯生产能效监测与评估系统 ········· 264

11.1　基于 Spark 平台的乙烯生产能效分析平台 ····················· 265

11.1.1　大数据平台选型及部署 ································· 265

11.1.2　基于 Spark 的工业大数据平台设计与实现 ··········· 276

11.2　乙烯生产能效分析大数据集群管控平台 ······················· 291

11.2.1　系统部署 ··· 291

11.2.2　集群管控可视化功能实现 ····························· 292

11.2.3　能效分析可视化功能实现 ····························· 295

11.3　本章小结 ··· 297

参考文献 ··· 299

英文缩写对照表

英文缩写	英文全称	中文含义
PCA	principal components analysis	主成分分析
SPE	squared prediction error	平方预测误差
COT	cracking furnace outlet temperature	裂解炉出口温度
FET	flue gas exhaust temperature	烟气排烟温度
FNP	furnace negative pressure	炉膛负压
tp	total process of ethylene production	乙烯生产全过程
cp	cracking process	裂解过程
qp	quenching process	急冷过程
ComP	compression process	压缩过程
sp	separation process	分离过程
cf	cracking furnace	裂解炉
cgc	cracking gas compressor	裂解气压缩机
epc	ethylene-propylene compressor	乙烯-丙烯制冷压缩机
SEC	synthetical energy consumption	综合能耗
CSEC	comparable synthetical energy consumption	可比综合能耗
NI	number of input	输入变量个数
NO	number of output	输出变量个数
IW	industrial water	工业水
RW	recycled water	循环水
DW	desalted water	脱盐水
LW	living water	生活水
BFW	boiled feed water	锅炉给水
WW	waste water	污水
SS	super-high pressure steam	超高压蒸汽
HS	high-pressure steam	高压蒸汽
MS	medium-pressure steam	中压蒸汽
LS	low-pressure steam	低压蒸汽
DS	dilution steam	稀释蒸汽
LC	low-pressure condensate	蒸汽凝液

英文缩写	英文全称	中文含义
P-CA	purified compressed air	净化压缩空气（仪表风）
N-CA	non-purified compressed air	非净化压缩空气（工厂风）
N_2	nitrogen	氮气
FR	feed rate	原料进料
FG	fuel gas	燃料气
HTO	hydrocracking tail oil	加氢裂化尾油
AGO	atmospheric gas oil	减一/减顶油
NG	natural gas	天然气
RMSE	root mean square error	均方根误差
MAE	mean absolute error	平均绝对误差
COP	coil outlet pressure	裂解炉出口压力
NAP	naphtha	石脑油
LH	light hydrocarbon	轻烃
LPG	liquefied petroleum gas	液化石油气
HC5	hydrogenated C5	加氢碳五
ERP	enterprise resource planning	企业资源计划
PCS	process control system	过程控制系统
MES	manufacturing execution system	制造执行系统
PAS	process analyzer system	在线分析仪系统
DEA	data envelopment analysis	数据包络分析
CFA	comprehensive factor analysis	综合因子分析
DMU	decision making unit	决策单元
CRS	constant return to scale	恒定规模收益
VRS	variable return to scale	可变规模收益
EC	energy cost	能源成本
FA	factor analysis	因子分析
FCM	fuzzy cluster model	模糊聚类模型
FLANN	functional link artificial neural network	函数链接神经网络
FLPEM	functional link prediction error method	函数链接预测误差法
PEM	prediction error method	预测误差法
BP	back propagation	反向传播
MPSO	multi-objective particle swarm optimization	多目标粒子群优化
GA	genetic algorithm	遗传算法
AHP	analytic hierarchy process	层次分析法

续表

英文缩写	英文全称	中文含义
ETLBO	elitist teaching learning based optimization	精英教学优化
ELM	extreme learning machine	极限学习机
DAMR	domain adaptation with manifold regularization	流形正则化域适应
FFR	fuel gas-feedstock ratio	燃料-原料比
CI	consistency index	一致性指数
CR	consistency ratio	一致性比率
CF	cost function	代价函数
SVM	support vector machine	支持向量机
PSO	particle swarm optimization	粒子群优化
RBF	radial basis function	径向基函数
OOP	object oriented programming	面向对象程序设计
BBS	bulletin board system	公告板系统
PC	personal computer	个人计算机
CPU	central processing unit	中央处理器
URL	uniform resource locator	统一资源定位符
RDD	resilient distributed datasets	弹性分布数据集
DCS	distributed control system	集散控制系统
SGD	stochastic gradient descent	随机梯度下降

第一篇

概　述

第 1 章　石油化工行业能源形势与挑战

　　能源是人类生存发展和进行生产活动的物质基础。从古至今，人类社会的进步和发展离不开优质能源和先进能源技术的使用与革新，能源的开发和利用始终贯穿社会文明发展的全过程。

　　能源是整个世界发展和经济增长的最基本驱动力，能源技术的每次进步都带动了人类社会的发展，尤其是以蒸汽机发明为代表的工业革命以来，能源技术推动了社会和经济的高速发展。但是，人类在享受能源带来的经济发展、科技进步的同时，也越发认识到大规模使用化石燃料带来的严重后果——资源日益枯竭、环境不断恶化。所以，能源的可持续高效利用是人类共同关心的问题，是当代能源利用的一个重要的关注点。

　　工业是国民经济的主体，也是能源资源消耗的主要领域。作为六大高能耗行业之一的石油化工（石化）行业，是我国经济持续增长、创新能力提升的重要支撑力量，从基础的化学品到常见应用的定制材料，80%的产品会作为原材料被用于其他行业[1]。化石燃料及其衍生的产品不仅是能源，还是某些工业的重要原料。但是石油化工行业普遍存在能源消耗（能耗）总量大、利用率低等问题，一直以来都是节能降耗的重点。由于生产规模巨大，流程长且复杂，能源和物料种类随不同生产工艺和要求变化，实际生产还受到企业管理、生产技术等多种动态不确定因素的影响，故其节能着眼点多，潜力极大。

1.1　石油化工行业能源种类概述

　　目前，能源的分类方法很多，简单归纳有以下几种方法。

1. 按能量的根本蕴藏方式（原始来源）划分

根据能量的原始来源，能源可分为以下三类。

1）来自地球以外的太阳能

人类现在使用的能量主要来源于太阳。除了直接利用太阳的光和热之外，还间接地大量使用着太阳能源。例如：靠太阳的光合作用促使植物生长，形成植物燃料；煤炭、石油、天然气、油页岩等矿物燃料（又称化石燃料）都是古代生物接受太阳能后生长，又长久沉积在地下形成的；另外，生物质能、水能、风能、海洋能等，归根到底也都源于太阳能。

2）来自地球本身蕴藏的能量

这类能量主要包括地热能和原子核能两种形式。地热能以热能形式储藏于地球内部，包括火山喷发、地下蒸汽、温泉等自然呈现出的能量。原子核能是储藏在地球内的核燃料，它是在原子核发生裂变和聚变反应时释放出来的能量。

3）潮汐能

地球和其他天体引力相互作用所产生的能量，主要是指地球、月亮、太阳有规律地运动产生相互引力作用而形成的潮汐能。潮汐能蕴藏极大的机械能，潮差可达几十米，是雄厚的发电原动力。

2. 按能源成因划分

能源按成因可分为一次能源和二次能源。一次能源中的某些矿物燃料和核燃料的生成速度特别慢，而消费速度却不断加快，最终将会枯竭，称为不可再生能源。而有些能源的消耗速度可与再生速度持平，经久使用而不会枯竭，称为可再生能源。具体划分如图 1-1 所示。

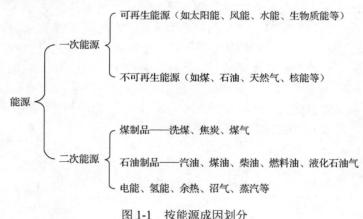

图 1-1　按能源成因划分

1）一次能源

一次能源是指以原始状态存在于自然界中不需要加工和转换而直接可以利用的能源，如煤、石油、天然气、风能、水能、太阳能、潮汐能、地热能等。

（1）可再生能源。是指在自然界的生态循环中能够重复产生的自然资源，它能够循环使用，并具有天然的自我再生功能，可以源源不断地从自然界中得到补充，不会随人类开发利用而日益减少，是取之不尽、用之不竭的能源，如太阳能、风能、水能、生物质能等。其优点是绝大多数对环境无害或危害极小，而且资源分布广泛，适宜就地开发利用，但开发利用的技术难度较大。

（2）不可再生能源。是指自然界中经过亿万年形成，短期内无法恢复且随着大规模开发利用，储量越来越少，总有一天会枯竭的能源，包括煤、石油、天然气、核能等。其缺点是使用中对环境的污染很大。

2）二次能源

二次能源也称"次级能源"或"人工能源"，是由一次能源经过加工或转换得到的其他种类和形式的能源，包括煤制品、石油制品及电能、氢能、余热、沼气、蒸汽等。一次能源无论经过多少次加工转换而得到的另一种能源都称为二次能源。

3. 按人类社会开发利用能源的进程和技术状况划分

按照人类社会开发利用能源的进程和技术状况，能源可以划分为常规能源和新能源。

1）常规能源

常规能源也称为传统能源，它是指在目前科学技术条件成熟，经济比较合理的基础上，已被人类大规模生产和广泛使用的能源，如煤炭、石油、天然气、水能、电能、生物质能等。

2）新能源

新能源是指人类新近开发利用或正在研究开发，尚未大规模利用的能源，或者在新技术基础上系统地开发利用的能源，如太阳能、风能、海洋能、地热能、潮汐能等。

4. 按能源的使用性质划分

从能源的使用性质上来划分，能源可以分为燃料性能源和非燃料性能源。

1）燃料性能源

能够直接燃烧而产生热量的物质称为燃料性能源。它包括：矿物燃料，如煤、石油、天然气等；生物燃料，如藻类、秸秆、木料、沼气等；化工燃料，如甲醇、乙醇、火药等；核燃料，如铀、钍等。

2）非燃料性能源

不能直接燃烧的能源称为非燃料性能源，如水能、电能、太阳能、风能、地热能等。

5. 按存在的状态划分

能源按存在的状态可分为固体能源、液体能源和气体能源三大类。

1）固体能源

固体能源是指具有一定的硬度和形状的、能够产生能量的可燃性物质，大多数是碳物质或碳氢化合物，如原煤、石煤、焦炭、型煤等。

2）液体能源

液体能源是指具有体积和形状的、能够产生能量的可燃性物质，其形状随容器而改变，如原油、汽油、煤油等。

3）气体能源

气体能源是指没有固定的体积和形状的、能够产生能量的可燃性物质，如天然气、液化石油气、焦炉煤气等。

6. 按能源在使用过程中产生的污染程度划分

从环境保护角度，按能源在使用过程中产生的污染程度进行划分，能源可以分为清洁能源和非清洁能源。

清洁能源和非清洁能源的划分是相对的。清洁能源是指在使用过程中无污染或污染小的能源，如太阳能、风能、水能等；非清洁能源是指在使用过程中对环境污染较大的能源，如各种固体能源、裂变核燃料、石油等。

7. 按能源的储存和输送性质划分

按能源的储存和输送性质进行划分，能源可分为含能体能源和过程性能源。

凡是包含着能量的物体，都称为含能体能源，可以被人们直接储存和输送，各种燃料能源和地热能源都是含能体能源。过程性能源是指在运动过程中产生能量的能源，它们无法被人们直接储存和输送，如风能、水能、潮汐能等。

8. 从消费角度划分

从消费角度进行划分，能源可以分为商品能源和非商品能源。

商品能源是指经流通环节大量消费的能源，主要有煤炭、石油、天然气、电能等；非商品能源是指不经流通环节而自产自用的能源，如农户自产自用的薪柴、秸秆及牧民自用的牲畜粪便等。

石化行业生产线长、涉及面广、产品众多，从最初的原油到化工原料再到数不清的化工产品，经过了众多生产和加工流程。炼油生产工业和乙烯生产工业是石油化工行业的龙头。本书作者及其研究团队，近年来在国家高技术研究发展计划（863 计划）项目"石化企业设备级、过程级、系统级的能效监测评估技术"（项目编号：2014AA041802-2）支持下，主要针对炼油生产工业和乙烯生产工业的能源种类开展研究和应用。

乙烯生产工业的能源成本占生产操作总成本的 50%以上[2,3]，并且能源消耗情况因不同生产要求和过程具有一定差异性，但整个乙烯生产工业需要使用的能源介质主要包括：燃料、蒸汽、水、电和其他气体。所消耗的燃料、蒸汽、水、电和其他气体分别占能源消耗总量的 60%、20%、7%、2%、小于 1%。

常减压生产装置能源消耗占炼油厂能源消耗总量的 25%～30%[4]，是炼油厂中主要的能源消耗设备。其消耗的能源介质主要包括燃料、蒸汽、水、电、空气等。由某厂常减压蒸馏装置的统计数据可知，其中燃料消耗最大，通常达到 70%左右，其次是电和蒸汽，分别占总能耗的 15%左右，新鲜水、循环水和软化水一般共占 5%左右。

1.2　石油化工行业能源应用现状

1.2.1　国内现状

随着我国经济的飞速发展，工业生产的智能化和现代化要求不断提高，能源需求程度不断增加。但长久以来，我国工业生产在能源使用上的粗放型管理方式（即依靠生产要素的大量投入实现收益的增加）造成了工业能源消耗过度、利用率低等多种问题。表 1-1 给出了我国在实施能源管控工作前的工业能源消耗和产值增加情况。

表 1-1　工业能源消耗和产值增加情况[4]　　　　　　（单位：%）

年份	工业能耗占社会总能耗比例	六大高能耗行业能耗占工业能耗比例	工业增加值占GDP 比例	六大高能耗行业增加值在全部工业增加值中所占比例
2005	70.9	71.3	41.8	32.7
2010	73.0	77.0	40.2	30.3

如表 1-1 所示，2005 年和 2010 年的工业能源消耗总量均超过 70%，其中，钢铁、石化、化工、有色金属、建材和电力六大高能耗行业的能源消耗量更是占据了工业能耗的大部分。2010 年，工业能耗总量约占全社会总能耗的 73.0%，六大高能耗行业的能源消耗量占工业总能耗的 77.0%。然而，高投入并未带来高收益。六大高能耗行业增加值仅占全部工业增加值的 30.3%。从能源利用效率来看，目前我国的能源利用效率仅为 33%，比发达国家低约 10 个百分点，而且电力、钢铁、有色金属、石化、建材、化工、轻工、纺织八个行业主要产品单位能耗平均比国际先进水平高 40%。然而，高能耗所带来的产值收益并不可观。因此，通过生产要素的大量投入寻求高收益的工业能源管理模式并不可取。而且，能源的相对紧缺和过度消耗，以及供产不平衡等问题随着工业发展而日益凸显，已经成为

制约我国经济增长和环境友好协调发展的瓶颈。

随着国民经济平稳较快发展和基础工业的不断革新，能源消耗将继续保持增长趋势，资源约束矛盾更加突出。石油化工行业是对多种资源进行化学处理和转化加工的行业，产业关联度高，是我国国民经济的重要支柱产业之一。图 1-2 给出了 2011～2016 年的能源消耗情况和石油化工行业的产品增长率情况[4]。

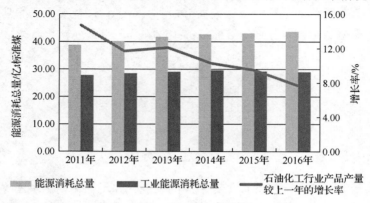

图 1-2　2011～2016 年能源消耗与生产增长情况

从图 1-2 中可以看出，虽然 2011～2016 年的社会能源消耗总量呈明显增长态势，并且 2013 年已突破 40 亿 t 标准煤大关，但整体增长速率明显放缓。作为我国第二产业的工业，其能源消耗总量 2014 年以前逐年增加，但是 2015 年起又开始小幅度下降，这是我国将工业生产节能减排上升至国家战略，严格限制能源消耗的结果。从图 1-2 还可以发现，石油化工行业的产品产量增长率也呈现下降的趋势，这与其他行业需求不旺、自身产能过剩等因素相关。在此双向夹击的背景下，石化企业只有通过科学用能来实现节能减排，通过提高企业的能效水平来实现向智能制造转型，这是石化企业持续提高经济效益的必然选择。

1.2.2　国际现状

从国际看，全球气候变化、国际金融危机、欧洲主权债务危机、地缘政治等因素对国际能源形势产生重要影响，世界能源市场更加复杂多变，不稳定性和不确定性进一步增加。

能源资源竞争日趋激烈。一些发达国家长期形成的能源资源高消耗模式难以改变，发展中国家工业化和现代化进程加快，能源消耗需求将不断增加，全球能源资源供给长期偏紧的矛盾将更加突出。未来十年，发展中国家能源需求增量将占全球增量的 85% 左右，消费重心逐步东移。发达国家竭力维护全球能源市场主导权，进一步强化对能源资源和战略运输通道的控制。能源输出国加强对资源的控制，构建战略联盟，强化自身利益。能源的战略属性、政治属性更加凸显，围绕能源资源的博弈日趋激烈。

能源供应格局深刻调整。作为全球油气输出重地的西亚、北非地区局势持续动荡。美国和加拿大页岩气、页岩油等非常规资源开发取得重大突破，推动全球化石能源结构变化。美国发布了《未来能源安全蓝图》，提出"能源独立"新主张。加大本土能源资源开发，调整石油进口来源。日本福岛核电站核泄漏事故不仅影响了世界核电发展进程，而且对全球能源开发利用方式产生了深远影响。欧盟制定了 2020 年能源战略，启动战略性能源技术计划，着力发展可再生能源，减少对化石能源的依赖。世界能源生产供应及利益格局正在发生深刻调整和变化。

全球能源市场波动风险加剧。在能源资源供给长期偏紧的背景下，国际能源价格总体呈现上涨态势。金融资本投机形成"投机溢价"，国际局势动荡形成"安全溢价"，生态环境标准提高形成"环境溢价"，能源价格将长期高位震荡。发达国家能源需求增长减弱，已形成适应较高能源成本的经济结构，并将继续掌控世界能源资源和市场主导权，能源市场波动将主要给发展中国家带来风险和压力。

围绕气候变化的博弈错综复杂。气候变化已成为涉及各国核心利益的重大全球性问题，围绕排放权和发展权的谈判博弈日趋激烈。发达国家一方面利用自身技术和资本优势加快发展节能、新能源、低碳等新兴产业，推行碳排放交易，强化其经济竞争优势；另一方面通过设置碳关税、"环境标准"等贸易壁垒，进一步挤压发展中国家发展空间。我国作为最大的发展中国家，面临温室气体减排和低碳技术产业竞争的双重挑战。

能源科技创新和结构调整步伐加快。国际金融危机以来，世界主要国家竞相加大能源科技研发投入，着力突破节能、低碳、储能、智能等关键技术，加快发展战略性新兴产业，抢占新一轮全球能源变革和经济科技竞争的制高点。高效、清洁、低碳已经成为世界能源发展的主流方向，非化石能源和天然气在能源结构中的比重越来越大，世界能源将逐步跨入石油、天然气、煤炭、可再生能源和核能并驾齐驱的新时代。

1.3　工业节能的战略地位

工业是我国能源消耗大户，其能源消耗量占全国能源消耗总量的 70% 左右，特别是钢铁、有色金属、建材、化工、煤炭、电力、石油、石化八个行业占全部工业能耗的 78%。到 2020 年，虽然工业部门能源需求占能源总需求的比例将从 2000 年的 72.7% 逐步下降到 56.7%～58.7%，但工业部门仍然为第一大用能部门，也是获得节能效应最为显著的部门。因此，工业节能对于我国节能工作的顺利开展、能源发展规划和"资源节约型社会"建设目标的实现具有至关重要的战略地位。

首先，工业节能是实现经济持续快速发展的必然选择。虽然我国能源比较丰富，但人均占有量不多，而且开采难度越来越大。同时，能源基础设施建设投资大、周期长，还面临交通运输、水资源制约等一系列问题。今后 20 年，我国钢铁、有色金属、石油、石化、水泥等高能耗产品的需求量将继续增加，汽车和家用电器大量进入家庭，能源消耗进一步增长的态势将不可逆转，因而能源相对不足造成的资源约束矛盾将会越来越突出。国民经济的持续快速发展必须依靠工业生产规模和质量的保证，建立节能型工业、大力发展工业节能技术，必将成为支持工业发展的重要保障。

其次，工业节能是保障国家能源安全的战略举措。中国是能源进口依赖型国家，能源自给率不高，随着经济发展，工业化进程加快，特别是石油、石化工业的快速发展，石油需求将继续增长，供求缺口会越来越大。根据《中国能源发展报告 2018》，2018 年中国能源对外依存度约 21%，同比增长 1 个百分点；能源进口量约为 9.7 亿 t 标准煤，其中原油占 66%，天然气占 16%，煤炭占 18%。其中，原油和天然气贸易量有较大增长。2018 年，中国原油净进口量达到 4.6 亿 t，同比增长 10%，对外依存度攀升至 71%；天然气净进口量达 1200 亿 m^3，同比增长 32%，进口量超过日本成为全球第一，对外依存度达到 43%。另外，我国主要工业行业的能耗水平与国际先进水平相比仍然有较大差距，也是企业成本高、经济效益差的一个重要原因。所以，工业节能不仅是增强工业企业竞争力的有效途径，更是关系到国家经济长远发展的战略问题。

最后，工业节能也是环境保护的重要手段。据测算，我国工业能源利用效率若能达到世界先进水平，可减少能源消耗约四分之一，可大大降低空气污染水平，使环境质量得到极大改善。

1.4 国家节能降耗规划

面对我国工业能源短缺、消费量大、利用率低等严峻问题，节能减排、能源管控工作开始上升为国家战略。因此，自"十一五"规划以来，我国已连续三个"五年计划"将"建设资源节约型社会，实现重点行业能源管理全覆盖"作为可持续化发展目标之一，并且节能工作的实施力度逐年增加。经过能源管控工作的逐步实施，工业能源消耗情况有了较为明显的改善。

1. 国家"十一五"规划节能总体目标

国家"十一五"规划明确提出"2010 年单位国内生产总值能源消耗（单位 GDP 能耗）比 2005 年的降低 20% 左右"的约束性节能降耗指标。

2. 国家"十二五"规划节能总体目标

国家"十二五"规划时期，世情、国情继续发生深刻变化，世界政治经济形势更加复杂严峻，能源发展呈现新的阶段性特征，我国既面临由能源大国向能源强国转变的难得历史机遇，又面临诸多问题和挑战。

国家"十二五"规划提出"2015 年单位国内生产总值能源消耗（单位 GDP 能耗）比 2010 年下降 16%，且能源综合效率提高到 38%"的总体目标，并对规模以上工业增加值能耗提出"2015 年比 2010 年下降 21% 左右，总体实现节能量 6.7 亿 t 标准煤"的工业总体目标。同时，针对不同行业，要求到 2015 年，钢铁、有色金属、石油化工、化工、建材、机械、轻工、纺织、电子信息等重点行业单位工业增加值能耗分别比 2010 年下降 18%、18%、18%、20%、20%、22%、20%、20% 和 18%[5]。

3. 国家"十三五"规划节能总体目标

国家"十三五"规划提出了"2020 年单位国内生产总值能源消耗（单位 GDP 能耗）比 2015 年下降 15%"的总体目标，同时能源消耗总量控制在 50 亿 t 标准煤以内，并且实现"以提质增效为中心"的能耗总量和强度"双控"的要求，即实现能源消耗总量和万元产值能耗的同时提升[6]。

我国目前还处于工业化、城镇化加快发展的历史阶段，产业结构调整和技术管理水平尚有较大潜力可以挖掘。高能耗产业在经济增长中仍占有较大比重，转变能源生产和消费模式。提高能源效率，减少能源消耗，是一项长期而艰巨的任务。作为石油化工行业的基础产业，乙烯生产工业集多种大型能耗设备于一体，工艺流程长且复杂，实际生产也受到工艺参数、市场需求等诸多动态不确定因素的影响[7]。面对我国石油化工行业能源消耗量大、能效偏低等严峻问题，提效降耗工作逐渐受到重视。

提高能效是石油化工行业可持续发展、增长综合经济效益、促进生产管理进步的需要。作为石油化工行业的基础性行业，乙烯生产工业的提效降耗工作必定首当其冲。面对工业提效降耗工作的逐步实施和企业市场竞争力的不断诉求，乙烯生产企业也开始在生产工艺、装备智能化水平、生产管理效率等方面进行转型升级[8]，从而促进生产能效的提升，表现在：在生产工艺上，从单一轻质原料向多元化结构原料更替的同时，深化研究关键设备工艺技术[9]；在装备智能化水平上，以"工业 4.0"和"智能制造 2025"为战略核心，加强企业生产的信息化和智能化建设，综合提升企业自动化水平[10]；在生产管理效率上，针对现有的装备设施，深入挖掘生产节能、效益提升增长点[11]。通过将过程生产的控制、优化运行技术逐步和实际乙烯生产的相关工艺参数、生产计划管理相结合，实现生产的科学决策和运行，提高生产运行的能效水平，从而增强企业在市场中的综合竞争力。

虽然目前乙烯生产企业在节能降耗方面开展了一系列研究，但鉴于乙烯生产的重要性以及工艺复杂性，现有的节能降耗措施仍存在一定局限性。随着我国经济高质量发展的要求不断提高，乙烯生产工业智能化进程将不断加快。因此，在能源需求紧缺程度不断增加的今天，单纯降低能源投入的能源管理方式并不科学，提升能源利用效率才是科学有效的手段。乙烯生产工业因其上下游工业连续化、工艺技术多样化、生产规模大型化、生产方式自动化和人工操作相结合等诸多特点，提效降耗是一个需要以检测、控制、能源工程等相关学科理论为基础，综合化工相关技术的系统工程。

综上所述，不论从现实还是长远发展需要，开发工业节能新技术迫在当代、利于长远；利用新一代信息化技术对工业生产全过程开展能效评估、诊断和优化是解决工业节能问题的新途径。

第2章 能效概述

能效，通常意为能源利用效率。而能源利用效率作为众多国家和地区能源政策的关注点，也是能源可持续发展问题的核心。为改善资源短缺现状，提高能源管理水平，对工业生产装置的能源利用效率进行有效分析是十分必要的，但前提是给出科学合理的"能效"定义。

2.1　能效基本概念

对化工生产过程开展能效评估、诊断和优化方法的研究，首先需要明确"能效"的概念。"能效"是一种用于综合考虑输入和输出两者的通用术语，在现实生产活动中并没有针对能效的直接测量的指标或唯一的能效量化指标，必须依靠一系列或特征性指标来量化能效水平[12]。根据能源利用效率的含义，能效通常指实际参与能源利用过程的能源量与能源投入总量比值，其中又包括两方面：一是侧重能源消耗，指为使用者提供的价值量与提供该价值量实际消耗的能源总量的比值；二是侧重能源转化，指高品位能源向低品位能源转化的程度。工业能效最早由 Martin 等于 1994 年提出，其认为工业能效是某个生产单元或系统的或以产值形式，或以产率形式的经济产出的综合表现，与能源、资金投入等因素息息相关[13]。综上，工业能效可定义为

$$\text{工业能效} = \frac{\text{生产系统或单元输出的有用能}}{\text{提供给生产系统或单元的能源}}$$

该"能效"定义通过综合考虑系统的输入输出两部分，再根据实际生产情况制定具体的量化指标反映生产水平。

2.2　能效量化指标

在上述工业能效基本定义的基础上，根据评估、诊断的不同需求和对"输出有用能"及"提供的能源"不同角度的理解，量化能效的指标可以具体分为热力

学指标、物理-热力学指标、经济-热力学指标和经济指标四类[14]。

1. 热力学指标

热力学指标是量化能效最本质方式的指标，是基于对投入和产出的能源热量的测算。在该指标的量化表达中，"生产系统或单元输出的有用能"和"提供给生产系统或单元的能源"均以焓值的形式表示，故该指标也称为焓效率。热力学指标通常有式（2-1）～式（2-3）所示三种形式。

$$E_{\Delta H} = \Delta H_{out}/\Delta H_{in} \tag{2-1}$$

该指标是基于热力学第一定律提出的。式中，ΔH_{out}为过程有用能输出焓值总和；ΔH_{in}为过程有用能输入焓值总和；$E_{\Delta H}$即为焓效率。

上述指标的缺陷在于未考虑有用能的能源质量，故根据热力学第二定律定义如下第二种形式的热力学指标，用以反映能源质量：

$$E = \Delta G_{out}/\Delta G_{in} \tag{2-2}$$

式中，ΔG_{out}为过程有用能输出吉布斯自由能总和；ΔG_{in}为过程有用能输入吉布斯自由能总和。$\Delta G = \Delta H - T\Delta S$，$\Delta S$为熵变值，$T$为温度。

第三种形式的热力学指标同样根据热力学第二定律定义，但反映的是实际生产过程的能源转换情况与理想或理论效率的对比：

$$\rho = E_{\Delta H(actual)}\big/E_{\Delta H(ideal)} \tag{2-3}$$

式中，$E_{\Delta H(actual)}$为过程实际焓效率；$E_{\Delta H(ideal)}$为过程理论焓效率。

虽然上述三种热力学指标可从能源利用效率的根本量化能效，但在实际生产中，能源热量、质量并非生产管理者最关注的因素，再者由于实际生产诸多非理想状态的限制，该指标的实际工程应用较少。

2. 物理-热力学指标

物理-热力学指标是结合实际物理生产单元，将"工业能效"定义中的"有用能"以"提供的服务"的形式加以表达，而"提供的能源"仍以焓值形式表示，以"为生产单元消耗相应能源所能提供最大的服务"量化能效水平的指标，其以如下公式计算：

$$E = O/\Delta H_{in} \tag{2-4}$$

式中，O表示"提供的服务"，在工业生产单元中，一般指生产管理者最为关心的能源产品或经济产品的产量；ΔH_{in}为过程有用能输入焓值总和。

3. 经济-热力学指标

经济-热力学指标与物理-热力学指标的主要区别在于，其将"提供的服务"

以产值的形式表示，以如下公式计算：

$$E = \left(P_{\text{output}} \times R_P\right)\big/\Delta H_{\text{in}} \qquad (2\text{-}5)$$

式中，P_{output} 为生产管理者最为关心的产品的产量；R_P 为该产品的市场价格。

4. 经济指标

经济指标是将"工业能效"中的"有用能"和"提供的能源"均以货币的形式表示，为生产管理者从生产成本和收益的角度评价能源的利用情况。该指标以如下公式计算：

$$E = \left(P_{\text{output}} \times R_P\right)\big/\left(e \times R_e\right) \qquad (2\text{-}6)$$

式中，P_{output} 和 e 分别为生产单元的产品产量和能源投入量；R_P 和 R_e 分别为对应的价格。

上述能效指标量化形式因其考虑的问题和涉及的理论背景不同，适用于不同的评估、诊断和优化场景。基于热力学定律的热力学指标可用于单个能耗设备或特定的能源转换过程的分析，但往往更关注微观的能量转换；经济指标量化形式对于宏观经济方面的描述则更适用于实际生产，直观、简单、易操作；而物理-热力学指标和经济-热力学指标量化形式是综合微观和宏观变量的应用。选择适当的能效指标或建立符合企业、行业需要的能效指标，可以梳理宏观技术、当前环境政策、能源价格政策、能源产品和结构等因素对生产能效的影响。

2.3　能效评估、诊断、优化技术与节能降耗

面对实际的化工生产过程，上下游生产装置连续作业，生产过程能源流和物质流耦合交叉，明确能效评估、诊断和优化边界是合理开展能效提升工作的重要前提。通过生产过程中的能源流和物质流变化和作用情况，确定生产过程的能源边界：分析能源流的变化和作用，确定生产过程中的各种能源投入、消耗情况和能源产品产出情况；分析物质流的变化和作用，确定生产过程中的原料投入情况和经济产品产出情况。在此基础上，根据上述"工业能效"的定义，充分考虑该厂生产数据和实际工程需求，采用宏观物理指标的综合能效量化形式，将"工业能效"中的"生产系统或单元输出的有用能"以"产品的产出量"的物理形式体现，将"工业能效"中的"提供给生产系统或单元的能源"以"实际能源投入量"的物理形式体现。因此，在化工生产过程中，能效除了上述"工业能效"的基本概念量化形式外，还可以进一步细化为

$$化工生产能效 = \frac{统计期内化工产品产量}{统计期内综合能源消耗量}$$

该指标意为在统计期内，消耗一定量的能源所生产出的产品的产量。该能效定义形式虽与实际工厂所采用的"单位产品能耗"相似，但并不是简单的"单位产品能耗"的概念。通过确定"化工生产能效"的基本概念，结合实际工艺流程和工程需求，并进一步结合科学定义的不同层级、不同粒度的具体指标来诠释"能效"的含义，建立合理的能效指标体系，开展对乙烯生产过程、炼油生产装置能效的评估、诊断和优化工作。

合理的能效指标体系不仅可用于实时在线监测生产状态和能效水平，还可以结合具体的指标，利用数据驱动方法或者机理分析方法开展能效评估工作，并针对异常情况开展能效诊断研究。然后根据能效评估、诊断的结果，选择合适的能效指标，给出合理的能效优化方案。最终，根据评估、诊断和优化结果，在指导生产的同时进一步反馈修正能效指标，形成闭环能效管控体系化架构，即通过面向能效的生产指标评价、分析和优化技术，最终实现生产的节能降耗。总体研究思路如图 2-1 所示。

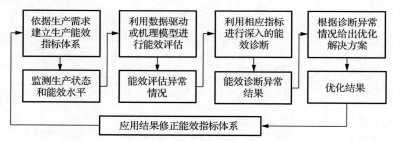

图 2-1　研究思路

按照如上研究思路，本书将从如下四个方面开展研究：

（1）分析研究对象，确定能源边界并获取生产数据。

面对国内某乙烯生产装置和炼油生产装置，在对该生产装置进行能效指标体系的建立，能效的评估、诊断和优化前，需要对其能源流和物料流进行分析，确定能源边界，并在此基础上，根据实际需求采集相关生产数据。

（2）建立能效指标体系，确定影响能效的关键因素。

能效指标体系是对能效综合评估、诊断的重要工具。结合生产能源边界和用能、工艺流程特点以及构建指标体系的原则，建立生产过程的系统层、过程层和设备层的多粒度能效指标体系，并从原料组分、产品产量、生产负荷等不同的角度，分析影响生产能效的关键因素，为后续实现科学的能效评估、诊断及优化奠定基础。

（3）实现多工况、分布式的生产能效评估和诊断。

在构建的多粒度能效指标体系的基础上，综合考虑负荷、原料、操作参数等影响因素，采用数据驱动和机理分析相结合的方法、能效稳态模型与生产工艺相结合的方法，实现生产全流程多工况能效评估，并对能效异常情况开展分布式诊断研究。

（4）实现基于系统层、过程层和设备层的生产能效优化。

结合能效评估、诊断结果，建立基于系统层、过程层和设备层的生产能效优化方案，实现生产过程的能效优化。同时，针对生产中的关键过程和设备高能耗问题，具体给出相应的节能降耗措施和改进方案，以改善生产设备用能情况。

第二篇

乙烯工业

第 3 章　乙烯生产能效指标体系

乙烯生产工业作为石油化工行业的龙头，其产品产量占石化产品总量的 75% 以上，是三大合成材料（合成塑料、合成纤维和合成橡胶）以及其他各种重要的有机化工产品的基础，其生产规模、产量和技术标志着一个国家石油化工行业的发展水平[15]。

乙烯生产工业具有工艺流程长、设备能耗高、能源转换类型多、不确定影响因素复杂等特点。我国石油化工行业更面临着能源消耗量大、能效偏低等严峻问题，与国外同类企业的能效水平差距很大，这些问题是制约石化行业可持续发展的瓶颈。因此，在能源需求紧缺程度不断增加的今天，利用信息化新技术提升能源使用效率，科学高效用能，是石化工业生产实现智能化转型的必然要求。

构建科学合理的能效指标体系则是实现乙烯生产全过程能效评估、诊断、优化以及能源管理的重要前提，是对生产过程能耗水平科学分析的基础，也是企业能源管理工作精细化的基本要求[16]。能效指标涵盖越全面，相应分析结果也就更加科学合理。但是，指标体系太复杂，势必增加数据的搜集和分析计算工作的复杂性，也就相应地降低了可操作性[17]。因此，设置乙烯生产能效指标，应该既科学合理，又便于人工操作，并且遵从科学、系统的原则，力求全面有效地呈现乙烯生产全过程的能耗水平[18]。

3.1　乙烯生产技术

乙烯生产工业的技术水平关乎整个工业的发展水平。目前我国乙烯生产技术主要类型有七种（表 3-1）[19]，其主要区别在于裂解炉和后续分离流程工艺的不同。

表 3-1　我国乙烯生产技术主要类型

技术类型	技术名称
I 类	S&W 前脱丙烷前加氢技术
II 类	Lummus 顺序分离技术

技术类型	技术名称
III 类	TPL 专利技术
IV 类	三菱重工前脱丙烷后加氢技术
V 类	大连工学院技术
VI 类	Linde 前脱乙烷技术
VII 类	KBR 前脱丙烷前加氢技术

本书以国内某乙烯生产装置为研究对象，其属于 I 类技术，生产工艺流程如图 3-1 所示。从工艺上可以将乙烯生产过程分为裂解、急冷、压缩、分离四个过程。

3.1.1　裂解过程

裂解过程为乙烯生产流程中最关键的部分，装置由多个裂解炉构成。原料经预热后通过原料输送管道分配至不同裂解炉的辐射段进行裂解反应。裂解反应的实质为烃和蒸汽的混合物在裂解炉中通过高温裂解反应而产生乙烯、丙烯等烯烃混合物以及燃料油、裂解气油等，伴随裂解反应发生的还有其他大量复杂化学反应，如在装置中氢气以甲烷为主要燃料发生了加氢反应等，这些反应会产生丙烯、混合碳四等副产品，同样是具有重要价值的化学原料。并且这些伴随反应所产生的中间产品还会被进一步消耗利用，例如，产生的一部分甲烷会被作为燃料为反应提供热能，在乙烯和丙烯分离过程中混入裂解气的乙炔被反应脱除来增加双烯的含量，生产过程中产生的其他烷烃（如丙烷和乙烷）会被反复利用继续生成乙烯。

裂解反应按照对乙烯生产的利弊可以分为一次反应和二次反应两部分。一次反应是原料物质中的大分子断裂成不易稳定的自由基并自由结合形成新的小分子物质，如乙烯、丙烯等烯烃类物质。此反应提高了双烯产量，对生产有益，应该促进。而二次反应则是小分子物质间发生聚合反应，结合为我们不需要的大分子物质，使裂解产物产量下降，不利于生产，应该尽量抑制。因此，设法促进一次反应、抑制二次反应才能保证生产效率最高。

通过化学分析可知，裂解反应是强吸热反应，因此使裂解炉内温度快速达到所需高温有利于促进一次反应。并且，在裂解过程中炉中分子数逐渐增加，根据守恒定律，为了促进裂解反应应该降低烃分压，来提高乙烯的产量，并减少炉管结焦，这也是裂解工艺中使用稀释蒸汽的原因。除了促进一次反应外，通过调整原料的配比，使用轻的和低沸点的原料在其他条件不变的情况下更能提高乙烯收率。

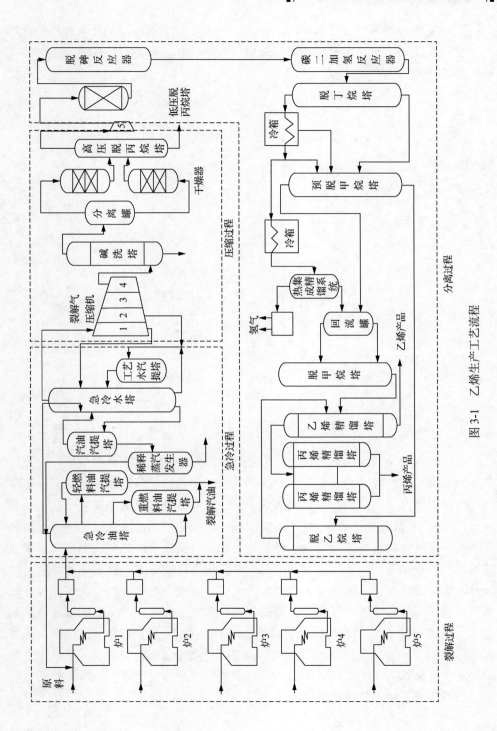

图 3-1　乙烯生产工艺流程

乙烯裂解炉的类型虽有不同，但裂解炉的工艺基本相同，主要由原料的预热和稀释蒸汽注入、对流段、辐射段、裂解气的急冷和能量回收几部分构成。管式裂解炉的结构如图 3-2 所示。

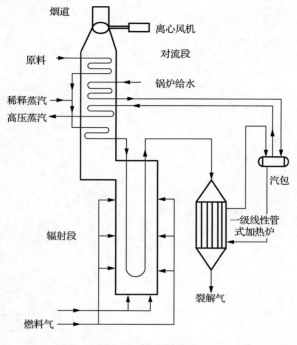

图 3-2　管式裂解炉

在对流段发生的为原料的预热，为了使排烟温度高于或达到露点，在对流段之前利用低温位热源来预热也是常见的手段[20]。等裂解原料达到所需的反应温度后，将稀释蒸汽同裂解原料一同加入炉中，通过降低烃分压促进裂解一次反应的进行，减少了裂解炉的结焦，延长了裂解反应的反应时间。对流段的任务是对稀释蒸汽和裂解原料进行重预热到原料气化为止，只是使用的是回收的烟气热量。随着这一过程的进行，炉内温度逐渐达到了反应所需的温度，接下来利用辐射段来升温促进深度裂化。辐射盘管在辐射段内用高温燃烧气体和火焰及炉墙辐射加热使得裂解原料在炉内进行裂解。通过裂解炉盘管后，裂解炉出口的温度会达到800℃甚至更高，但是太高的温度会减少乙烯的产量，所以，把裂解炉出口的温度快速降低到发生逆向反应的温度以下是必要的。一般会用锅炉给水来降温，使裂解气的温度降低到 400℃以下，这一过程中还会产生超高压蒸汽。冷却裂解气的继续降温还需要使用急冷油喷淋来进行。

3.1.2　急冷过程

经过急冷锅炉冷却后的高温裂解气温度一般在 400～500℃，经过急冷器进一步的冷却后，将进入汽油分馏塔和水洗塔进一步分离出其中的重燃料油、轻柴油和裂解粗汽油馏分，经过以上装置后裂解气温度将接近室温。这个过程称为裂解气的急冷过程，经过急冷过程后才能进入压缩装置进行下一步深冷分离[21]。

急冷系统包括急冷锅炉，以及急冷油、急冷水及稀释蒸汽的发生系统。裂解气的急冷可采用直接急冷法（喷淋急冷油或水）或间接急冷法（急冷锅炉）。

1. 直接急冷

用冷剂与裂解气体全面接触，使裂解气体迅速冷却。根据所用冷剂不同，直接急冷可分为水直接急冷和油直接急冷。

1）水直接急冷

水直接急冷的过程是在裂解炉出口的高温裂解气中，由急冷器直接喷入雾状热水，热水与高温裂解气相接触，裂解气中绝大部分的热量被热水吸收而进行气化，因此快速降低了裂解气的温度。采用水直接急冷时，为了防止含油污水的大量排出，必须考虑急冷水的闭合循环。另外因油水乳化，必须设法提高油水的分离效果。

2）油直接急冷

为了吸收裂解气中的热量并提高乙烯、丙烯的产量，我们通常在急冷器中喷入液化气或轻质汽油，这样做可以利用急冷油裂解时发生的吸热反应来吸热以降低经过裂解炉的裂解气温度，同时如果采用可回收的轻质燃料油还可以避免像加入急冷油循环使用产生结焦增加黏度的问题。总之，直接冷却的效果好、流程简单，但其最大缺点是不能重复利用高温裂解气的热量，经济性差。

2. 间接急冷

间接急冷是用冷剂通过器壁间接与裂解气接触，使裂解气迅速冷却。为了回收高温裂解气的热量来产生蒸汽，以提高裂解炉的热效率和降低产品成本，一般采用急冷换热器进行间接急冷。急冷换热器又称输送管线换热器，急冷换热器与汽包一同产生蒸汽的系统称为急冷锅炉。

3.1.3　压缩过程

压缩过程包含裂解气的压缩、酸性气体的脱除、干燥及制冷。裂解气压缩和酸性气体脱除的目的主要是去除裂解气中大量的酸性气体、水分、炔烃等对接下来的深冷分离和烯烃加工干扰大的杂质，同时降低压强到所需程度。过多的酸性气体还会使催化剂中毒并腐蚀管道，过多的水分会在二氧化碳的低温作用下凝结成冰和固态水合物，使管道冻结或堵塞，所以上述步骤是非常有必要的。

压缩过程可以提高深冷分离的操作温度，减少降低能量和材料温度所需成本，而且加压会使裂解气中的水分与重质烃发生冷凝，从而去掉不需要的水分与重质烃，减少了干燥与分离的负担与成本。但是压缩程度也要控制得当，过大的压力会增加动力消耗，提高设备材质的成本，并造成分离困难。通常在经济和技术上平衡后都能满足的压力是 3.7MPa。

压缩比以及温度的限制，通常作为抑制在离心压缩机中发生聚合反应的主要方法。尽管调节了压缩机出口裂解气的温度，可少量的聚合物是不可避免的，这就要靠高沸点的芳香族系洗净油洗净叶轮。

进入压缩机的压力通常是 0.14MPa，加大进入的压力可降低压缩机功耗，可是对裂解反应来说是不提倡的。压缩机的类型主要有离心式和往复式两种，新建的大型乙烯生产工厂均采用离心式压缩机[22]。

3.1.4　分离过程

乙烯生产装置的深冷分离系统装置主要有：脱甲烷塔、冷箱、甲烷再压缩膨胀机、脱乙烷塔、乙烯精馏塔等。深冷分离的作用包括将裂解气中的甲烷和氢气轻组分与乙烯等重组分分离，得到含量较高的氢气、再生气以及燃料气，同时使其他重组分通过乙烯精馏、丙烯精馏等环节处理。

在深冷分离装置中，氢气和甲烷的去除应在 -90℃的环境温度下进行，这部分降温的功耗占了全装置降温功耗的一半以上。甲烷和氢气的分离反应是深冷分离系统中的核心环节，这部分的生产成本巨大，消耗的能源也很高，操作难度大，这部分的反应效果与产品的纯度及之后的分离工序息息相关[23]。

3.2　乙烯生产能耗现状与分析

在乙烯生产过程大量消耗物料的同时，也需要大量能量的供给，故在乙烯生产的各个环节中都蕴藏着提效降耗的巨大潜力。挖掘生产节能潜力是以了解生产中能源消耗水平为基础和依据的，做好乙烯生产过程的能源使用的统计和分析，才能更好地把握节能降耗、生产优化的方向。

3.2.1　乙烯生产能耗盘点

乙烯生产过程的能源成本占生产操作总成本的 50%以上，并且能源消耗情况因不同生产要求和过程具有一定差异。根据上述生产工艺、特点和投入产出分析，整个乙烯生产装置需要使用的能源介质主要包括：燃料、蒸汽和其他能源介质。下面针对该乙烯生产装置的能源使用情况进行详细分析。

1. 燃料

乙烯生产装置所使用的燃料以外购燃料气为主，辅以少量自产的甲烷。燃料主要用于提供裂解反应所需的热量，同时利用回收热量将锅炉给水转化为超高压蒸汽。表 3-2 为燃料折换标准油的折算系数。

表 3-2　燃料折换标准油的折算系数

品种	消耗量/t	折算系数/(kgEO/t)
燃料气	1	1000
甲烷	1	1000

注：kgEO 表示千克标准油；kgEO/t 表示吨能源介质折算成千克标准油

2. 蒸汽

乙烯生产装置使用的蒸汽种类主要包括：超高压蒸汽、高压蒸汽、中压蒸汽和低压蒸汽。超高压蒸汽由该乙烯生产装置自产，为裂解气压缩机组的动力能源；高压蒸汽包括自产和外购两部分，为乙烯压缩机和丙烯压缩机等装置提供动力；中压蒸汽和低压蒸汽主要为自产，是机泵等设备的动力能源或换热介质。表 3-3 为蒸汽折换标准油的折算系数。

表 3-3　蒸汽折换标准油的折算系数

品种	消耗量/t	折算系数/(kgEO/t)
超高压蒸汽	1	92
高压蒸汽	1	88
中压蒸汽	1	76
低压蒸汽	1	66

3. 其他能源介质

乙烯生产装置使用的其他能源介质包括水、电和气体。水包括工业水、循环水、脱盐水、生活水、凝结水等，气体包括仪表风、工厂风以及氮气。表 3-4 为上述能源介质折换标准油的折算系数。

表3-4　其他能源折换标准油的折算系数

品种	消耗量/t	折算系数/(kgEO/t)
工业水	1	0.170
循环水	1	0.100
脱盐水	1	2.300
生活水	1	0.170
仪表风	1	0.038
工厂风	1	0.028
氮气	1	0.150
电	1	0.260
凝结水	1	3.400

　　根据上述能源介质盘点情况，对乙烯生产装置的年度能源消耗情况进行分析。2015 年该乙烯生产装置的能源消耗情况如图 3-3 所示。2015 年所消耗的燃料气、3.5MPa 蒸汽、电、水和气体分别占能源消耗总量的 69.85%、18.45%、2.25%、8.49% 和 0.95%。

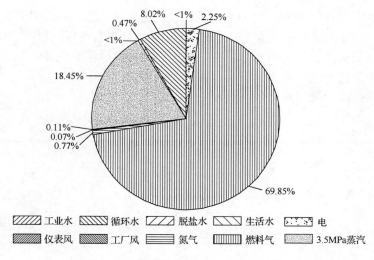

图 3-3　该乙烯生产装置 2015 年能源消耗情况

　　根据能源介质折算标准油的折算系数，2015 年全年各类能源介质的单耗情况如下：燃料气单耗为 460.86kgEO；3.5MPa 蒸汽合计单耗为 121.75kgEO；水合计单耗为 56.01kgEO；电单耗为 14.87kgEO；气体合计单耗为 6.28kgEO。其中，燃料气消耗比例是最高的，其次是 3.5MPa 蒸汽，二者总和占整厂能源消耗总量的 88.30%。

2016 年该乙烯生产装置的能源消耗情况如图 3-4 所示。所消耗的燃料气、3.5MPa 蒸汽、电、水和气体分别占能源消耗总量的 69.74%、19.32%、2.06%、7.94% 和 0.94%。通过与 2015 年的能源消耗情况对比，2016 年燃料气的消耗比例稍有下降，高压蒸汽的消耗占比上升接近一个百分点。根据能源介质折算标准油的折算系数，2016 年各类能源介质的单耗情况如下：燃料气单耗为 427.24kgEO；3.5MPa 蒸汽合计单耗为 118.38kgEO；水合计单耗为 48.62kgEO；电单耗为 12.63kgEO；气体合计单耗为 5.78kgEO。其中，燃料气的使用比例仍最高，其次是 3.5MPa 蒸汽，二者总和占能源消耗总量的 89.06%。通过 2016 年各能源介质的单耗情况也能发现，2016 年较 2015 年整体能源单耗均有不同程度的下降，其中燃料气单耗下降的比例最大。

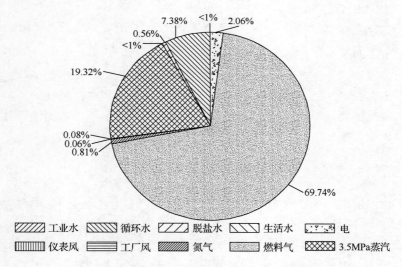

图 3-4　该乙烯生产装置 2016 年能源消耗情况

2017 年该乙烯生产装置的能源消耗情况如图 3-5 所示。从图中可以看出，所消耗的燃料气、3.5MPa 蒸汽、电、水和气体分别占能源消耗总量的 69.73%、19.56%、2.00%、7.72% 和 0.99%。

从图 3-5 可以发现，2017 年的能源消耗比例大致与 2016 年的情况持平。根据能源介质折换标准油的折算系数，2017 年各类能源介质的单耗情况如下：燃料气为 446.37kgEO；3.5MPa 蒸汽合计为 125.18kgEO；水合计为 49.39kgEO；电为 12.80kgEO；气体合计为 6.36kgEO。通过与 2016 年的各能源单耗情况对比，除了燃料气和蒸汽单耗，其余能源单耗基本与上一年的情况持平。

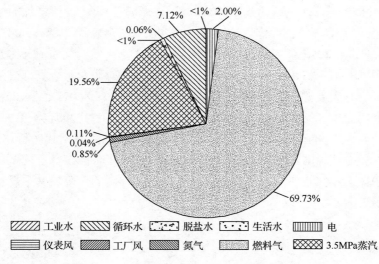

图 3-5　该乙烯生产装置 2017 年能源消耗情况

　　综合盘点该乙烯生产装置连续三年的能源消耗数据可以得出如下结论：从综合能耗水平来看，2015 年最低，2017 年最高，2016 年居中；消耗的各类能源介质中，燃料气消耗量最大，其次是 3.5MPa 蒸汽的消耗量，二者的消耗总量占整厂能耗总量的 88%以上。

3.2.2　乙烯生产能耗与产出综合分析

　　在对该乙烯生产装置于 2015～2017 年实际能耗量分析基础上，再对生产的产出情况进行综合分析。

　　2015～2017 年三年的综合能耗分别为 $3.52×10^8$kgEO、$4.44×10^8$kgEO 和 $5.06×10^8$kgEO，而这三年的乙烯产量分别为 75.36 万 t、86.68 万 t 和 86.72 万 t。2015 年的乙烯产量最低，能源消耗总量也最低，总体能效水平较低。2017 年的乙烯产量和能源消耗总量均为最高水平，相比 2015 年能效水平有所提升。2016 年虽然能源消耗总量和乙烯产量属于中等水平，但其综合起来，能效水平比 2017 年高。

　　根据上述针对该乙烯生产装置能源消耗的综合分析结果可以看出，单纯从能耗绝对量分析并不能科学完整地评价企业生产过程实际用能水平和用能情况，能耗高不一定代表能效水平低。2017 年的能源消耗总量是三年中最高的，但其乙烯产量也是最高的。所以，仅以单耗这种单一内涵的指标对生产过程的用能情况进行分析和核算，既不科学也不合理。同时，乙烯生产是多个能耗过程或设备的集合，单一系统层面的指标亦无法对生产内部各环节的用能情况做精细深入的分析和核算，无法满足适于乙烯生产工艺特点的生产能效评估、诊断的多尺度、多粒度、多层次的要求。因此，必须通过建立科学完整有效的能效指标体系，来满足生产实际的要求。

3.3　乙烯生产能效指标体系的建立

根据乙烯生产工艺概述，本节在第 2 章"工业能效"和"乙烯生产能效"定义的基础上，结合乙烯生产实际工艺和生产需求，建立基于系统层、过程层和设备层的乙烯生产过程多粒度能效指标体系，为后续乙烯生产的能效监测、评估、诊断以及优化奠定基础。

3.3.1　指标体系建立原则

乙烯生产能效指标体系是评价乙烯生产能效水平的基础。评价指标需充分结合生产过程的工艺流程、技术的典型特征，满足化工生产行业的长远可持续发展需求。为了更好地发挥指标监测和评估效果，需遵守一定的指标体系建立原则[24]。

1. 科学性原则

乙烯生产能效指标体系是用来评价乙烯生产过程的生产状态和用能水平的。因此，在指标体系建立时，必须充分考虑其生产中的能源消耗、原料组分、产品结构以及能源产生等问题，不能违背已经被证明的科学理论。

2. 系统性原则

在指标制定的过程中需要结合实际生产工艺，并力求多维度、多角度地对生产过程的用能效率情况进行分析。不同粒度的指标不仅可以单独反映相关过程或设备问题，彼此也可以形成纵向网络进行综合分析，具有清晰的关联性和逻辑关系。

3. 实用性原则

为进行合理的能效分析，并充分提升指标体系的使用效果，评价指标需具有实用性。大量的评价指标在实际应用中往往因为内容烦琐、应用麻烦，最终不能按照构想实施，难以达到理想的实际应用效果。

4. 普适性原则

设计的指标应采用同行业较为熟悉的概念,是行业内通用的、易于利用采集的数据进行计算的指标;计算方式也应遵循行业要求,便于不同企业进行对标。

3.3.2 乙烯生产能效指标体系

指标体系的结构和使用方式是指标体系实际操作的关键。乙烯生产装置工艺流程复杂,建立科学、合理和实用的能效指标体系,对于实现生产过程的能效监测和分析意义重大。考虑到生产长流程和能源消耗分布特点,紧密结合乙烯生产过程的工艺流程,精细化能效评估需求,从全生产过程物质流和能源流分析入手,自顶向下地逐层深入到关键能耗设备。分别从系统层、过程层和设备层三个层次,对乙烯生产过程建立多粒度能效指标体系。系统层指标面向乙烯生产全过程的能效评估设计,用于宏观分析整厂的能效水平;过程层指标用于分析生产过程内部的能效水平,重点关注高能耗和复杂的生产过程;设备层指标是为主要能耗设备的能效评估设计,用于分析关键设备的运行效率。所建立的指标体系也包括已在现场广为采用的能耗计量指标。为此,首先根据实际生产情况和工艺要求,建立多粒度能效指标体系的架构,然后确定指标统计边界,定义能效指标,并给出相应的计算和使用说明。

基于对乙烯生产过程工艺的分析,将乙烯生产过程横向边界确定为从预热原料进入裂解炉开始,直到合格乙烯产品从精馏塔出来为止;纵向边界划分为裂解过程、急冷过程、压缩过程和分离过程四个子过程,这四个子过程还将按能耗设备进一步划分。具体对乙烯生产过程所做的结构、层次划分情况如图 3-6 所示。

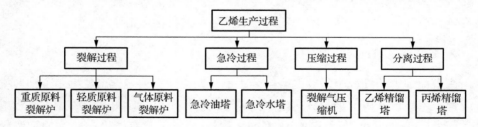

图 3-6 乙烯生产过程层次化结构

1. 系统层能效指标

根据物质流和能源流情况,本节设计了五个系统层能效指标,包括:乙烯收率、双烯收率、单位综合能耗乙烯产量、单位综合能耗双烯产量和单位综合能耗总产品产量。其中收率指标为该乙烯生产装置原有指标,主要用于反映原料与产品产量之间的转换效率;单位综合能耗乙烯产量、单位综合能耗双烯产量和单位综合能耗总产品产量是根据"乙烯生产能效"的概念定义的新能效指标，主要用来评价企业乙烯生产过程的能源生产率水平。

1）乙烯收率

乙烯收率指标反映了乙烯产量和原料进料总量之间的转换关系，计算公式如下：

$$Y_{ethylene} = P_{ethylene} / F_{feedstocks} \tag{3-1}$$

式中，$Y_{ethylene}$ 为乙烯收率；$P_{ethylene}$ 为乙烯产量；$F_{feedstocks}$ 为原料总进料量。

2）双烯收率

近年来，丙烯逐渐成为较被关注的化工产品之一。双烯收率指标即为乙烯和丙烯产品产量与原料总投入量的关系，计算公式如下：

$$Y_{d\text{-}ylene} = (P_{ethylene} + P_{propylene}) / F_{feedstocks} \tag{3-2}$$

式中，$Y_{d\text{-}ylene}$ 为双烯收率；$P_{propylene}$ 为丙烯产量。

3）单位综合能耗乙烯产量

单位综合能耗乙烯产量是根据"乙烯生产能效"定义的指标，反映了企业消耗能源生产出合格乙烯产品的能效水平，计算公式如下：

$$E_{EPSEC} = P_{ethylene} / \sum_{i}^{N_I} \zeta_i e_i \tag{3-3}$$

式中，E_{EPSEC} 为单位综合能耗乙烯产量；e_i 和 ζ_i 分别是生产过程中第 i 种能源介质的消耗量和对应的标准油折算系数；N_I 为生产过程消耗的能源介质种数。

4）单位综合能耗双烯产量

单位综合能耗双烯产量指标是考虑乙烯产品和丙烯产品的能效指标，反映了企业消耗能源生产出合格乙烯和丙烯产量的能效水平，计算公式如下：

$$E_{DPSEC} = \left(P_{ethylene} + P_{propylene} \right) / \sum_{i}^{N_I} \zeta_i e_i \tag{3-4}$$

式中，E_{DPSEC} 为单位综合能耗双烯产量。

5）单位综合能耗总产品产量

单位综合能耗总产品产量指标是综合考虑乙烯生产中所有外送合格产品的能效指标，主要反映企业消耗能源生产出总合格产品的情况，计算公式如下：

$$E_{TPSEC} = P_{total} / \sum_{i}^{N_I} \zeta_i e_i \tag{3-5}$$

式中，E_{TPSEC} 为单位综合能耗总产品产量；P_{total} 为生产所有合格产品的总产量。

上述系统层的指标中，乙烯收率和双烯收率为乙烯生产装置原有指标，其余指标是基于"乙烯生产能效"新定义的能效指标。系统层的指标同时考虑产品产出和能源使用情况，可用于分析评估企业的投入产出中能效水平，是企业的能源生产率指标。然而，系统层的指标将乙烯生产过程进行总体考虑，仅从综合投入能源和产出产品两端对能效进行评估，不考虑其内部生产过程的具体情况，无法对各个生产环节的能效动态状态做更深入的分析。

2. 过程层能效指标

为了进一步分析乙烯生产内部环节的动态能效水平，提出过程层能效指标。为此设计了 8 个能效指标，其中，裂解过程、急冷过程、压缩过程和分离过程的单位可比综合能耗乙烯产量和能源转换率均为针对乙烯生产内部生产环节新提出的能效指标。各过程的单位可比综合能耗乙烯产量是以"乙烯生产能效"的概念定义的能效指标，用于反映各个子过程投入单位能源所生产出的乙烯产品情况；能源转换率是基于"工业能效"指标定义的，用于反映内部过程能源转换和利用情况。

1）裂解过程能源转换率

裂解过程能源转换率指标表示裂解过程的能源利用情况，其计算公式如下：

$$E_{\mathrm{CPECR}} = \sum_{i=1}^{\mathrm{NO}_{\mathrm{cp}}} \zeta_i^{\mathrm{NO}_{\mathrm{cp}}} e_i^{\mathrm{NO}_{\mathrm{cp}}} \Big/ \sum_{i=1}^{\mathrm{NI}_{\mathrm{cp}}} \zeta_i^{\mathrm{NI}_{\mathrm{cp}}} e_i^{\mathrm{NI}_{\mathrm{cp}}} \tag{3-6}$$

式中，E_{CPECR} 为裂解过程能源转换率；$e_i^{\mathrm{NO}_{\mathrm{cp}}}$ 和 $\zeta_i^{\mathrm{NO}_{\mathrm{cp}}}$ 分别为裂解过程产出的第 i 种能源介质产量和对应的标准油折算系数；$\mathrm{NO}_{\mathrm{cp}}$ 为裂解过程产出的能源介质种数；$e_i^{\mathrm{NI}_{\mathrm{cp}}}$ 和 $\zeta_i^{\mathrm{NI}_{\mathrm{cp}}}$ 分别为裂解过程消耗的第 i 种能源介质数量和对应的标准油折算系数；$\mathrm{NI}_{\mathrm{cp}}$ 为裂解过程消耗的能源介质种数。

2）急冷过程能源转换率

急冷过程能源转换率指标表示急冷过程的能源利用情况，其计算公式如下：

$$E_{\mathrm{QPECR}} = \sum_{i=1}^{\mathrm{NO}_{\mathrm{qp}}} \zeta_i^{\mathrm{NO}_{\mathrm{qp}}} e_i^{\mathrm{NO}_{\mathrm{qp}}} \Big/ \sum_{i=1}^{\mathrm{NI}_{\mathrm{qp}}} \zeta_i^{\mathrm{NI}_{\mathrm{qp}}} e_i^{\mathrm{NI}_{\mathrm{qp}}} \tag{3-7}$$

式中，E_{QPECR} 为急冷过程能源转换率；$e_i^{\mathrm{NO}_{\mathrm{qp}}}$ 和 $\zeta_i^{\mathrm{NO}_{\mathrm{qp}}}$ 分别为急冷过程产出的第 i 种能源介质产量和对应的标准油折算系数；$\mathrm{NO}_{\mathrm{qp}}$ 为急冷过程产出能源介质的种数；$e_i^{\mathrm{NI}_{\mathrm{qp}}}$ 和 $\zeta_i^{\mathrm{NI}_{\mathrm{qp}}}$ 分别为急冷过程消耗的第 i 种能源介质数量和对应的标准油折算系数；$\mathrm{NI}_{\mathrm{qp}}$ 为急冷过程消耗能源介质的种数。

3）压缩过程能源转换率

压缩过程能源转换率指标表示压缩过程的能源利用情况，其计算公式如下：

$$E_{\mathrm{ComPECR}} = \sum_{i=1}^{\mathrm{NO}_{\mathrm{ComP}}} \zeta_i^{\mathrm{NO}_{\mathrm{ComP}}} e_i^{\mathrm{NO}_{\mathrm{ComP}}} \Big/ \sum_{i=1}^{\mathrm{NI}_{\mathrm{ComP}}} \zeta_i^{\mathrm{NI}_{\mathrm{ComP}}} e_i^{\mathrm{NI}_{\mathrm{ComP}}} \tag{3-8}$$

式中，E_{ComPECR} 为压缩过程能源转换率；$e_i^{\mathrm{NO}_{\mathrm{ComP}}}$ 和 $\zeta_i^{\mathrm{NO}_{\mathrm{ComP}}}$ 分别为压缩过程产出的第

i 种能源介质产量和对应的标准油折算系数；NO_{ComP} 为压缩过程产出能源介质的种数；$e_i^{NI_{ComP}}$ 和 $\zeta_i^{NI_{ComP}}$ 分别为压缩过程消耗的第 i 种能源介质数量和对应的标准油折算系数；NI_{ComP} 为压缩过程消耗能源介质的种数。

4）分离过程能源转换率

分离过程能源转换率指标表示分离过程的能源利用情况，其计算公式如下：

$$E_{SPECR} = \sum_{i=1}^{NO_{sp}} \zeta_i^{NO_{sp}} e_i^{NO_{sp}} / \sum_{i=1}^{NI_{sp}} \zeta_i^{NI_{sp}} e_i^{NI_{sp}} \tag{3-9}$$

式中，E_{SPECR} 为分离过程能源转换率；$e_i^{NO_{sp}}$ 和 $\zeta_i^{NO_{sp}}$ 分别为分离过程输出的第 i 种能源介质产量和对应的标准油折算系数；NO_{sp} 为分离过程输出能源介质的种类；$e_i^{NI_{sp}}$ 和 $\zeta_i^{NI_{sp}}$ 分别为分离过程消耗的第 i 种能源介质数量和对应的标准油折算系数；NI_{sp} 为分离过程消耗能源介质的种数。

5）裂解过程单位可比综合能耗乙烯产量

裂解过程单位可比综合能耗乙烯产量指标主要衡量裂解过程消耗一定能源量所生产出合格乙烯产品产量的情况，其计算公式如下：

$$E_{CPEPCSEC} = P_{ethylene} / \sum_{i=1}^{NI_{cp}} \zeta_i^{NI_{cp}} e_i^{NI_{cp}} \tag{3-10}$$

式中，$E_{CPEPCSEC}$ 为裂解过程单位可比综合能耗乙烯产量；$e_i^{NI_{cp}}$、$\zeta_i^{NI_{cp}}$ 和 NI_{cp} 的定义如前。

6）急冷过程单位可比综合能耗乙烯产量

急冷过程单位可比综合能耗乙烯产量指标主要衡量急冷过程消耗一定能源量所生产出合格乙烯产品产量的情况，计算公式如下：

$$E_{QPEPCSEC} = P_{ethylene} / \sum_{i}^{NI_{qp}} \zeta_i^{NI_{qp}} e_i^{NI_{qp}} \tag{3-11}$$

式中，$E_{QPEPCSEC}$ 为急冷过程单位可比综合能耗乙烯产量；$e_i^{NI_{qp}}$、$\zeta_i^{NI_{qp}}$ 和 NI_{qp} 的定义如前。

7）压缩过程单位可比综合能耗乙烯产量

压缩过程单位可比综合能耗乙烯产量指标主要衡量压缩过程消耗一定能源量所生产出合格乙烯产品产量的情况，计算公式如下：

$$E_{COMPEPCSEC} = P_{ethylene} / \sum_{i}^{NI_{ComP}} \zeta_i^{NI_{ComP}} e_i^{NI_{ComP}} \tag{3-12}$$

式中，$E_{COMPEPCSEC}$ 为压缩过程单位可比综合能耗乙烯产量；$e_i^{NI_{ComP}}$、$\zeta_i^{NI_{ComP}}$ 和 NI_{ComP} 的定义如前。

8）分离过程单位可比综合能耗乙烯产量

分离过程单位可比综合能耗乙烯产量指标主要衡量分离过程消耗一定能源量所生产出合格乙烯产品产量的情况，计算公式如下：

$$E_{\text{SPEPCSEC}} = P_{\text{ethylene}} / \sum_{i}^{\text{NI}_{\text{sp}}} \zeta_i^{\text{NI}_{\text{sp}}} e_i^{\text{NI}_{\text{sp}}} \tag{3-13}$$

式中，E_{SPEPCSEC} 为分离过程单位可比综合能耗乙烯产量；$e_i^{\text{NI}_{\text{sp}}}$、$\zeta_i^{\text{NI}_{\text{sp}}}$ 和 NI_{sp} 的定义如前。

利用上述定义的前四个能效指标，分别对乙烯生产过程的四个子过程开展能源转换情况的测算，但这四个指标之间并不具有可比性，仅可用于指标的同期比较；后四个能效指标采用"乙烯生产能效"量化形式定义，以乙烯产量作为基准，使乙烯生产四个子过程的能效之间具有可比性。

3. 设备层能效指标

为了更深入地分析乙烯生产关键能耗设备的能效水平，本节提出设备层能效指标。乙烯生产过程中所涉及的设备非常多，但能耗设备有限，故设备层的能效指标目前主要针对关键能耗设备，为此对裂解炉和压缩机定义能效指标。

1）裂解炉能效

裂解炉是乙烯生产关键设备，其能耗占装置总能耗的 70% 左右，直接影响整个生产过程的能效水平。为此，通过衡量各个裂解炉消耗能源生产合格乙烯产品产量情况，来确定裂解炉的能效，计算公式如下：

$$E_{\text{EPSECCF}} = P_{\text{ethylene}} / \sum_{i=1}^{\text{NI}_{\text{cf}}} \zeta_i^{\text{NI}_{\text{cf}}} e_i^{\text{NI}_{\text{cf}}} \tag{3-14}$$

式中，E_{EPSECCF} 为裂解炉能效；$e_i^{\text{NI}_{\text{cf}}}$ 和 $\zeta_i^{\text{NI}_{\text{cf}}}$ 分别为裂解炉消耗的第 i 种能源介质数量和对应的标准油折算系数；NI_{cf} 为裂解炉消耗能源介质的种数。

2）压缩机能效

乙烯生产过程中所涉及的压缩机有三种：裂解气压缩机、乙烯制冷压缩机和丙烯制冷压缩机。裂解气压缩机是乙烯生产中输送、分离裂解气的第一道工序，是整个生产的关键机组，它限制着装置单线最大能力。乙烯制冷压缩机和丙烯制冷压缩机主要是为生产系统提供不同温度级别的乙烯冷剂和丙烯冷剂。为此，用压缩机消耗能源生产合格乙烯产品的产量情况衡量压缩机的能效，计算公式如下：

$$E_{\text{EPSEC-compressor}} = P_{\text{ethylene}} / \sum_{i=1}^{\text{NI}_{\text{compressor}}} \zeta_i^{\text{NI}_{\text{compressor}}} e_i^{\text{NI}_{\text{compressor}}} \tag{3-15}$$

式中，$E_{\text{EPSEC-compressor}}$ 为压缩机能效；$e_i^{\text{NI}_{\text{compressor}}}$ 和 $\zeta_i^{\text{NI}_{\text{compressor}}}$ 分别为压缩机消耗的第 i 种能源介质数量和对应的标准油折算系数；$\text{NI}_{\text{compressor}}$ 为压缩机消耗能源介质的种数。

　　由于乙烯生产过程所涉及的能源类型较多，其计量单位也不统一。而且即使是同一能源，其能源品位也有高低之差。某种同样数量的能源，有可能包含不同质量的能量，譬如：一吨高压蒸汽和一吨低压蒸汽的能源质量差别很大。因此，需要设计规范的能源综合计算的统一计量单位，以便对能源的实际消耗进行科学统计和评估。"标准燃料"以固定热值为基础，可以在能源综合计算时对不同种类的能源进行单位统一折算[25]。这种折算的优势在于可以将实际消耗的不同品位的能源按照一定的能源等价值折算为同品位的能源。根据目前燃料的类型和质量的区分，"标准燃料"有标准气、标准油和标准煤之分。一般地，化工行业中采用标准油作为统一折算计量单位。因此，上述能效指标中涉及的能源介质的折算系数 ζ 可以根据《综合能耗计算通则》（GB/T 2589—2008）规定的各种能源介质的折算系数，即表 3-1～表 3-4，折合成统一单位——标准油。

　　通过上述建立的乙烯生产三层多粒度能效指标体系，为企业生产决策者在整个乙烯生产系统层面提供了乙烯生产能效的总体状态，为现场操作人员在过程和设备层面提供了实时准确的能效动态监测和分析数据，有助于找到影响能效的关键设备或环节。根据前文所述，乙烯生产存在较大的滞后性，完成全过程生产需要一定生产周期，故指标体系中的不同层级的能效指标的测算或监测周期不能完全相同，应根据具体情况确定。本章中，系统层能效指标以"天"为最小周期进行监测，而过程层和设备层的能效指标以"小时"为最小周期进行监测。

3.4　本章小结

　　本章首先详细介绍了目前主流乙烯生产装置的工艺技术，对其流程中的裂解过程、急冷过程、压缩过程和分离过程的主要工艺和功能进行了分析。然后，确定乙烯生产过程的能源边界，对乙烯生产装置的能源消耗和产品产出情况进行了详细分析。针对现有乙烯生产评价指标的不足，在充分结合乙烯生产工艺的基础上，建立考虑能耗侧和产品侧两方面的综合性能效指标体系，并用于该乙烯生产装置的能效动态监测和分析。同时，根据所提能效指标体系的例证和其他工艺过程知识，从投入产出等方面分析了影响乙烯生产过程能效水平的关键因素，为后续实现从关键能耗设备到整个乙烯生产过程的能效科学评估、诊断和优化奠定了基础。

第4章 乙烯生产能效评估、诊断技术

4.1 乙烯生产能效评估、诊断概述

能效评估是指对生产中的能源利用的合理性进行分析：通过关注能耗过程和设备的能源消耗情况，利用合适的计量和分析方法，对生产中实际消耗的能源量和能源结构进行核算和分析，并考虑产品产出情况，综合判断生产能源利用率的合理性[26]。而能效诊断则是在评估结果的基础上，分析不合理用能的具体原因，并相应给出解决或改善方案，进行预防和预后，从而实现用能合理化[27]。因此，能效评估、诊断包括两方面内容：一是采用科学合理的评价指标和评价方法对生产过程和设备的能源利用情况进行分析评估；二是在分析评估基础上对存在的不合理用能情况进一步追本溯源，发现能效偏低的具体原因，提出改进建议和解决方案。

乙烯工业作为石油化工行业的核心和国家工业发展的基础，近几年发展迅速。因此，乙烯工业节能直接关系整个石化工业节能降耗的成效，也正在从简单的生产投入产出结算，向寻找乙烯生产过程能源使用不合理、效率低下等问题的能效评估、诊断理论和技术研究转移，国内外专家学者在这方面做了大量的研究工作，为乙烯生产过程能源管理、能效优化提供理论参考[28]。

20 世纪 80 年代以前，乙烯生产开工率较低，监测点位较少，数据量相对较小，计算机技术尚未广泛运用在生产中，信息化水平相对落后。生产管理者对"能效"的概念尚未建立起来，以满足基础生产要求为主要目标，以人工核算为主，仅限于以手抄报表的形式对能耗和产品分别进行核算。而且由于当时各种检测技术尚不完善，缺少的数据根据现场操作人员的经验以估计为主。此时，国内外乙烯工业处于起步和发展阶段，且工业能源资源较为丰富，能效评估、诊断工作尚未有意识地开展，导致乙烯生产中不计较能源利用的合理与否，故乙烯生产工业成为高能耗行业之一。

在 20 世纪 80 年代之后，国外发达地区的乙烯工业逐步进入平稳发展阶段，同时也进入了以能效概念建立为基础的能效评估、诊断工作发展阶段。人们开始意识到社会能源的紧缺问题，发达国家率先开展能效评估、诊断工作。加拿大、美国、荷兰等国先后组织开发了《能量会计手册》《国际节能测量和认证规程》《高

能耗工业节能协议》，用以监视相关部门的能源效率和绩效情况[29-31]。国际标准化组织能源管理委员会于 2011 年发布 ISO 50001 能源管理体系，给能源强度标准制定、测量、记录和报告提供参考[32]。虽然，我国于 2002 年和 2008 年起就开始颁布实施《石油化工设计能量消耗计算方法》（SH/T 3110—2001）[33]和《综合能耗计算通则》（GB/T 2589—2008）[34]，但实际能效评估、诊断工作进展缓慢。该阶段，能效概念逐渐建立并通过制定相应能效准则进行应用实施。但实际操作中仍受到"能耗即能效"的固化思想、定性思维和过程数据监测点位不完备等因素的影响。

虽然目前针对乙烯生产能效评估、诊断已经开展了大量研究，并取得了不少研究成果和突破，但是鉴于乙烯生产过程的重要地位和工艺复杂性，现有的研究仍存在一些不足之处：

（1）概念上对"能效"的理解不准确、不精细，将"能效"与"能耗"等同。企业节能减排措施仅考虑能耗，即只关注消耗的能源量，忽视设备、转化过程等具体环节的单位能耗所产生的效用。

（2）缺乏科学合理的能效指标体系。由于目前乙烯生产企业不注重能效的提升，适用于能效评估、诊断的能效指标少之又少，现有的指标体系更缺乏系统性。

（3）能效评估、诊断与生产工艺结合不足。乙烯生产工艺流程具有系统、过程和设备的分布式结构，并且影响生产能效的因素遍布整个生产流程。工艺参数、操作条件等因素的忽略不计会对评估、诊断结果的有效性和合理性造成一定影响。

乙烯生产过程能效评估是了解生产用能水平和分析影响能效因素的关键技术，对于实现企业优化生产和运行意义重大。乙烯生产工艺流程极其复杂，除了涉及多种大型装置和设备，其能源流、物质流和信息流在整个生产过程中消耗、转换和传递，且能源消耗总量大。因此，在乙烯生产的各个环节中都蕴藏着提效降耗的巨大潜力。通过科学而有效的能效评估方法，综合地从能耗和产出两方面对乙烯生产全过程能效进行评估，对于提高企业的生产能效水平、实现科学的节能减排意义重大。

4.2　乙烯生产能效评估、诊断技术与流程

4.2.1　能效评估、诊断技术

能效评估、诊断的核心在于其可靠的方法和技术，为了使结果尽量客观全面，国内外学者提出了各种评估诊断方法。通过长期的理论研究和实践探索，目前乙烯生产的能效评估、诊断技术主要有以下三种形式：

（1）基于热力学定律的乙烯生产能效评估、诊断。该形式的能效评估、诊断

主要是基于热力学相关理论和定律开展的,通过可用能来分析评价能源利用效率,找出用能不合理的环节,为生产的提效降耗提供理论依据。

常规热平衡法[35]是基于热力学第一定律提出的,其定义明确、易于理解。但该方法仅能分析能源的"量"指标,而能源品质问题无法衡量,故基于热力学第二定律的㶲平衡原理的能效评估、诊断方法作为上述方法的补充被提出,如单耗分析理论[36],通过计算生产过程各环节的㶲效率来进一步计算过程的理论最低单耗和实际单耗,分析各生产工序对单位产品综合能耗的影响,可以反映出乙烯生产过程中的用能薄弱环节。同样地,夹点技术也是基于热力学第二定律于 20 世纪70 年代末为工业换热网络分析和优化设计提出的方法[37],后来又逐步发展为化工过程综合方法论[38]。此外,为综合反映乙烯生产能源的"量"与"质"的双重性,集成热力学第一、二定律的可用能分析方法被提出用于分析生产能源效率情况[39]。

但实际上,乙烯生产中能源流与物质流高度耦合,能效评估、诊断工作很难完全基于机理模型开展。而且机理、定律模型主要关注生产过程的能源微观转化和传递情况,对于宏观能源节约的指导作用不大。故国内外学者将工艺过程知识、流程模拟和机理模型的成果与基于数据驱动的方法相结合,既降低了评估、诊断的计算复杂性和成本,同时也提高了分析结果的可行性。

(2)基于数据驱动模型的乙烯生产能效评估、诊断。该形式的能效评估、诊断基于特定的数学模型和算法,能够同时考虑能源供应侧和产品产出侧两种因素,从而分析生产能效水平,最大化产出收益。

基于数据驱动模型的乙烯生产能效评估、诊断最大特征是建立生产前沿面。生产前沿面反映的是一定的生产技术水平下的不同比例输入所对应的最大输出集合[40]。随机前沿分析就是基于前沿分析法通过"绘制"输入输出数据的生产函数的参数性评估、诊断方法。随机前沿分析于 20 世纪 60 年代由 Farrell 提出[41],该方法通过确定生产输入和输出之间的参数关系,能够更真实地反映生产的实际投入产出情况。但是,该方法会导致效率测量误差的累计,并且无法进一步确定误差结构。

数据包络分析法是相对随机前沿分析的一种非参数性效率评估、诊断方法,也是目前工业领域应用最为普遍的能效评估、诊断方法[42]。该方法是 Charnes 等于 1978 年针对生产单元的效率评价问题提出的[43],以工程相对效率为评价指标,对具有"同属性"的决策单元进行效率评价。在评估的过程中,该方法不需要预先设定各输入输出变量的权重,允许数据的量纲不同,且能够较好地处理多输入多输出系统的效率评价问题。该方法作为一种根据投入产出情况对具有同类型的"生产部门"的工作绩效进行多目标相对有效性评价的方法,广泛用于乙烯生产过程的能效评估、诊断中,后来还被运用到实际乙烯生产企业,分析生产能效水平[44-50]。虽然 DEA 模型目前已在能效评估、诊断中应用广泛,但其在能效分析的同时也存在一定局限性[51,52]。因此，国内外学者通过进一步对生产数据进行预处理[53]，以及采用 DEA 模型多维度[54]、多层次融合能效分析方法[55]和基于 DEA 交叉模型的能效评估方法[56]等方式，提高评估结果的可靠性。譬如，投入产出法[57]、层次分析法[58]、解释结构模型[59]等将定性方法与定量方法有机结合，通过确定乙烯生产的能效边界，利用投入产出法中的消耗系数反映投入的边界效应，利用层次分析法、解释结构模型分析影响乙烯生产能效的因素，从而更有针对性地提升能效。

（3）基于指标体系的乙烯生产能效评估、诊断。相对于机理、定律和数据驱动模型的乙烯生产能效评估、诊断方法，基于指标体系的能效评估、诊断方法因其形式简单、应用方便、不仅能够满足企业对于能效评估的要求，还具有实时在线监测等优势。

基于指标体系的乙烯生产能效评估、诊断主要通过指标体系建立、指标基准确定、指标测算和指标对标四个步骤，完成对生产能效的评估诊断[60]。生产管理者根据实际工厂需求或行业要求制定符合本厂生产需求的指标体系，并根据生产计划或企业年产要求制定指标基准。根据实际采集的生产数据，生产管理者对指标体系中的指标进行核算和监测，通过与确定的指标基准进行一定生产周期内的指标对标，进而分析该段生产周期内的能源使用效率，从而评价能效水平[16]。但该方法中，指标是根据某个工厂生产实际需求指定的，个别指标不一定具备企业或行业通用性。

4.2.2　基于 DEA 模型的能效评估、诊断流程

DEA 模型目前已在能效评估、诊断中广泛应用。在应用 DEA 模型评估决策单元的效率时，为获得比较可靠的评估结果，可以在对待评估的问题有较深了解的基础上，适当结合其他定性或定量方法开展能效评估研究。下面给出基于 DEA 模型的效率评估流程。

1. 明确问题

为使基于 DEA 模型的效率评估结果更具科学性，且能够应用到实际生产活动中，首先需要明确评估问题，确定评估目标，同时还需要确定决策单元的结构、评估边界，判断所选模型是否适用于该生产结构的决策单元效率评估。

2. 建模计算

在确定评估目标的基础上，确定能够全面反映评估目标的输入输出指标体系。然后选择具有相同类型的决策单元，即具有相同活动任务、外部环境以及投入和产出指标，同时为了保证评估的有效性，一般地，决策单元的数量应是输入输出

指标总和的 2~3 倍。

3. 评价准则

通过 DEA 模型计算的相对效率评估指数为 θ^0。根据上述工程效率的定义，相对效率评估指数的基准为"1"，故决策单元运行效率好坏的判断准则如下：

若 $\theta^0 = 1$，则该决策单元称为"DEA 有效"，输入输出变量组合较为合理。

若 $\theta^0 < 1$，则该决策单元称为"非 DEA 有效"，即该决策单元如以目前的投入产出情况进行生产效率较低。且 θ^0 值越小，效率越低，故输入输出变量需进一步调整。

4. 结果分析

首先根据评估结果考察其合理性，然后针对计算结果进行分析和比较，衡量低效的严重性，找出"非 DEA 有效"决策单元低效的原因，并进行改进。

4.3 基于工况划分的乙烯全流程能效评估

生产过程中的负荷、原料和操作条件的波动导致能耗和出率变化，现有的乙烯生产能效评估方法难以给出合理的评估结果，从而无法科学地分析乙烯生产用能情况。负荷、原料和操作条件的波动是乙烯生产工况频繁变化的主要原因，传统的能效评估方法在评估生产能效、识别相对低效时刻、衡量低效的严重程度时，不考虑因上述因素波动引起的工况频繁变化情况，评估结果缺乏科学性，而且评估结果无法应用于实际多工况生产中。

针对现有乙烯生产全流程能效评估的不足，本章充分考虑生产过程中生产负荷、原料和操作条件的影响，提出一种基于工况划分的乙烯生产全流程能效评估方法，实现乙烯生产多工况的能效评估。通过确定乙烯生产典型工况，利用聚类算法识别生产数据的工况类别，然后基于 DEA 模型建立适于多工况的能效评估模型，针对不同工况开展能效评估工作，并给出不同工况的高能效能源投入的改进策略。

能效评估是了解能效水平和开展节能工作的重要保障。然而，现有的基于数据驱动模型的乙烯生产能效评估方法还有一定局限性，最大的不足就是与工艺技术结合较少，缺乏对原料、负荷和操作参数等因素波动而导致能耗和出率变化的考虑。事实上，乙烯生产能效水平与生产工况密切相关，缺乏工况因素的考虑难以获得合理的结果。

作为应用最广泛的非参数生产效率评估方法，DEA 模型在使用的过程中，决策单元的选择通常以时间间隔为依据。然而，基于时间间隔的能效评估无法进一步结合乙烯生产工艺技术和相关参数，导致部分乙烯生产能效评估结果无法进行更为科学的解释，从而难以进一步提高能效。选择 DEA 模型的 DMU 就是确定"同类型"的评估数据集合。一般地，DMU 的选择需满足几种最基本的属性特征，即同一生产规模、生产技术和生产目标。对单一乙烯生产装置而言，上述三种基本属性通常不变。为了进一步提高决策单元的"同类型"，通过结合乙烯生产工艺，将其生产工况作为 DMU 选择的规则之一，以此建立多工况能效评估模型，从而可以更科学地开展能效评估工作。此外，乙烯生产中所需的能源介质种类较多，过多的输入指标会导致 DEA 模型计算得到的相对效率存在不良分辨率[44]。因此在进行能效评估前，需要筛选适当的输入指标。所以，本章提出了一种基于工况划分的综合因子分析数据包络（CFA-DEA）模型的乙烯生产能效评估方法。该方法的主要思想是开展多工况的生产能效评估。所提方法用于评价国内某乙烯生产装置的生产能效，最后给出不同工况下高能效改进方案，具体流程如图 4-1 所示。

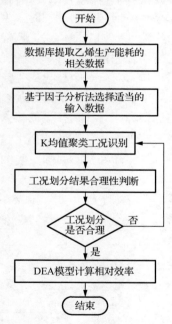

图 4-1　基于工况划分的综合因子分析数据包络模型的乙烯生产能效评估流程

4.3.1　乙烯生产典型工况确定

在进行乙烯生产多工况能效评估之前，首先需要确定乙烯生产的典型工况，合理地确定工况是开展基于工况划分的能效评估的重要前提。工况是影响生产能效的主要因素之一，在能效评估的过程中考虑不同的因素所得到的工况类别会有一定差异。本节以能效影响关键因素作为主要依据确定乙烯生产典型工况，然后在此基础上，通过聚类算法对乙烯生产数据进行工况辨识。

1. 典型工况参考因素分析

本节将在典型工况确定的基础上，对采集的乙烯生产数据利用聚类算法进行工况辨识。但乙烯生产装置能效的影响因素很多，包括：原料、负荷、装置规模、工艺技术、操作条件、综合能耗、乙烯产量、能量损失以及公用工程等[26]。因此，过多的数据属性会直接影响聚类结果的有效性[61]。如果直接应用 K 均值聚类算法进行辨识，不仅会影响算法的精度和速度，而且工况划分的有效性也值得商榷。因此，需要结合乙烯生产工艺筛选数据属性，选取最具代表性的数据属性作为典型工况确定的参考因素。

乙烯生产工艺复杂，并且伴随着交错复杂的能源流和物质流。作为一个连续的化工过程，乙烯生产过程涉及多个步骤的协调与合作、设备的操作与控制、工艺参数的配置和调整以及许多其他问题。与此同时，生产操作参数和能耗、能效之间存在紧密耦合和很强的相关性。如上文所述，乙烯生产能效受到原料产品、生产负荷、装置规模、工艺技术、操作条件、综合能耗及乙烯产量等诸多因素的影响。其中，装置规模和工艺技术对于一个已投入生产的乙烯生产装置是基本不变的；操作条件是一系列工艺参数的总称，所涉及的变量繁多，需抓住关键参数；综合能耗是各种能源输入的加权和，且评估模型的输入指标即为各能源介质；而原料和产品，作为乙烯生产的两个端点，与能效水平直接相关。因此，本节将以生产负荷、原料和关键操作参数作为典型工况确定的参考因素。

1）生产负荷

一般地，生产负荷越高，能效水平越高[62]。根据图 4-2 所示的生产负荷率与单位乙烯综合能耗的对比情况，该乙烯生产装置的能效基本符合上述规律。

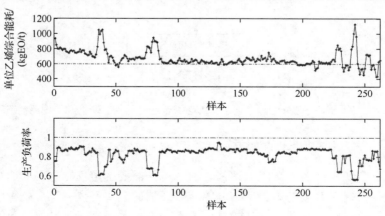

图 4-2　生产负荷率与单位乙烯综合能耗的对比

根据该乙烯生产装置实际运行情况和生产数据采集情况，负荷率可分为 0.7、0.8 和 0.9 三种情况。

2）原料

根据生产运行情况可知，该乙烯生产装置的裂解原料包括轻烃（LH）、石脑油（NAP）、加氢碳五（HC5）等轻质原料和加氢裂化尾油（HTO）、减一/减顶油（AGO）等重质原料。不同原料性质直接决定产品结构，对生产能耗也有不同影响，而不同的原料配比组合对能耗和产品结构也会产生不同影响[63]。据文献[64]，HTO、AGO、NAP、LH 和 HC5 五种原料的乙烯收率如表 4-1 所示。相对于重质原料，轻质原料的乙烯收率较高。

表 4-1　乙烯收率对比

参数	HTO	AGO	NAP	LH	HC5
乙烯收率/%	28.08	28.38	29.17	30.84	30.92
裂解温度/℃	820	825	840	865	840
停留时间/s	0.213	0.213	0.3	0.275	0.3
稀释比	0.8	0.8	0.5	0.5	0.5

此外，根据实际生产运行情况，该乙烯生产装置的原料组合主要有以下三种情况：I——原料为 HTO、AGO 和 NAP 的组合；II——原料为 HTO、AGO、NAP 和 HC5 的组合；III——原料为 HTO、AGO、NAP、LH 和 HC5 的组合。根据上述三种原料组合进行生产的综合能耗、单位乙烯综合能耗以及乙烯收率情况对比，如图 4-3 所示。从图 4-3 可以直观地得出以下结论：在其他运行条件基本保持不变的基础上，综合能耗、单位乙烯综合能耗和乙烯收率情况会因原料组合不同而有明显差异，其中，组合 I 的能耗最高，乙烯收率最低，而组合 III 的能耗最低，乙烯收率最高。这意味着不同的原料组分因其原料化学性质的不同，对乙烯生产过程的能量消耗、能效水平和乙烯收率均有不同程度的影响。

3）裂解深度

裂解深度是与乙烯产量和能耗相关的关键操作参数[65]。该参数指乙烯生产中裂解反应程度，直接影响乙烯产量和丙烯产量，而且不同的裂解深度对应不同的产品结构。据文献记载和实际情况，裂解深度有多种表示形式。本书的裂解深度以丙烯与乙烯产量比值表示，该种形式表达的裂解深度可以直观地反映产品结构。当裂解深度增加时，丙烯产率将增加，乙烯产率将降低。更重要的是，由于原料的化学性质不同，不同原料的裂解深度势必会发生变化。在实际生产中，如果裂解深度根据实际生产稍微变化，则产品产量和能效水平将发生巨变。

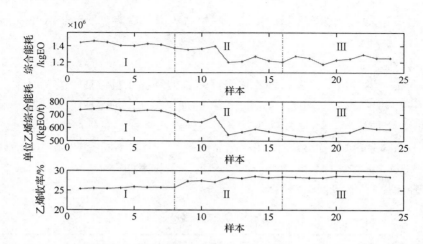

图 4-3　不同原料组合的综合能耗、单位乙烯综合能耗和乙烯收率变化情况

因此，在裂解过程中，合理的裂解深度指标是获得最大的经济收益的重要保障。根据采集的生产数据，裂解深度与单位乙烯综合能耗和乙烯产量的关系如图 4-4 所示。根据图 4-4，随着裂解深度的增加，单位乙烯综合能耗指标整体有增加趋势，而乙烯产量有降低趋势。虽然裂解深度是实时变化的，但根据该乙烯生产装置实际运行情况，其裂解炉的裂解深度主要在 0.5 和 0.4 两种情况下变化。

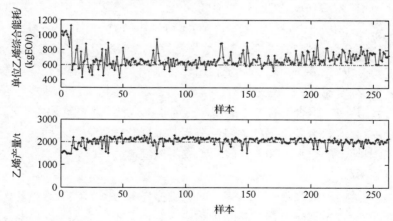

图 4-4　裂解深度与单位乙烯综合能耗、乙烯产量的关系

2. 典型工况确定

为了选取最合适的参考因素确定合理的典型工况，本节还基于主成分回归分析法对关键因素和单位乙烯综合能耗之间的相关性进行了分析，结果如表 4-2 所示。

表 4-2　其他因素与单位乙烯综合能耗相关系数

因素	相关系数
生产负荷率	0.870
裂解深度	0.970
乙烯产率	0.794
丙烯产率	0.358
燃料	0.804

　　原料是生产的根本,是典型工况确定的充分条件。同时,工况还与生产过程中的诸多工艺参数都有很强的关联关系。如表 4-2 所示,生产负荷率和裂解深度与单位乙烯综合能耗的相关性更为密切。综上所述,生产负荷率、原料和操作条件的波动是乙烯生产工况频繁变化的主要原因,本章以上述三种因素作为乙烯生产典型工况划分的参考因素。同时,结合实际生产工艺和运行情况,排除组合中实际生产未出现的情况,从而确定如表 4-3 所示的乙烯生产典型工况。

表 4-3　典型工况划分结果

工况标号	生产负荷率	原料组分	裂解深度
1	0.9	I	0.5
2	0.6	II	0.4
3	0.7	II	0.5
4	0.8	II	0.4
5	0.9	II	0.4
6	0.9	II	0.5
7	0.9	III	0.4
8	0.9	III	0.5

　　基于确定的典型工况类别,本章利用 K 均值聚类算法对采集的生产数据的工况进行识别,表 4-3 中的数据为 K 均值聚类算法的 8 个初始类别和聚类中心。

4.3.2　基于 K 均值聚类算法的工况辨识

　　聚类是一种将样本分类的无监督学习算法,由于在解决具有非线性特点的数据挖掘问题上有一定优势,聚类算法广泛应用于生产类别的识别,其中 K 均值聚类算法,是工业应用中具有影响力的算法之一[66]。

　　K 均值聚类算法是一种基于迭代优化的数据集划分算法,最终实现"类中紧凑"和"类间独立"的数据划分效果。该算法需首先确定初始类别和聚类中心,并通过迭代过程不断以类内数据平均值将数据划分为不同的类别，并不断更新聚类中心，使聚类性能函数达到最优。与其他聚类算法相比，K 均值聚类算法具有良好的稳定性、谱聚类效应和快速层次聚类的性能。而且，该算法对连续性数据有更好的聚类效果。此外，该算法对于大型数据集的划分更为高效，其计算的复杂度用 $o(nKt)$ 表示而且可控，其中 n 是数据量，t 是迭代次数。

下面给出基于 K 均值聚类算法的乙烯生产数据工况辨识的详细步骤：

1. 现有数据的工况辨识

针对已采集的生产数据，其工况辨识步骤如下。
（1）选择 $K=8$ 个对象作为数据集的初始聚类中心，如表 4-3 所示。
（2）根据数据集，计算每个类的平均值，再次将每个数据分配给最相似的类。
（3）通过计算新对象类的所有数据的平均值，更新该类的平均值。
（4）重复步骤（2）和（3），直到聚类算法的性能函数满足要求。
（5）获得数据的工况类别和聚类中心。

2. 新数据的工况辨识

针对后续采集一定量的生产数据，其工况辨识步骤如下。
（1）筛选新数据工况划分参考因素，即生产负荷率、原料组分和裂解深度三个指标。
（2）计算新数据工况划分参考因素与确定的典型工况的中心的欧氏距离。
（3）判断 8 组欧氏距离的大小，与哪个聚类中心的距离最小，就属于该工况。

根据上述工况辨识步骤，利用 K 均值聚类算法，对所采集的生产数据进行工况辨识，结果如表 4-4 所示。

表 4-4　工况辨识结果

工况	数据量
1	21
2	15
3	19
4	25
5	68
6	52
7	25
8	37

4.3.3　基于因子分析法的能效评估模型输入指标选择

1. 因子分析法

不适当的输入指标会影响 DEA 模型相对效率计算的合理性。如果可以通过某种方式筛选评估模型的输入指标，则可以在一定程度上提高 DEA 模型的性能。因子分析（FA）法就是解决这一问题的一种分析方法。

因子分析法是一种从变量组中提取共同因子的统计分析技术[67]。该方法的特点是：由于因子的数量小于原始变量的数量，因子变量的分析可以减少计算的工作量；公共因子可以最大程度反映原始变量的信息；所有评估单元的实际状态可以进行更为全面而客观的分析。

假设有 p 个输入和输出指标 X_p，平均值为 avg，则因子模型[68]为

$$\begin{cases} X_1 - \text{avg} = l_{11}F_1 + l_{12}F_2 + \cdots + l_{1m}F_m + \gamma_1 \\ X_2 - \text{avg} = l_{21}F_1 + l_{22}F_2 + \cdots + l_{2m}F_m + \gamma_2 \\ \qquad\qquad\qquad\vdots \\ X_p - \text{avg} = l_{p1}F_1 + l_{p2}F_2 + \cdots + l_{pm}F_m + \gamma_p \end{cases} \tag{4-1}$$

式中，$F_1, F_2, \cdots, F_m$ 为公共因子；$\gamma_1, \gamma_2, \cdots, \gamma_p$ 为特殊因子；$L = (l_{ij})$ 为因子载荷矩阵。

通过建立因子分析模型，求取公共因子和载荷矩阵，然后进行因子旋转和因子得分操作，最终可以得到合适的 DEA 能效评估模型的输入指标。

2. 基于因子分析法的输入指标选择

本节将利用因子分析法筛选 DEA 能效评估模型的输入指标，为后续基于工况划分的能效评估做准备。根据所确定的能效评估边界，分析 9 种输入能源介质。

1）KMO（Kaiser-Meyer-Olkin）检验和 Bartlett 球形检验

在对输入指标进行因子分析之前，首先需要进行 KMO 检验和 Bartlett 球形检验，判断所选数据满足因子分析进行的条件。当且仅当 KMO 值大于 0.5 时表示数据可以接受因子分析。Bartlett 球形检验则是为了检验数据是否来自服从多元正态分布的总体，且 Bartlett 的球形检验中的统计量小于 0.01 才适合进行因子分析。本节使用 SSPS 软件进行分析计算，结果如表 4-5 所示。

表 4-5　KMO 检验和 Bartlett 球形检验结果

KMO 检验	Bartlett 球形检验		
	近似卡方	df	统计量
0.511	80.863	36	0.000

2）公共因子确定

在上述 KMO 检验和 Bartlett 球形检验可行的基础上，利用 SSPS 软件，进一步计算上述 9 个输入能源介质输入指标的"初始特征值"和旋转之后的特征。数据的特征值、方差贡献率和累积贡献率计算结果如表 4-6 所示。通过计算上述 9 个输入指标的"初始特征值"可以发现只有前面 5 个指标的特征值大于 1，而这 5 个指标的累计贡献率达到了 88.25%。这说明这 5 个公共因子已经基本上涵盖了 9 个输入指标的绝大部分信息，同时经过提取平方和载入与旋转平方和载入的操作，贡献率不变。因此，可以认为这 5 个公共因子已经足够替代 9 个原始输入指标。

表 4-6　公共因子计算结果

输入指标	初始特征值			提取平方和载入			旋转平方和载入		
	合计	方差贡献率/%	累计贡献率/%	合计	方差贡献率/%	累计贡献率/%	合计	方差贡献率/%	累计贡献率/%
1	2.48	27.59	27.59	2.48	27.59	27.59	2.15	23.94	23.94
2	2.15	23.91	51.50	2.15	23.91	51.50	1.58	17.57	41.51
3	1.35	15.05	66.56	1.35	15.05	66.56	1.55	17.20	58.70
4	1.16	12.91	79.47	1.16	12.91	79.47	1.45	16.08	74.78
5	1.00	8.78	88.25	1.00	8.78	88.25	1.21	13.47	88.25
6	0.49	5.41	93.65						
7	0.28	3.13	96.79						
8	0.21	2.37	99.16						
9	0.08	0.84	100.00						

根据因子分析的可行性检验和特征值计算，有效合理地降低了能效评估模型的输入指标维度。由此，可以确定 DEA 能效评估模型的输入指标：因子 1，主要反映了仪表风的信息；因子 2，主要反映循环水、高压蒸汽和生活水的信息；因子 3，主要反映脱盐水的信息；因子 4，主要反映燃料、工业水和氮气的信息；因子 5，反映工厂风的信息。然而，因子分析后得到的 5 个公共因子可能存在负值，这将影响后续 DEA 模型相对效率的计算。因此，需要对所得的公共因子进行标准化预处理，以便实现能源输入指标的合理筛选，并开展有效的能效评估工作。

4.3.4　基于工况划分的乙烯生产能效评估

1. 方法有效性验证

为验证所提基于工况划分的综合因子分析数据包络（CFA-DEA）模型的乙烯生产全流程能效评估方法的有效性，本节将该方法应用于国内某乙烯生产装置的能效评估中,同时与传统 DEA 模型的能效评估结果进行对比。根据上述确定的评估边界和因子分析结果,确定了 5 个输入指标和 1 个输出指标。在用来比较的 DEA 模型中,非阿基米德无穷小量 $\varepsilon = 10^{-10}$。基于传统 DEA 模型和 CFA-DEA 模型的乙烯生产能效评估结果如图 4-5 所示。从评估结果可以看出,由于传统 DEA 模型的输入指标未经处理,传统 DEA 模型的评估结果分辨率较差,故其对于部分决策单元的效率并不能做出准确评估。

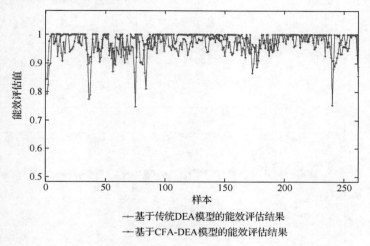

图 4-5　不同能效评估方法的评估结果

表 4-7 列出了图 4-5 中从第 37 个到第 41 个决策单元(样本)和从第 240 个到第 244 个决策单元的单位乙烯综合能耗和评估值。

表 4-7　部分评估结果对比

样本	单位乙烯综合能耗/(kgEO/t)	DEA	CFA-DEA
37	1048.99	0.770	0.900
38	992.78	0.789	0.920
39	1034.90	0.904	0.923
40	1052.47	1	0.924
41	880.52	1	0.936
240	837.62	0.754	0.910
241	1001.93	0.882	0.900
242	1127.14	1	0.890
243	965.33	1	0.903
244	755.78	1	0.920

DEA 模型的能效评估值越低,说明能效水平越低,而单位乙烯综合能耗越高。表 4-7 所列的第 37 个到第 41 个决策单元和第 240 个到第 244 个的决策单元的单位乙烯综合能耗值基本为该段生产周期内的较高值,其生产能效水平普遍偏低。然而,传统 DEA 模型的能效评估结果全部为"DEA 有效",并没有反映出真实的能效变化情况。基于工况划分的评估方法较传统 DEA 模型有了一定的改进,而且综合来看,基于工况划分的评估方法计算的效率评价值与实际的单位乙烯综合能耗的变化趋势基本相同。故可以初步说明基于工况划分的因子分析数据包络模型的乙烯生产能效评估方法的有效性。

为了进一步说明 CFA-DEA 的有效性,并验证确定的典型工况的合理性,将其评估结果和实际的单位乙烯综合能耗的归一化值进行比较,如图 4-6 所示。

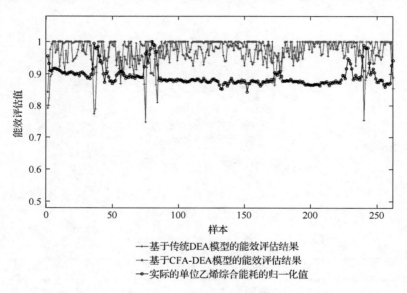

图 4-6 评估结果与实际的单位乙烯综合能耗对比

由前文可知,能效评估结果与单位乙烯综合能耗指标呈"倒数"关系即为评估合理。因此,同样将所提的 CFA-DEA 乙烯生产全流程能效评估方法的评估结果与单位乙烯综合能耗指标进行对比以说明评估结果的合理性。从图 4-6 所示的结果可以看出,基于传统 DEA 模型的评估结果和基于 CFA-DEA 模型的评估结果数值相差较大,这是由于传统方法并未考虑生产工况的不同,而 CFA-DEA 方法是通过划分工况,按照不同工况定义能效指标,然后进行分工况的能效评估,因此改善了评估合理性,并提高了评估精度。同时,基于传统 DEA 模型的评估结果和基于 CFA-DEA 模型的评估结果与单位乙烯综合能耗归一化值均呈现反向变化趋势，但 CFA-DEA 方法计算结果的变化趋势相似度更高。因此，可以认为基于 CFA-DEA 模型的能效评估计算结果更为合理。

此外，本章还计算了均方根误差（RMSE）和平均绝对误差（MAE）两种指标，作为上述两种能效评估模型评估精度的评价指标。两者计算公式分别如式（4-2）和式（4-3）所示。

$$RMSE=\sqrt{\sum_{i=1}^{n}(x_i-e_i)^2/n} \tag{4-2}$$

$$MAE=\sum_{i=1}^{n}|x_i-e_i|/n \tag{4-3}$$

式中，n 为评估的 DMU 个数；x_i 为第 i 个 DMU 的能效评估值；e_i 为第 i 个 DMU 的实际单位乙烯综合能耗标准化值。计算结果如表 4-8 所示。

表 4-8　评估精度对比

评估方法	RMSE	MAE
基于传统 DEA 模型乙烯生产能效评估方法	0.1313	0.1161
基于 CFA-DEA 模型乙烯生产能效评估方法	0.1008	0.0860

从表 4-8 可以看出，相比于基于传统 DEA 模型的乙烯生产能效评估方法，基于 CFA-DEA 模型的方法的评估结果更为精确。由于传统方法不考虑工况因素，以时间间隔确定的 DMU 在生产负荷、原料组分和裂解深度三方面并不具有"同类型"的性质，使 DEA 模型的评估结果的可靠性受到很大程度的影响。因此，基于传统 DEA 模型的能效评估方法的准确性相对较低，不能科学地反映乙烯生产的实际能效水平。相比之下，基于 CFA-DEA 模型的评估方法将属于相同工况的数据按时间编成一个数据集，在这个数据集中，评估数据在生产负荷、原料组分和裂解深度三方面的"同类型"有了保障，因此，能效评估结果更接近实际。而且，由于通过因子分析法对 DEA 模型的输入指标进行了筛选，基于 CFA-DEA 模型的乙烯生产能效评估方法的评估性能有了进一步提升，精度比传统 DEA 模型提高了 23.2%。由此可以得出结论，本章所提的基于 CFA-DEA 模型的乙烯生产能效评估方法能够更为合理而准确地反映出实际生产能效水平。

2. 高能效能源投入的改进策略

不同工况的能效水平相差较大，根据工况的不同，改善能耗的策略应该是不同的。本章采用 DEA 模型为带有松弛变量的输入型模型，该模型对输入指标具有可调性，即当第 j 个决策单元输出 Y 保持不变时，可以以同一比例减少输入量来达到提高相对效率的效果。因此，可以通过该模型的输入松弛变量，给出不同工况"非 DEA 有效"决策单元的输入改进策略，使能效评估值与有效生产前沿面的"距离"减小，即提高效率。

为验证基于 CFA-DEA 模型的乙烯生产能效评估方法的输入松弛变量的有效性，本节利用两种评估模型所得的输入松弛变量，重新计算了"非 DEA 有效"决策单元的单位乙烯综合能耗指标，结果如图 4-7 所示。从图 4-7 中可以看出，基于 CFA-DEA 模型的乙烯生产能效评估方法所得的输入松弛变量，单位乙烯综合能耗指标明显降低，能效显著提高，而基于传统 DEA 模型获得的输入松弛变量并没有有效提高能效。因此，基于 CFA-DEA 模型的乙烯生产能效评估方法能够合理地评估生产能效，并可以基于输入松弛变量给出高能效能源投入的改进参考方案。

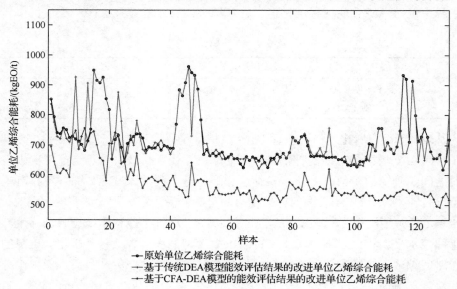

图 4-7　改进前后的单位乙烯综合能耗对比

4.4　乙烯生产分布式能效诊断策略

乙烯生产装置工艺流程长且复杂，整个生产受到能源流和物质流的耦合作用以及各个生产设备关联、管理等因素的影响。同时，生产内部过程和设备的运行状态、效率波动影响生产整体能效水平，如何科学而有效地进行深入的乙烯生产能效诊断对于全面提升乙烯生产能效意义重大。然而现有的乙烯生产能效诊断研究中，多数诊断方案都将乙烯生产过程视为"黑箱"模型，忽略了其内部生产环节相互关联的特性；用于诊断的指标不具备系统性和关联性，也非能效指标，且不同过程或设备的诊断均以同一时间尺度进行。实际上，由于相关物料流和能源流的耦合以及生产要求的不同，乙烯生产装置内部不同子过程和设备所消耗的能源介质的类型和数量均明显不同，故乙烯生产过程的总体生产状况和能效水平与其子过程和设备的生产效率密切相关。因此，通过考虑乙烯生产系统层、过程层和设备层的层次化结构，结合多粒度能效指标体系，建立分布式能效诊断模型，能够更科学地进行生产能效诊断和分析。

针对目前乙烯生产能效诊断的不足，本章基于乙烯生产层次化结构进行能源流的分析，充分考虑过程和子单元之间以及系统和过程之间的关联，确定乙烯生产过程层次化能效诊断边界，结合能效诊断指标，基于两阶段 DEA 模型和网络 DEA 模型建立分布式乙烯生产能效诊断模型，并选择合适的诊断时间尺度，逐层深入分析能效偏低的原因，为后续能效优化研究提供方向。

4.4.1　两阶段 DEA 模型和网络 DEA 模型

本章旨在进行乙烯生产过程分布式能效诊断。诊断生产过程的能效是一项重要任务，适当的诊断方法有助于科学地实现能效分析。根据 4.3 节可知，数据包络分析以工程相对效率概念为基础，借助于线性规划和统计数据确定生产前沿面，并计算各个决策单元的效率，将其投影到该前沿面上，通过比较偏离程度来综合评价该周期内所有决策单元的相对有效性[69]。该方法能够充分考虑对于决策单元本身最优的投入产出方案，因而能够更理想地反映评价对象自身的信息和特点；同时对于多输入多输出复杂系统的能效评估、诊断问题，该方法具有绝对优势。而作为传统 DEA 模型的拓展形式，两阶段 DEA 模型和网络 DEA 模型主要用于评估诊断具有两个及多个子过程形式的生产系统及其内部过程的相对效率[70]。这两种方法因其考虑整个系统中各过程的关联关系，对于评价和分析生产内部过程和设备的能效问题更具有优势。本章所提的能效诊断方案中的诊断模型是在两阶段 DEA 模型和网络 DEA 模型的基础上的应用与改进。因此，本节将简要介绍两阶段 DEA 模型和网络 DEA 模型的相关理论知识。

1. 两阶段 DEA 模型

传统 DEA 模型在处理多输入多输出复杂生产系统的能效评估、诊断问题上具有绝对优势，但不能进一步分析该过程中子阶段的相对效率以及各个子阶段效率对整体效率的影响程度。故 Seiford 等于 20 世纪 90 年代末在传统 DEA 模型的基础上针对图 4-8 所示的两阶段形式的决策单元，充分考虑生产内部环节的关联性和互相影响，提出两阶段 DEA 模型[71]。

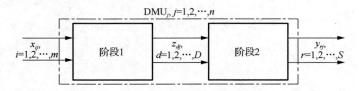

图 4-8　两阶段形式的决策单元

假设待评估的过程有 n 个决策单元（DMU），每个 DMU 均是如图 4-8 所示的两阶段结构，且假定第 j 个 DMU 记为 DMU_j，那么 $x_{ij}(i=1,2,\cdots,m)$ 为 DMU_j 中阶段 1 的输入变量，也是整个过程的输入变量。$z_{dj}(d=1,2,\cdots,D)$ 为 DMU_j 中阶段 1 的输出变量，同时也是阶段 2 的输入变量。$y_{rj}(r=1,2,\cdots,S)$ 为 DMU_j 中阶段 2 的输出变量，同时也是整个过程的输出变量。一般地，整个两阶段生产结构具有连续性，即所有的输入均进入阶段 1 中，而中间产品全部进入阶段 2 中[72]。根据 DEA 模型相对效率的定义和 DMU 内部环节的关系，整个过程、阶段 1 和阶段 2 的相对效率可以利用两阶段 DEA 模型进行评价。一般地，子阶段的相对效率与整个过程的相对效率的关系有加法和乘法两种表示形式，即 $\theta^{0*}=\theta_1^*\times\theta_2^*$ 和 $\theta^{0*}=\omega_1\theta_1^{0*}+\omega_2\theta_2^*$。但是，不论是乘法形式还是加法形式，根据文献[73]，其本质意义基本相同，表达也是等价的。

假设整体效率与子阶段效率的关系以加法形式表示，那么对图 4-8 所示的第 j 个 DMU 的整体效率，其评价模型如公式（4-4）所示：

$$\begin{aligned}
\max \quad & \theta^{0*}=\sum_{d=1}^{D}\eta_d z_{d0}+\sum_{r=1}^{S}u_r y_{r0} \\
\text{s.t.} \quad & \sum_{i=1}^{m}v_i x_0+\sum_{d=1}^{D}\eta_d z_{d0}=1 \\
& \sum_{d=1}^{D}\eta_d z_{dj}-\sum_{i=1}^{m}v_i x_{ij}\leqslant 0 \qquad (4\text{-}4)\\
& \sum_{r=1}^{S}u_r y_{rj}-\sum_{d=1}^{D}\eta_d z_{dj}\leqslant 0 \\
& \eta_d,v_i,u_r\geqslant 0;d=1,2,\cdots,D \\
& i=1,2,\cdots,m;r=1,2,\cdots,S;j=1,2,\cdots,n
\end{aligned}$$

对图 4-8 所示的阶段 1 的相对效率，其评价模型如公式（4-5）所示：

$$\max \theta_1^{0*} = \sum_{d=1}^{D} \eta_d z_{d0}$$

$$\text{s.t.} \quad \sum_{i=1}^{m} v_i x_0 = 1$$

$$(1 - \theta^{0*}) \sum_{d=1}^{D} \eta_d z_{d0} + \sum_{r=1}^{S} u_r y_{r0} = \theta^{0*} \tag{4-5}$$

$$\sum_{d=1}^{D} \eta_d z_{dj} - \sum_{i=1}^{m} v_i x_{ij} \leqslant 0; \sum_{r=1}^{S} u_r y_{rj} - \sum_{d=1}^{D} \eta_d z_{dj} \leqslant 0$$

$$\eta_d, v_i, u_r \geqslant 0; d = 1, 2, \cdots, D$$

$$i = 1, 2, \cdots, m; r = 1, 2, \cdots, S; j = 1, 2, \cdots, n_1$$

而对图 4-8 中的阶段 2 的相对效率，可以通过 $\theta^{0*} = \omega_1 \theta_1^{0*} + \omega_2 \theta_2^{0*}$ 进行计算，式中，

$$\omega_1 = \sum_{i=1}^{m} v_i x_{i0} \Bigg/ \left(\sum_{i=1}^{m} v_i x_{i0} + \sum_{d=1}^{D} \eta_d z_{d0} \right) \tag{4-6}$$

$$\omega_2 = \sum_{d=1}^{D} \eta_d z_{d0} \Bigg/ \left(\sum_{i=1}^{m} v_i x_{i0} + \sum_{d=1}^{D} \eta_d z_{d0} \right) \tag{4-7}$$

也可以利用公式（4-8）所示的评价模型进行单独计算：

$$\max \quad \theta_2^{0*} = \sum_{r=1}^{S} u_r y_{r0}$$

$$\text{s.t.} \quad \sum_{i=1}^{m} v_i x_0 = 1$$

$$\theta^{0*} \sum_{d=1}^{D} \eta_d z_{d0} - \sum_{r=1}^{S} u_r y_{r0} = 1 - \theta^{0*}$$

$$\tag{4-8}$$

$$\sum_{d=1}^{D} \eta_d z_{dj} - \sum_{i=1}^{m} v_i x_{ij} \leqslant 0$$

$$\sum_{r=1}^{S} u_r y_{rj} - \sum_{d=1}^{D} \eta_d z_{dj} \leqslant 0$$

$$\eta_d, v_i, u_r \geqslant 0; d = 1, 2, \cdots, D$$

$$i = 1, 2, \cdots, m; r = 1, 2, \cdots, S; j = 1, 2, \cdots, n_1$$

式中，θ^{0*}、θ_1^{0*} 和 θ_2^{0*} 分别是图 4-8 所示的整个过程、阶段 1 和阶段 2 的相对效率诊断值；v_i、η_d 和 u_r 分别是 x_{ij}、z_{dj} 和 y_{rj} 的权重系数；ω_1 和 ω_2 分别是 θ_1^{0*} 和 θ_2^{0*} 的权重系数；n 和 n_1 分别为整个过程和两个子过程待诊断的决策单元的个数，通常情况下二者相等。各个子阶段的相对效率诊断的规则与传统 DEA 模型的评价准则一致：$\theta^0 = 1$ 表示"DEA 有效"；$\theta^0 < 1$ 表示"非 DEA 有效"。但是，在上述两阶段 DMU 中，当且仅当 θ^{0*}、θ_1^{0*} 和 θ_2^{0*} 均为"DEA 有效"，整个系统才是"综合 DEA 有效"。

假设整体效率与子阶段的效率的关系以乘法形式体现，那么对图 4-8 所示的

第 j 个 DMU 的整体效率的诊断模型如公式（4-9）所示：

$$\max \quad \theta^{0*} = \sum_{r=1}^{S} u_r y_{r0}$$

$$\text{s.t.} \quad \sum_{i=1}^{m} v_i x_0 = 1$$

$$\sum_{d=1}^{D} \eta_d z_{dj} - \sum_{i=1}^{m} v_i x_{ij} \leqslant 0 \qquad (4\text{-}9)$$

$$\sum_{r=1}^{S} u_r y_{rj} - \sum_{d=1}^{D} \eta_d z_{dj} \leqslant 0$$

$$\eta_d, v_i, u_r \geqslant 0; d = 1, 2, \cdots, D$$

$$i = 1, 2, \cdots, m; r = 1, 2, \cdots, S; j = 1, 2, \cdots, n$$

图 4-8 中阶段 1 的相对效率的诊断模型如公式（4-10）所示：

$$\max \quad \theta_1^{0*} = \sum_{d=1}^{D} \eta_d z_{d0}$$

$$\text{s.t.} \quad \sum_{i=1}^{m} v_i x_0 = 1; \theta^{0*} = \sum_{r=1}^{S} u_r y_{r0}$$

$$\sum_{d=1}^{D} \eta_d z_{dj} - \sum_{i=1}^{m} v_i x_{ij} \leqslant 0 \qquad (4\text{-}10)$$

$$\sum_{r=1}^{S} u_r y_{rj} - \sum_{d=1}^{D} \eta_d z_{dj} \leqslant 0$$

$$\eta_d, v_i, u_r \geqslant 0; d = 1, 2, \cdots, D$$

$$i = 1, 2, \cdots, m; r = 1, 2, \cdots, S; j = 1, 2, \cdots, n$$

图 4-8 中阶段 2 的相对效率可以通过 $\theta^{0*} = \theta_1^{0*} \times \theta_2^{0*}$ 进行计算，也可以利用公式（4-11）所示的模型单独进行计算：

$$\max \quad \theta_2^{0*} = \sum_{r=1}^{S} u_r y_{r0}$$

$$\text{s.t.} \quad \sum_{r=1}^{S} u_r y_{r0} - \theta^{0*} \sum_{i=1}^{m} v_i x_{i0} = 0; \sum_{d=1}^{D} \eta_d z_{d0} = 1$$

$$\sum_{d=1}^{D} \eta_d z_{dj} - \sum_{i=1}^{m} v_i x_{ij} \leqslant 0 \qquad (4\text{-}11)$$

$$\sum_{r=1}^{S} u_r y_{rj} - \sum_{d=1}^{D} \eta_d z_{dj} \leqslant 0$$

$$\eta_d, v_i, u_r \geqslant 0; d = 1, 2, \cdots, D$$

$$i = 1, 2, \cdots, m; r = 1, 2, \cdots, S; j = 1, 2, \cdots, n$$

式中，θ^{0*}、θ_1^{0*} 和 θ_2^{0*} 分别是图 4-8 所示的整个过程、阶段 1 和阶段 2 的相对效率

诊断值；v_i、η_d 和 u_r 分别是 x_{ij}、z_{dj} 和 y_{rj} 的权重系数。

两阶段 DEA 模型是最基本的网络 DEA 模型，但只限于诊断图 4-8 所示的生产单元及其内部环节的相对效率。如果生产单元中有多个串行或者多个并行的子阶段，或是串行和并行子阶段均存在，两阶段 DEA 模型便无法评价这种生产单元的效率。为了更好地解决一般性的生产单元的效率诊断问题，本节提出了网络 DEA 模型。

2. 网络 DEA 模型

传统 DEA 模型在评价决策单元的相对效率时，将其视为一个整体，即不考虑其内部生产结构，以一个"黑箱"模型处理。但在实际生产管理中，需要了解和掌握某个内部环节的运行情况和效率，两阶段 DEA 模型的提出首次将生产内部环节的关联性考虑到效率诊断中，分别对内部具有两个子阶段串行的生产单元的相对效率进行计算。而网络 DEA 模型的应用对象更为普遍，适用于具有更为复杂的内部结构的生产单元的相对效率的分析，在诊断整体和其内部环节的能效水平时，具有效率诊断结果更加合理、可以分析低效原因等优势[74]。

在网络 DEA 模型中，DMU 的内部结构有很多种，常见的有串行结构、并行结构、混合结构以及分层结构[75]。在通过对乙烯生产过程的工艺流程分析后可以发现，该过程的内部环节以串行结构和并行结构为主，这两类结构也是最基本的系统结构，二者结合可以衍生出复杂的混合网络结构。因此，本节着重对具有串行结构或并行结构的 DMU 及其 DEA 模型进行介绍[76]。

1）串行结构 DMU 及其 DEA 模型

串行结构是指 DMU 内部单元以顺序方式依次连接的结构。除了阶段 1，其余每个阶段都是以前一个阶段的输出为自身的输入，并将自身的输出作为下一个阶段的输入。因此，中间阶段的输出均是一组中间变量，同时承担输入和输出的双重角色。具有串行结构的 DMU 如图 4-9 所示。

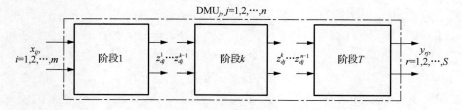

图 4-9　串行结构的决策单元

假设具有串行结构的 DMU 中共有 T 个以顺序方式连接的子阶段。x_{ij} 为第 j 个 DMU 的输入，z_{dj} 为中间变量，y_{rj} 为最终输出变量。串行结构 DMU 的整体效率和各个阶段效率的诊断模型如公式（4-12）和公式（4-13）所示。

公式（4-12）通过考虑生产内部环节的串行关系，增加内部环节的约束条件，从而更合理地分析整个过程的相对效率。

$$\max \quad \theta_{se}^{0*} = \sum_{r=1}^{S} u_r y_{r0}$$

$$\text{s.t.} \quad \sum_{i=1}^{m} v_i x_0 = 1$$

$$\sum_{r=1}^{S} u_r y_{rj} - \sum_{i=1}^{m} v_i x_{ij} \leqslant 0$$

$$\sum_{d=1}^{D} \eta_d^{(1)} z_{dj}^{(1)} - \sum_{i=1}^{m} v_i x_{ij} \leqslant 0 \qquad (4\text{-}12)$$

$$\sum_{d=1}^{D} \eta_d^{(k)} z_{dj}^{(k)} - \sum_{d=1}^{D} \eta_d^{(k-1)} z_{dj}^{(k-1)} \leqslant 0; k = 2, \cdots, T-1$$

$$\sum_{r=1}^{S} u_r y_{rj} - \sum_{d=1}^{D} \eta_d^{(T-1)} z_{dj}^{(T-1)} \leqslant 0$$

$$\eta_d, v_i, u_r \geqslant 0; d = 1, 2, \cdots, D$$

$$i = 1, 2, \cdots, m; r = 1, 2, \cdots, S; j = 1, 2, \cdots, n$$

式中，θ_{se}^{0*} 为串行结构 DMU 的整体相对效率诊断值；k 为第 k 个子阶段；T 为 DMU 中子阶段数量。

公式（4-13）是根据 DEA 相对效率概念定义的子阶段相对效率的诊断模型：

$$\begin{cases} \theta_{s1}^{0*} = \sum_{d=1}^{D} \eta_d^{(1)*} z_{d0}^{(1)} \Big/ \sum_{i=1}^{m} v_i^* x_{i0} \\ \theta_{sk}^{0*} = \sum_{d=1}^{D} \eta_d^{(k)*} z_{d0}^{(k)} - \sum_{d=1}^{D} \eta_d^{(k-1)*} z_{d0}^{(k-1)} \leqslant 0; k = 2, \cdots, n-1 \\ \theta_{sT}^{0*} = \sum_{r=1}^{S} u_r^* y_{r0} - \sum_{d=1}^{D} \eta_d^{(n-1)*} z_{d0}^{(n-1)} \leqslant 0 \end{cases} \qquad (4\text{-}13)$$

式中，θ_{s1}^{0*} 为串行结构 DMU 的第 1 个子阶段的相对效率诊断值；θ_{sk}^{0*} 为串行结构 DMU 的第 k 个子阶段的相对效率诊断值；θ_{sT}^{0*} 为串行结构 DMU 的第 T 个子阶段的相对效率诊断值；$\eta_d^{(k)*}, v_i^*, u_r^*$ 为由公式（4-12）求解所得最优权重。

串行结构在乙烯生产过程中最为常见，裂解过程、急冷过程、压缩过程和分离过程之间就是最典型的串行结构。在后续能效诊断的研究中，过程层的能效诊断模型将在此基础上建立。

2）并行结构 DMU 及其 DEA 模型

并行结构是指 DMU 的内部过程以并列方式纵向分布的结构。各阶段之间不存在内部中间变量的相互联系，即没有内部阶段的输入是来自其他阶段的输出。

一般地，具有并行结构的 DMU 拥有同样的输入和最终输出。并行结构 DMU 如图 4-10 所示。

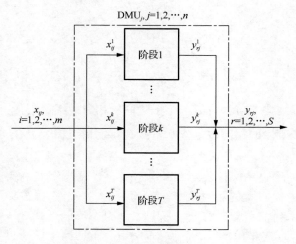

图 4-10 并行结构的决策单元

在图 4-10 中，并行结构 DMU 中共有 T 个以并列方式纵向分布的子阶段。x_{ij} 为第 j 个 DMU 的总输入，x_{ij}^1，x_{ij}^k 和 x_{ij}^T 分别为子阶段 1、k、T 的输入；y_{rj} 为第 j 个 DMU 的最终输出变量，y_{ij}^1，y_{ij}^k 和 y_{ij}^T 分别为子阶段 1、k、T 的输出。过程总输入是各个子阶段输入之和，总输出是各个子阶段输出之和。并行结构 DMU 的整体和各个阶段效率的诊断模型如公式（4-14）和公式（4-15）所示。

$$\max \quad \theta_{\text{pa}}^{0*} = \sum_{r=1}^{S} u_r y_{r0}$$

$$\text{s.t.} \quad \sum_{r=1}^{S} u_r y_{r0} - \sum_{i=1}^{m} v_i x_{i0} + S_0 = 0; \sum_{d=1}^{D} \eta_d z_{d0} = 1$$

$$\sum_{r=1}^{S} u_r y_{r0}^{(k)} - \sum_{i=1}^{m} v_i x_{i0}^{(k)} + S_0^{(k)} = 0$$

$$\sum_{r=1}^{S} u_r y_{rj} - \sum_{i=1}^{m} v_i x_{ij} \leqslant 0 \qquad (4\text{-}14)$$

$$\sum_{r=1}^{S} u_r y_{rj}^{(k)} - \sum_{i=1}^{m} v_i x_{ij}^{(k)} \leqslant 0; k = 2, \cdots, T$$

$$\eta_d, v_i, u_r \geqslant 0; d = 1, 2, \cdots, D$$

$$i = 1, 2, \cdots, m; r = 1, 2, \cdots, S; j = 1, 2, \cdots, n$$

式中，θ_{pa}^{0*} 为并行结构 DMU 的整体相对效率诊断值；S_0 为松弛变量。

根据 DEA 相对效率的定义，公式（4-15）可以分析内部各个子阶段的相对效率：

$$
\begin{cases}
\theta_{p1}^{0*} = \sum_{r=1}^{S} u_r y_{r0}^{(1)} \Big/ \sum_{i=1}^{m} v_i x_{i0}^{(1)} \\[2mm]
\theta_{pk}^{0*} = \sum_{r=1}^{S} u_r y_{r0}^{(k)} \Big/ \sum_{i=1}^{m} v_i x_{i0}^{(k)} \\[2mm]
\theta_{pT}^{0*} = \sum_{r=1}^{S} u_r y_{r0}^{(T)} \Big/ \sum_{i=1}^{m} v_i x_{i0}^{(T)}
\end{cases}
\tag{4-15}
$$

式中，θ_{p1}^{0*} 为并行结构 DMU 的第 1 个子阶段的相对效率诊断值；θ_{pk}^{0*} 为并行结构 DMU 的第 k 个子阶段的相对效率诊断值；θ_{pT}^{0*} 为并行结构 DMU 的第 T 个子阶段的相对效率诊断值。

公式（4-14）通过考虑内部环节的并行关系，增加了新的约束条件，从而能够更合理地计算整个过程的相对效率。

并行结构在乙烯生产过程中也很常见，最典型的例子就是裂解过程中的并行裂解炉。在后续能效诊断的研究中，设备层裂解炉的能效诊断也将在此基础上结合实际开展工作。

同样地，网络 DEA 模型的各个子阶段的相对效率诊断的规则与传统 DEA 模型的评价准则一致：$\theta = 1$ 表示"DEA 有效"；$\theta < 1$ 表示"非 DEA 有效"。在网络 DEA 模型评价 DMU 的相对效率时，当出现个别子过程的效率很低时，整个过程的效率也会相对低；当所有子过程效率值都非常高时，整个过程的效率才会较高。而且，当且仅当所有子过程都呈现"DEA 有效"时，整个过程的效率才是"综合 DEA 有效"。

通常地，DEA 模型的建立是基于恒定规模收益（CRS）或可变规模收益（VRS）两种假设[77]，上述两阶段 DEA 模型和网络 DEA 模型均是在 CRS 的假设之下建立的。在乙烯生产能效诊断的实际应用中，乙烯生产装置的年乙烯产率和生产规模基本保持不变，而且我们重点关注乙烯生产装置的综合能效评估和总体技术效率，考虑绝对 DEA 效率更加合理，而 CRS 假设符合乙烯生产稳定运行的实际现状。因此，在实际能效诊断中应用基于 CRS 假设的 DEA 模型更为合适。此外，由于加法形式和乘法形式的过程效率与系统效率的表达是等价的，故选择加法形式表示生产单元内部关系。

4.4.2 基于乙烯生产能源流的能效诊断边界确定

1. 乙烯生产过程能源流分析

作为研究对象，国内某乙烯生产装置根据其生产流程可以分为裂解和分离两个部分。来自界区外储罐的多种原料在预热后被分别送入相应的裂解炉中进行裂解。经裂解反应后获得的裂解气的温度高达 400℃，首先需要依次经过废热锅炉和急冷器等设备回收高品位热量，裂解气的温度降至 200℃左右，而回收的热量被用于产生超高压蒸汽[78]。冷却后的裂解气被送入急冷过程的急冷油塔和急冷水塔进一步降温。同时在该部分，稀释蒸汽由稀释蒸汽发生器产生并送入裂解过程。然后，裂解气通过由超高压蒸汽驱动的裂解气压缩机压缩后，被送入分离过程进行产品的进一步分离和提纯。

乙烯生产能效诊断是结合能效指标，对整个乙烯生产过程用能不合理的情况进行溯源分析，而分布式能效诊断则更突出考虑乙烯生产的多层工艺特点，深入生产内部环节，对其进行能效分析。因此，本节以乙烯生产过程中的能源流为主线，对生产内部的能源流进行分析，确定乙烯生产过程层次化能效诊断边界，从而有效地开展分布式能效诊断研究。

根据乙烯生产流程分析和实际运行情况确定乙烯生产过程的能源边界，然后以能源流的变化和作用为主线逐步梳理生产过程中的关键能耗过程和设备。通过本书第 3 章 3.1 节的乙烯生产能源分析可以知道，该乙烯生产装置平均每年的燃料气、蒸汽、电、水和其他气体的消耗比例约为 70%、10%、5%、14% 和 1%，并且每年燃料气和蒸汽两种能源介质的消耗量的总和均占消耗能源总量的 88% 以上。根据生产工艺流程，裂解过程是整个乙烯生产的关键能耗过程，裂解过程由多个裂解炉构成，其运行效率的好坏关系到整个乙烯生产经济收益的高低，而该过程中裂解设备所涉及的能源介质主要为燃料气。又根据文献[79]可知，整个乙烯生产过程中，蒸汽成本占完整乙烯生产能源成本的 80% 左右。故为有效地确定乙烯生产过程能效诊断边界，并进行能效诊断，在接下来的能源流分析中主要针对消耗量大、成本高和折算系数大的能源介质，电、纯净水、软水、氮气和压缩空气由于消耗量较小或折算系数小被忽略不计。

根据确定的能源边界，乙烯生产过程的主要能源流分析如下：FG 和 BFW 被送入裂解炉中，FG 主要为裂解炉辐射段进行的裂解反应提供热量，BFW 则利用其预热在线性换热器中被转换为 SS，并将废水从废热锅炉中排出。SS 通过蒸汽管道被送入压缩机涡轮系统，用来驱动裂解气压缩机，同时转换为 HS。在后续生产过程中，HS 被提供给蒸汽泵、汽提塔、乙烯制冷压缩机和丙烯制冷压缩机的涡轮系统等设备，用于驱动设备或者作为汽提介质被转化和消耗。在裂解气压缩机执行其功能之后，HS 被转换为 MS，其中一部分用于稀释蒸汽发生单元产生 DS，一部分用于驱动急冷过程中的热泵，剩余部分被裂解气压缩机的油路系统所利用，从而转换为 LS。随后，LS 被提供给分离过程中的乙烯精馏塔等设备，用于换热器换热并最终转化为 LC。

上述乙烯生产过程能源流传递和转化过程如图 4-11。主要能源变化情况总结如下：FG 为裂解炉辐射段中的裂解反应提供所需的热量，其余热量用于将 BFW 转化为 SS；SS 继续供给后续工艺和设备，逐步转换为 HS、MS、LS 和 LC；废水在废热锅炉和稀释蒸汽发生器产生并被送出界外。此外，由于自产 HS 不足，需要外购部分 HS 作为补充。

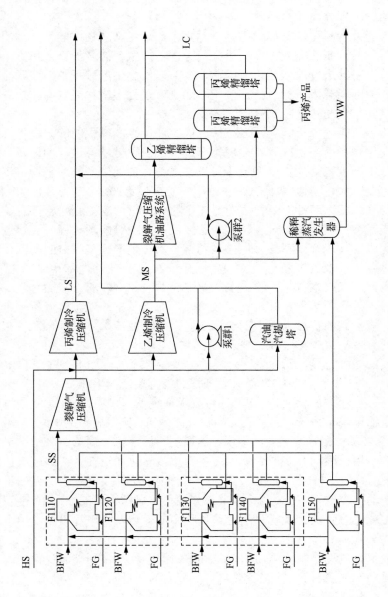

图 4-11 乙烯生产主要能源流情况

2. 能效诊断边界确定

根据上述能源流分析，接下来需要对乙烯生产能源流中的能耗设备进行过程划分，确定诊断边界。首先根据实际生产，整个过程被分为裂解过程和分离过程两个子过程。裂解过程包括多个并行的裂解炉。该乙烯生产装置中裂解炉分为重质、轻质和气体原料三种类型，重质裂解炉、轻质裂解炉能够裂解所有界区外来的新鲜原料，而气体原料裂解炉主要用于裂解乙烷等轻质气体原料。根据图 4-11 所示能源流情况可知，裂解炉的主要输入能源介质为 FG 和 BFW，输出能源介质为 SS 和 WW，而整个裂解过程的输入和输出则为各个裂解炉相应能源介质的总和。分离过程起始于裂解气体压缩机，终止于精馏塔，其间包括热泵、压缩机油路系统、汽提塔等设备和装置。分离过程的输入能源介质为 HS、SS 和 WW，而输出能源介质为 MS、LS、LC 和 WW。基于能源流、能源消耗的比例和设备的主要功能，分离过程可以进一步细分为压缩、急冷和冷分离三个子单元：压缩子单元包括裂解气压缩机、乙烯制冷压缩机和丙烯制冷压缩机等设备，其中，裂解气压缩机以 SS 为动力源，而乙烯制冷压缩机和丙烯制冷压缩机则利用 HS 驱动；急冷子单元包括热泵、汽提塔、热交换器和稀释蒸汽发生器等设备，主要消耗的能源介质有 HS 和 MS，生成 MS、LS 和 WW；冷分离子单元中，乙烯精馏塔和丙烯精馏塔的再沸器是主要的能耗装置，其输入能源介质为 LS。

为了方便说明乙烯生产过程划分和后续分布式能效诊断模型的建立，将图 4-11 所示的具体设备以图 4-12 所示简图形式表示，并引入虚拟设备[76]的概念。虚拟设备的输出与输入相同，在能效诊断过程中对诊断模型的建立和结果不会造成任何影响，其引入主要用于更清晰地确定不同过程、子单元和设备的不同层面能效诊断边界。

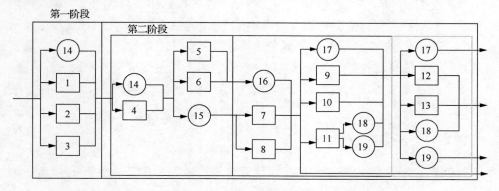

图 4-12　乙烯生产过程能源流情况简图

图 4-12 中，具体的设备（裂解炉、裂解气压缩机、乙烯制冷压缩机、丙烯制冷压缩机、泵群 1、汽提塔、裂解气压缩机的油路系统、泵群 2、稀释蒸汽发生器、乙烯精馏塔、丙烯精馏塔）分别以顺序编号的方框表示，即 1～13 为具体设备；虚拟设备以顺序编号的圆圈表示，即 14～19 为虚拟设备。利用这些辅助工具，图 4-11 中所示的乙烯生产能源流情况可以表示为具有等效含义的结构简图，如图 4-12 所示。整个乙烯生产过程可以划分为三个层次、两个阶段。三个层次分别指的是系统层、过程层和设备层，两个阶段分别指的是过程层中的两个诊断步骤：第一阶段由裂解过程和分离过程两部分组成；第二阶段为分离过程的子单元——压缩子单元、急冷子单元和冷分离子单元三部分。

基于上述的能源流分析和能效诊断边界确定，复杂的乙烯生产过程可以被简化为关键子过程和能耗设备的集合。为最大程度方便现场操作人员，生产内部环节的命名均采用传统命名习惯，但与乙烯生产过程传统的四个部分不同，上述过程划分从能源流的角度出发，并同时考虑生产中的过程与子过程、单元与子单元之间的关联，确定了以能源流为主线的生产层关系，有利于深入分析生产过程的能效情况。同时，在上述子过程的划分基础上确定了层次化的能效诊断边界，以此建立分布式能效诊断模型，能够清晰地了解各个过程和设备的能效水平，深入挖掘能效水平低的原因。接下来，将针对不同的过程和设备的能效诊断指标建立能效诊断模型，并进行能效诊断。

4.4.3 乙烯生产过程分布式能效诊断模型建立

根据上文对乙烯生产过程的能源流分析，确定了系统层、过程层和设备层的能效诊断边界。本节中，在所建立的乙烯生产能效指标体系的基础上，选取适当的能效指标对应到待诊断的过程和设备中。然后，建立基于两阶段 DEA 模型和网络 DEA 模型的乙烯生产过程分布式能效诊断模型，同时结合实际生产情况，确定系统层、过程层和设备层的能效诊断时间尺度，对不同生产层级的能效进行诊断，从而深入地了解乙烯生产内部过程和设备的能效水平，对能效变化的原因进行准确诊断。

1. 乙烯生产能效诊断指标

根据确定的乙烯生产分布式能效诊断边界和所建立的乙烯生产能效指标体系，具体的能效诊断指标选取情况如表 4-9 所示。

表 4-9　能效诊断指标

指标级别	指标名称	指标缩写
系统层	单位综合能耗乙烯产量	E_{EPSEC}
过程层	裂解过程能源转换率	E_{CPECR}
	分离过程能源转换率	E_{SPECR}
	压缩子单元能源转换率	$E_{ComPECR}$
	急冷子单元能源转换率	E_{QSPECR}
	冷分离子单元能源转换率	E_{CSPECR}
设备层	裂解炉单位综合能耗乙烯产量	$E_{EPSECCF}$
	压缩机单位综合能耗乙烯产量	$E_{EPSEC\text{-}compressor}$

能效诊断指标体系中，不同子单元均有对应的诊断指标，但设备层中，根据设备的重要性和能耗水平，本章仅设计了关键能耗设备（裂解炉和压缩机）的能效诊断指标。系统层使用单位综合能耗乙烯产量指标反映整体能效水平，过程层使用内部过程能源转换率指标反映各个子过程能源利用情况，设备层使用单位综合能耗乙烯产量指标反映关键能耗设备的能效水平，能效诊断指标的具体计算公式参考第 2 章 2.2 节。该能效诊断指标体系利用系统层到设备层的递进关系，不仅可以从整厂级别为现场操作人员提供乙烯生产的宏观信息，还可以反映更多内部生产环节效率的细节问题，有助于更深入地分析能效波动的具体原因。

2. 乙烯生产系统层能效诊断模型

根据上文所述，整个乙烯生产过程被分为三个层次、两个阶段。三个层次分别指的是以整厂能效边界为限的系统层、以裂解气生成划分的过程层和生产最小单元的设备层。两个阶段：第一阶段包括裂解过程和分离过程，其输入为 FG、BFW 和 HS，输出为 MS、LS、LC 和 WW，中间变量为 SS 和 WW；第二阶段是指分离过程中由压缩子单元、急冷子单元和冷分离子单元三部分依次构成的结构，其输入为 SS 和 WW，输出为 MS、LS、LC 和 WW，中间变量分别是 LS、MS 和 LS、WW。

从图 4-12 可以看出，系统层由裂解过程和分离过程构成，其生产结构形式符合两阶段 DEA 模型的范畴，根据所确定的不同过程的输入输出能源介质，乙烯生产装置系统层能效指标诊断模型可以在公式（4-4）的基础上得出，具体如公式（4-16）所示。

$$\max \quad \theta_{tp}^{0*} = \sum_{d=1}^{D} \eta_d^{tp} z_{d0}^{tp} + \sum_{r=1}^{S} u_r^{tp} y_{r0}^{tp}$$

$$\text{s.t.} \quad \sum_{i=1}^{m} v_i^{tp} x_{i0}^{tp} + \sum_{d=1}^{D} \eta_d^{tp} z_{d0}^{tp} = 1$$

$$\sum_{d=1}^{D} \eta_d^{tp} z_{dj}^{tp} - \sum_{i=1}^{m} v_i^{tp} x_{ij}^{tp} \leqslant 0 \qquad (4\text{-}16)$$

$$\sum_{r=1}^{S} u_r^{tp} y_{rj}^{tp} - \sum_{d=1}^{D} \eta_d^{tp} z_{dj}^{tp} \leqslant 0$$

$$\eta_d^{tp}, v_i^{tp}, u_r^{tp} \geqslant 0; d = 1, 2, \cdots, D$$

$$i = 1, 2, \cdots, m; r = 1, 2, \cdots, S; j = 1, 2, \cdots, n$$

式中，θ_{tp}^{0*} 为乙烯生产装置系统层的能效诊断值；η_d^{tp}、v_i^{tp} 和 u_r^{tp} 分别为输入变量、中间变量和输出变量的权重系数；x^{tp}、z^{tp} 和 y^{tp} 分别为乙烯生产过程的输入能源介质（FG 和 BFW）、中间能源介质（SS 和 WW）和输出变量（乙烯产量）；m 为输入变量维度；D 为中间变量维度；S 为输出变量维度；n 为 DMU 个数。

利用公式（4-16）可以对系统层的能效水平进行评估诊断。通过 MATLAB 软件求解上述线性规划问题，得到 η_d^{tp}、v_i^{tp} 和 u_r^{tp} 的值，并最终计算获得系统层能效诊断值。

3. 乙烯生产过程层能效诊断模型

过程层第一阶段包括裂解过程和分离过程两部分，二者能效与系统层能效的关系可以表示为 $\theta_{tp}^{0*} = \omega_1 \theta_{cp}^{0*} + \omega_2 \theta_{sp}^{0*}$。那么，裂解过程的能效诊断模型为公式（4-17）所示：

$$\max \quad \theta_{cp}^{0*} = \sum_{d=1}^{D} \eta_d^{tp} z_{d0}^{tp}$$

$$\text{s.t.} \quad \sum_{i=1}^{m} v_i^{tp} x_{i0}^{tp} = 1$$

$$\left(1 - \theta_0^{tp*}\right) \sum_{d=1}^{D} \eta_d^{tp} z_{d0}^{tp} + \sum_{r=1}^{S} u_r^{tp} y_{r0}^{tp} = \theta_0^{tp*}$$

$$\sum_{d=1}^{D} \eta_d^{tp} z_{dj}^{tp} - \sum_{i=1}^{m} v_i^{tp} x_{ij}^{tp} \leqslant 0 \qquad (4\text{-}17)$$

$$\sum_{r=1}^{S} u_r^{tp} y_{rj}^{tp} - \sum_{d=1}^{D} \eta_d^{tp} z_{dj}^{tp} \leqslant 0$$

$$\eta_d^{tp}, v_i^{tp}; u_r^{tp} \geqslant 0; d = 1, 2, \cdots, D$$

$$i = 1, 2, \cdots, m; r = 1, 2, \cdots, S; j = 1, 2, \cdots, n_1$$

式中，$\theta_{\mathrm{cp}}^{0*}$ 为裂解过程的能效诊断值；η_d^{tp}、v_i^{tp}、u_r^{tp} 为权重系数；x^{tp}、z^{tp} 和 y^{tp} 为模型的输入、中间和输出变量；维度为 $m=2$、$D=2$ 和 $S=4$；n_1 为 DMU 个数。

而分离过程的能效诊断值 $\theta_{\mathrm{sp}}^{0*}$ 可以利用公式（4-18）获得：

$$\theta_{\mathrm{sp}}^{0*} = \left(\theta_{\mathrm{tp}}^{0*} - \omega_1 \theta_{\mathrm{cp}}^{0*} \right) / \omega_2$$

$$\omega_1 = \sum_{i=1}^{m} v_i^{\mathrm{tp}} x_{i0}^{\mathrm{tp}} \bigg/ \left(\sum_{i=1}^{m} v_i^{\mathrm{tp}} x_{i0}^{\mathrm{tp}} + \sum_{d=1}^{D} \eta_d^{\mathrm{tp}} z_{d0}^{\mathrm{tp}} \right) \qquad (4\text{-}18)$$

$$\omega_2 = \sum_{d=1}^{D} \eta_d^{\mathrm{tp}} z_{d0}^{\mathrm{tp}} \bigg/ \left(\sum_{i=1}^{m} v_i^{\mathrm{tp}} x_{i0}^{\mathrm{tp}} + \sum_{d=1}^{D} \eta_d^{\mathrm{tp}} z_{d0}^{\mathrm{tp}} \right)$$

也可以根据公式（4-19）求解得到：

$$\max \quad \theta_{\mathrm{sp}}^{0*} = \sum_{r=1}^{S} u_r^{\mathrm{tp}} y_{r0}^{\mathrm{tp}}$$

$$\text{s.t.} \quad \sum_{i=1}^{m} v_i^{\mathrm{tp}} x_{i0}^{\mathrm{tp}} = 1$$

$$\theta_{\mathrm{tp}}^{0*} \sum_{i=1}^{m} v_i^{\mathrm{tp}} x_{i0}^{\mathrm{tp}} - \sum_{r=1}^{S} u_r^{\mathrm{tp}} y_{r0}^{\mathrm{tp}} = 1 - \theta_{\mathrm{tp}}^{0*}$$

$$\sum_{d=1}^{D} \eta_d^{\mathrm{tp}} z_{dj}^{\mathrm{tp}} - \sum_{i=1}^{m} v_i^{\mathrm{tp}} x_{ij}^{\mathrm{tp}} \leqslant 0 \qquad (4\text{-}19)$$

$$\sum_{r=1}^{S} u_r^{\mathrm{tp}} y_{rj}^{\mathrm{tp}} - \sum_{d=1}^{D} \eta_d^{\mathrm{tp}} z_{dj}^{\mathrm{tp}} \leqslant 0$$

$$\eta_d^{\mathrm{tp}}, v_i^{\mathrm{tp}}, u_r^{\mathrm{tp}} \geqslant 0; d = 1, 2, \cdots, D$$

$$i = 1, 2, \cdots, m; r = 1, 2, \cdots, S; j = 1, 2, \cdots, n_1$$

公式（4-19）中的各个参数均与公式（4-17）中的相同。

通过上述三个公式，过程层第一阶段的裂解过程和分离过程的能效可以被诊断。如果在诊断结果中发现分离过程的能效过低，过程层第二阶段的能效诊断工作随即开始。过程层第二阶段的诊断主要是针对压缩子单元、急冷子单元和冷分离子单元展开的。由图 4-12 可知，压缩子单元、急冷子单元和冷分离子单元是三个串行的子过程，显然，两阶段 DEA 模型已无法满足诊断需求，故在此引入网络 DEA 模型。

第二阶段三个串行子单元的能效与分离过程能效的关系可通过公式（4-20）表示：

$$\theta_{\mathrm{sp}}^{0*} = \omega_{21} \theta_{\mathrm{ComP}}^{0*} + \omega_{22} \theta_{\mathrm{qp}}^{0*} + \omega_{23} \theta_{\mathrm{csp}}^{0*} \qquad (4\text{-}20)$$

式中，$\theta_{\mathrm{sp}}^{0*}$ 为分离过程的能效诊断值；$\theta_{\mathrm{ComP}}^{0*}$ 为压缩子单元的能效诊断值；$\theta_{\mathrm{qp}}^{0*}$ 为急冷子单元的能效诊断值；$\theta_{\mathrm{csp}}^{0*}$ 为冷分离子单元的能效诊断值；ω_{21}、ω_{22} 和 ω_{23} 分别

为权重，计算公式如公式（4-21）所示。

$$\omega_{21} = \sum_{i=1}^{m} v_i^{sp} x_{i0}^{sp} \Big/ \left(\sum_{i=1}^{m} v_i^{sp} x_{i0}^{sp} + \sum_{d=1}^{D} \mu_d^{sp1} z_{d0}^{sp1} + \sum_{d_2=1}^{D_2} \mu_{d_2}^{sp2} z_{d0}^{sp2} \right)$$

$$\omega_{22} = \sum_{d=1}^{D} \mu_d^{sp1} z_{d0}^{sp1} \Big/ \left(\sum_{i=1}^{m} v_i^{sp} x_{i0}^{sp} + \sum_{d=1}^{D} \mu_d^{sp1} z_{d0}^{sp1} + \sum_{d_2=1}^{D_2} \mu_{d_2}^{sp2} z_{d0}^{sp2} \right) \qquad (4\text{-}21)$$

$$\omega_{23} = \sum_{d_2=1}^{D_2} \mu_{d_2}^{sp2} z_{d0}^{sp2} \Big/ \left(\sum_{i=1}^{m} v_i^{sp} x_{i0}^{sp} + \sum_{d=1}^{D} \mu_d^{sp1} z_{d0}^{sp1} + \sum_{d_2=1}^{D_2} \mu_{d_2}^{sp2} z_{d0}^{sp2} \right)$$

通过公式（4-20）可知，θ_{sp}^{0*}、θ_{ComP}^{0*}、θ_{qp}^{0*} 和 θ_{csp}^{0*} 四个能效值"知三得一"，θ_{sp}^{0*} 可以通过过程层第一阶段的诊断获得，θ_{ComP}^{0*} 和 θ_{qp}^{0*} 可利用公式（4-22）获得。

$$\max \quad \theta_{ComP}^{0*} = \sum_{d=1}^{D'} \mu_d^{sp1} z_{d0}^{sp1} \, (t=1), \quad \theta_{qp}^{0*} = \sum_{d_2=1}^{D'} \mu_{d_2}^{sp2} z_{d0}^{sp2} \, (t=2)$$

$$\text{s.t.} \quad \sum_{i=1}^{m'} v_i^{sp} x_{i0}^{sp} = 1 (t=1), \quad \sum_{d=1}^{D'} \mu_d^{sp2} z_{d0}^{sp2} \, (t=2)$$

$$\sum_{d=1}^{D'} \mu_d^{sp1} z_{dj}^{sp1} - \sum_{i=1}^{m'} v_i^{sp} x_{ij}^{sp} \leqslant 0$$

$$\sum_{d_2=1}^{D_2'} \mu_{d_2}^{sp2} z_{dj}^{sp2} - \sum_{d=1}^{D'} \mu_d^{sp1} z_{dj}^{sp1} \leqslant 0 \qquad (4\text{-}22)$$

$$\sum_{r=1}^{S'} u_r^{sp} y_{rj}^{sp} - \sum_{d_2=1}^{D_2'} \mu_{d_2}^{sp2} z_{dj}^{sp2} \leqslant 0$$

$$\mu_d^{sp1}, \mu_{d_2}^{sp2}, v_i^{sp}, u_r^{sp} \geqslant 0; d=1,2,\cdots,D'; d_2=1,2,\cdots,D_2'$$

$$i=1,2,\cdots,m'; r=1,2,\cdots,S'; j=1,2,\cdots,n_2$$

式中，x^{sp} 为压缩子单元的输入变量（SS 和 WW）；y^{sp} 为冷分离子单元的输出变量（MS、LS、LC 和 WW）；z^{sp1} 为压缩与急冷子单元的中间变量（HS、LS 和 MS）；z^{sp2} 为急冷和冷分离子单元的中间变量（MS、LS 和 WW）；v_i^{sp}、u_r^{sp}、μ_d^{sp1}、$\mu_{d_2}^{sp2}$ 是上述变量的权重系数，同时也是公式（4-19）中的权重系数；变量维度确定如下，$m'=2$、$D'=3$、$D_2'=3$ 和 $S'=4$；n_2 为子单元需要诊断的 DMU 个数。

4. 乙烯生产设备层能效诊断模型

根据前文关于乙烯生产能源流分析可知，裂解炉和压缩机的能耗成本占比最大，且根据数据采集情况，设备层的能效诊断目前仅针对乙烯裂解炉和压缩机两种设备开展。

1）裂解炉能效诊断模型

在本书所研究的乙烯生产过程中，裂解过程由五台 USC 型裂解炉并行构成，其中一台是气体原料裂解炉，四台是液体原料裂解炉，包括两台重质原料裂解炉和两台轻质原料裂解炉。气体原料裂解炉用于裂解 C2、C3 的混合气体或者液化石油气等气体原料；重质原料裂解炉用于裂解加氢尾油和柴油等重质液体原料，轻质原料裂解炉用于裂解石脑油等轻质液体原料，轻重两种炉型的裂解炉能够裂解所有界区外来的新鲜原料。

根据裂解炉实际运行情况，单炉操作不受其他炉操作的影响，即裂解炉之间的联动性较小。同时，为了更方便地进行设备层能效诊断，对相同类型的裂解炉进行合并考虑，即将两台重质原料裂解炉视为整体进行能效诊断，将两台轻质原料裂解炉视为整体进行能效诊断，剩下一台气体原料裂解炉单独进行能效诊断。本章利用传统 DEA 模型分别建立重质原料裂解炉、轻质原料裂解炉和气体原料裂解炉的能效诊断模型。裂解炉的能效诊断模型如公式（4-23）所示：

$$\max \quad \theta_{cf}^{0*} = \sum_{r=1}^{S} u_r^{cf} y_{r0}^{cf}$$

$$\text{s.t.} \quad \sum_{i=1}^{m} v_i^{cf} x_{i0}^{cf} = 1$$

$$\sum_{r=1}^{S} u_r^{cf} y_{rj}^{cf} \leqslant 0 \qquad (4\text{-}23)$$

$$v_i^{cf}, u_r^{cf} \geqslant 0$$

$$i = 1, 2, \cdots, m; r = 1, 2, \cdots, S; j = 1, 2, \cdots, n_3$$

式中，θ_{cf}^{0*} 为裂解炉的能效诊断值，具体可分为重质原料裂解炉的能效诊断值 θ_{hcf}^{0*}、轻质原料裂解炉的能效诊断值 θ_{lcf}^{0*} 和气体原料裂解炉的能效诊断值 θ_{gcf}^{0*}；v_i^{cf} 和 u_r^{cf} 为输入变量和输出变量权值；m 和 S 为输入变量和输出变量的维度；x^{cf} 和 y^{cf} 为输入变量和输出变量，分别是 FG 和 BFW 以及 MS、LS、LC 和 WW；n_3 为 DMU 个数。

2）压缩机能效诊断模型

由图 4-11 可知，乙烯生产过程中所涉及的压缩机主要有三种类型：裂解气压缩机、乙烯制冷压缩机和丙烯制冷压缩机。裂解气压缩机是乙烯生产中输送、分离裂解气的第一道工序，通过离心力的作用使裂解气压强升高，并经过五级增压，最后得到相当高的排气压强，是整个乙烯生产装置生产力的制约。除了在段间对裂解气进行气、液分离，脱出裂解气重组分和酸性气体以外，裂解气压缩机的作用还包括提高深冷分离的温度、降低后续制冷压缩机负荷，并为后续过程提供动力。而乙烯制冷压缩机和丙烯制冷压缩机的作用主要是为生产系统提供不同温度级别的乙烯冷剂和丙烯冷剂，以备换热设备换热所用。由此可见，相比于乙烯制冷压缩机和丙烯制冷压缩机，裂解气压缩机更需要单独关注。考虑到图 4-12 中压缩子单元的内部网络结构，故本章将压缩子单元进一步分为两阶段形式的结构，将裂解气压缩机作为单独设备进行能效诊断，乙烯制冷压缩机和丙烯制冷压缩机作为整体进行能效诊断。因此，裂解气压缩机的能效诊断模型如公式（4-24）所示：

$$\max \quad \theta_{\text{cgc}}^{0*} = \sum_{d=1}^{D} \eta_d^{\text{ComP}} z_{d0}^{\text{ComP}}$$

$$\text{s.t.} \quad \sum_{i=1}^{m} v_i^{\text{ComP}} x_{i0}^{\text{ComP}} = 1$$

$$\left(1 - \theta_{\text{ComP}}^{0*}\right) \sum_{d=1}^{D} \eta_d^{\text{ComP}} z_{d0}^{\text{ComP}} + \sum_{r=1}^{S} u_r y_{r0}^{\text{ComP}} = \theta_{\text{ComP}}^{0*}$$

$$\sum_{d=1}^{D} \eta_d^{\text{ComP}} z_{dj}^{\text{ComP}} - \sum_{i=1}^{m} v_i^{\text{ComP}} x_{ij}^{\text{ComP}} \leqslant 0 \tag{4-24}$$

$$\sum_{r=1}^{S} u_r^{\text{ComP}} y_{rj}^{\text{ComP}} - \sum_{d=1}^{D} \eta_d^{\text{ComP}} z_{dj}^{\text{ComP}} \leqslant 0$$

$$\eta_d^{\text{ComP}}, v_i^{\text{ComP}}, u_r^{\text{ComP}} \geqslant 0; d = 1, 2, \cdots, D$$

$$i = 1, 2, \cdots, m; r = 1, 2, \cdots, S; j = 1, 2, \cdots, n_4$$

式中，θ_{cgc}^{0*} 为裂解气压缩机的能效诊断值；$\theta_{\text{ComP}}^{0*}$ 为压缩子单元的能效诊断值；x^{ComP}、z^{ComP} 和 y^{ComP} 分别是压缩子单元的输入变量（SS 和 WW）、中间变量（HS）和输出变量（MS 和 LS）；η_d^{ComP}、v_i^{ComP} 和 u_r^{ComP} 分别是中间变量、输入变量、输出变量的权重值；n_4 为 DMU 个数。

乙烯-丙烯制冷压缩机的能效诊断模型可以利用公式（4-25）计算：

$$\theta_{\text{epc}}^{0*} = \left(\theta_{\text{ComP}}^{0*} - \omega_1 \theta_{\text{cgc}}^{0*}\right) / \omega_2$$

$$\omega_1 = \sum_{i=1}^{m} v_i^{\text{ComP}} x_{i0} \Bigg/ \left(\sum_{i=1}^{m} v_i^{\text{ComP}} x_{i0}^{\text{ComP}} + \sum_{d=1}^{D} \eta_d^{\text{ComP}} z_{d0}^{\text{ComP}}\right) \tag{4-25}$$

$$\omega_2 = \sum_{d=1}^{D} \eta_d^{\text{ComP}} z_{d0}^{\text{ComP}} \Bigg/ \left(\sum_{i=1}^{m} v_i^{\text{ComP}} x_{i0}^{\text{ComP}} + \sum_{d=1}^{D} \eta_d^{\text{ComP}} z_{d0}^{\text{ComP}}\right)$$

也可以根据公式（4-26）求解得到：

$$\max \quad \theta_{\text{epc}}^{0*} = \sum_{r=1}^{S} u_r^{\text{ComP}} y_{r0}^{\text{ComP}}$$

$$\text{s.t.} \quad \sum_{i=1}^{m} v_i^{\text{ComP}} x_{i0}^{\text{ComP}} = 1$$

$$\theta_{\text{ComP}}^{0*} \sum_{i=1}^{m} v_i^{\text{ComP}} x_{i0}^{\text{ComP}} - \sum_{r=1}^{S} u_r^{\text{ComP}} y_{r0}^{\text{ComP}} = 1 - \theta_{\text{ComP}}^{0*} \tag{4-26}$$

$$\sum_{d=1}^{D} \eta_d^{\text{ComP}} z_{dj}^{\text{ComP}} - \sum_{i=1}^{m} v_i^{\text{ComP}} x_{ij}^{\text{ComP}} \leqslant 0$$

$$\sum_{r=1}^{S} u_r^{\text{ComP}} y_{rj}^{\text{ComP}} - \sum_{d=1}^{D} \eta_d^{\text{ComP}} z_{dj}^{\text{ComP}} \leqslant 0$$

$$\eta_d^{\text{ComP}}, v_i^{\text{ComP}}, u_r^{\text{ComP}} \geqslant 0; d = 1, 2, \cdots, D$$
$$i = 1, 2, \cdots, m; r = 1, 2, \cdots, S; j = 1, 2, \cdots, n_4$$

式中，θ_{epc}^{0*} 为乙烯-丙烯制冷压缩机的能效诊断值，公式其余参数与公式（4-22）中的相同。

综上，基于系统层、过程层、设备层的能效诊断边界和多粒度能效指标，本章建立了乙烯生产系统层、过程层和设备层分布式能效诊断模型，不同层级的诊断模型充分考虑生产过程内部关联性特点，能够通过系统层能效逐步深入至生产内部过程层和设备层能效，不仅可以实现能效梯级诊断，而且对于分析具体设备的能效水平，以及对子过程乃至整个系统能效的影响程度具有一定优势。

5. 分布式能效诊断流程

基于系统层、过程层、设备层的能效诊断边界和多粒度能效指标建立的分布式能效诊断模型能够对实际能效水平进行从宏观到细节的分布式诊断，并可以有针对性地进行能效改进和生产优化。然而，乙烯生产属于典型的连续化工生产过程，整个生产流程长，涉及多种生产设备，时滞性较大。从原料裂解到该批次原料对应的合格产品产出，整个过程至少需要 1 天。在能效诊断中，生产数据的时间尺度对于能效评估和诊断具有重要意义。在系统层面，较短的诊断时间尺度不能全面反映系统完整的运行状态，乙烯生产尚未完成一个完整的生产周期；而在设备层面，则更倾向实时为现场操作员提供相关设备能效等级的监测和诊断分析，以备及时改进能效过低的情况。因此，系统层、过程层和设备层的能效诊断时间尺度不应完全相同。通过与该乙烯生产装置现场操作人员的沟通和基于所提分布式能效诊断模型的要求，系统层和过程层的能效以"天"为最低时间尺度进行评估和诊断，并通过前推一天方式采集数据，以消除生产时滞性的影响，设备层能效诊断则按"小时"进行。

乙烯生产分布式能效诊断方案的具体流程如图 4-13 所示，共分为 5 个步骤。

（1）采集相关生产数据并进行预处理，利用公式（4-16）进行系统层的能效诊断工作，计算整个乙烯生产过程的能效诊断值 θ_{tp}^{0*}。

（2）对于系统层能效诊断值 θ_{tp}^{0*} 偏低的时刻，利用两阶段 DEA 模型分解能效至裂解过程和分离过程的能效，开展过程层第一阶段的能效诊断。裂解过程能效诊断值 θ_{cp}^{0*} 利用公式（4-17）计算得到，分离过程的能效诊断值 θ_{sp}^{0*} 利用公式（4-18）或公式（4-19）计算得到。其中的 v_i^{tp} 和 η_d^{tp} 能够反映出不同过程的输入能源介质对过程层，甚至系统层能效的影响。

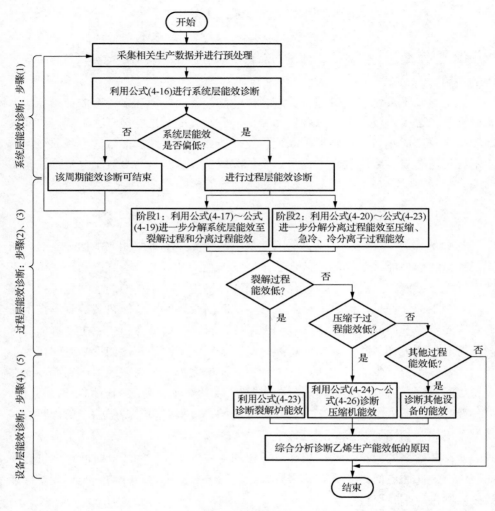

图 4-13　分布式能效诊断流程

（3）对于分离过程能效诊断值 θ_{sp}^{0*} 偏低的时刻，利用公式（4-20）～公式（4-23）所示形式的网络 DEA 模型开展过程层第二阶段的能效诊断，分离过程的能效诊断值可分解至压缩、急冷和冷分离子单元。压缩子单元的能效诊断值 θ_{ComP}^{0*} 和急冷子单元的能效诊断值 θ_{qp}^{0*} 可由公式（4-22）计算获得，冷分离子单元的能效诊断值 θ_{csp}^{0*} 可由公式（4-20）计算获得。其中 v_i^{sp} 、 μ_d^{sp1} 和 μ_{d2}^{sp2} 能够反映出压缩、急冷和冷分离子单元的输入能源介质对各自能效的影响程度。

（4）对于裂解过程能效诊断值 θ_{cp}^{0*} 偏低的时刻，利用公式（4-23）开展设备层中裂解炉的能效诊断工作。

（5）对于压缩子单元能效诊断值 $\theta_{\text{ComP}}^{0*}$ 偏低的时刻，利用公式（4-23）开展设备层压缩机的能效诊断。裂解气压缩机能效诊断值 θ_{cgc}^{0*} 通过公式（4-24）计算求得，乙烯-丙烯制冷压缩机能效诊断值 θ_{epc}^{0*} 可通过公式（4-25）或公式（4-26）计算获得。

根据上述诊断步骤，综合评判该诊断周期内的总体能效水平，并根据各个过程层、设备层的诊断结果给出能效提升改进建议。如此，乙烯生产过程的能效诊断可以在不同的层次上进行，从而获得更加科学的诊断结果。

4.4.4　能效诊断结果及分析

本章旨在对乙烯生产过程进行从系统层到设备层的分布式能效诊断，通过分析生产过程中能源流的变化和作用情况确定能效诊断边界，在此基础上结合多粒度能效指标体系，建立分层式能效诊断模型，并为之确定适合的能效诊断时间尺度。为了验证所提出的能效诊断方案的有效性和实用性，在 4.4.3 节所建立的乙烯生产能效诊断指标体系和能效分层诊断模型的基础上，利用该乙烯生产装置数据库采集的生产数据进行实际乙烯生产能效诊断的实例研究，其中基于两阶段 DEA 模型和网络 DEA 模型建立的能效诊断模型的求解均在 MATLAB 软件中进行。

1. 系统层能效诊断结果

乙烯生产过程系统层能效指标的诊断利用公式（4-13）所示的诊断模型进行，诊断结果如图 4-14 所示。

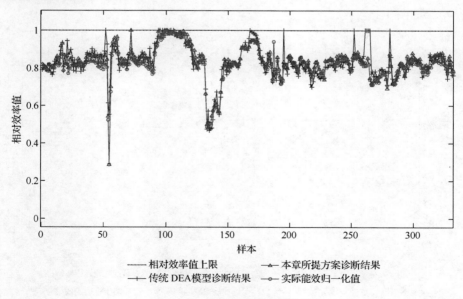

图 4-14　系统层能效诊断结果

从图 4-14 中可以看出，传统 DEA 模型诊断结果、公式（4-13）所示的诊断模型诊断结果和实际系统层能效指标归一化值三者的变化趋势大体相近。然而，由于传统 DEA 模型在计算的过程中不考虑内部生产环节的相互作用，导致部分 DMU 的能效诊断值为"1"，即"DEA 有效"，但根据单位综合能耗乙烯产量指标归一化值可以得知，这些被传统 DEA 模型诊断为"1"的 DMU 并不是高能效时刻。基于传统 DEA 模型的能效诊断结果的精度（诊断值与实际值的偏差小于 5%的 DMU 相对数量）仅为 80.7%。因此，基于传统 DEA 模型的能效诊断无法有效而准确地反映生产实际能效水平。相比之下，基于本章所提的系统层能效诊断模型的诊断结果总体与实际能效指标变化趋势相近，诊断精度为 93.1%，可以更准确地反映系统层的实际能效水平。

根据上述诊断结果可以进一步分析，94.9%的 DMU 的能效诊断值均高于 0.7，除了第 54～56 个和第 132～144 个这两组 DMU。这两组 DMU 的系统层能效均为最低水平。根据实际生产情况，该厂从第 54 个 DMU 起停产进行检修，并从第 56 个 DMU 开始恢复生产，该情况为计划内停车。而第 132～144 个 DMU 并非计划内停车，为正常生产运行中能效最低的时刻，其能效至多有 37.5%的提升潜力。为了确定该时间段内系统层能效变化原因，需要进一步开展过程层和设备层的能效诊断。

2. 过程层能效诊断结果

根据系统层能效诊断结果，对于 13 个相对效率较低的第 132～144 个 DMU（样本 1～13），进一步开展过程层能效诊断工作。过程层能效诊断时间尺度为天，诊断结果如图 4-15 所示。

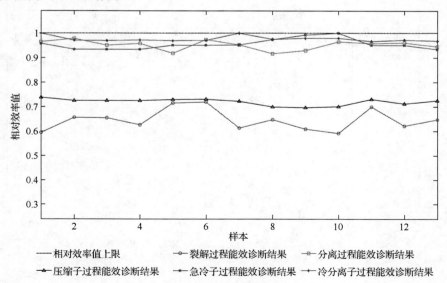

图 4-15　过程层能效诊断结果

从图 4-15 中可以看出，急冷和冷分离子单元的能效诊断值变化较为平稳，且均大于 0.9，因此在该段生产时期，上述两个子过程并不是乙烯生产过程总能效偏低的主要原因。相比之下，裂解过程的能效诊断值波动较为明显，且全部时刻低于 0.8。压缩子单元的能效诊断值的波动虽不明显，但相比于急冷和冷分离子单元的诊断值略低。因此，在该段生产时期内，裂解过程和压缩子单元能效偏低是影响整个生产过程能效的主要原因。

为了进一步说明过程层能效诊断结果的有效性和准确性，表 4-10 中列出了本章所提出的模型和传统 DEA 模型两种方法的比较结果。

表 4-10　过程层能效诊断结果及其排序对比

	样本	θ_{cp}^{0*}	θ_{sp}^{0*}	θ_{ComP}^{0*}	θ_{qp}^{0*}	θ_{csp}^{0*}
本章所提模型诊断结果	1	0.595（12）	0.966（3）	0.739（1）	0.958（4）	0.998（1）
	2	0.655（4）	0.978（1）	0.725（5）	0.935（12）	0.971（9）
	3	0.654（5）	0.951（9）	0.725（8）	0.935（13）	0.970（10）
	4	0.626（8）	0.959（7）	0.725（7）	0.935（11）	0.973（7）
	5	0.716（2）	0.918（12）	0.730（4）	0.951（9）	0.970（10）
	6	0.719（1）	0.973（2）	0.731（3）	0.951（8）	0.972（8）
	7	0.613（10）	0.952（8）	0.722（9）	0.953（5）	0.997（2）
	8	0.648（6）	0.917（13）	0.700（12）	0.974（3）	0.975（5）
	9	0.609（11）	0.930（11）	0.697（13）	0.993（2）	0.980（3）
	10	0.592（13）	0.966（4）	0.701（11）	0.998（1）	0.980（4）
	11	0.699（3）	0.959（6）	0.732（2）	0.951（7）	0.966（13）
	12	0.622（9）	0.962（5）	0.713（10）	0.952（6）	0.973（6）
	13	0.647（7）	0.946（10）	0.725（6）	0.935（10）	0.969（12）
传统模型诊断结果	1	0.607（10）	0.933（3）	0.746（8）	0.958（7）	1.000（1）
	2	0.604（11）	0.922（5）	0.747（4）	0.938（10）	0.978（9）
	3	0.615（9）	0.951（1）	0.747（5）	0.938（11）	0.985（6）
	4	0.625（7）	0.892（7）	0.747（6）	0.938（13）	0.974（12）
	5	0.717（1）	0.868（12）	0.770（3）	0.959（4）	0.987（4）
	6	0.708（2）	0.876（11）	0.770（2）	0.959（5）	0.976（10）
	7	0.671（5）	0.929（4）	0.738（9）	0.953（8）	1.000（1）
	8	0.664（6）	0.858（13）	0.718（13）	0.974（3）	0.976（10）
	9	0.561（12）	0.885（10）	0.723（11）	0.993（2）	0.985（7）
	10	0.507（13）	0.889（9）	0.730（10）	1.000（1）	0.998（3）
	11	0.701（3）	0.889（8）	0.770（1）	0.959（6）	0.971（13）
	12	0.623（8）	0.894（6）	0.722（12）	0.952（9）	0.980（8）
	13	0.688（4）	0.934（2）	0.747（7）	0.938（12）	0.987（4）

从表 4-10 可以看出两种方法的能效诊断值和其排序情况，括号内的数字即为相对效率诊断值的排序。由于传统的 DEA 模型在诊断的过程中没有考虑单元之间的相互联系，诊断结果和实际情况不相符，个别 DMU 的能效诊断值被判断为"1"。而在基于本章所提方案模型的 θ_{sp}^{0*}、θ_{ComP}^{0*}、θ_{qp}^{0*} 和 θ_{csp}^{0*} 的计算结果中，大多数 DMU 的能效诊断值具有相似的排序，这意味着整个分离过程的能效水平与其三个子单元（压缩、急冷、冷分离）的能效水平密切相关。根据表 4-10 所示的过程层能效诊断结果及其排序对比情况，可以发现个别 DMU 的效率诊断值在排序上出现了较大差异，但正是因为这种较大的差异，可以进一步揭示导致分离过程，乃至整个生产过程能效变化的原因。因此针对过程层能效诊断结果的异常情况需进一步利用设备层的能效诊断模型进行分析。

根据公式（4-16），裂解过程和分离过程的输入变量的权重系数 v_i^{tp} 和 η_d^{tp} 可以反映不同过程的不同能源介质对能效水平的影响程度。图 4-16 给出了过程层第一阶段的输入能源介质权重系数变化情况。从图中可以看出，裂解过程的 FG 对其能效水平影响较大。而分离过程的输入能源介质 SS 对其运行效率影响较大。

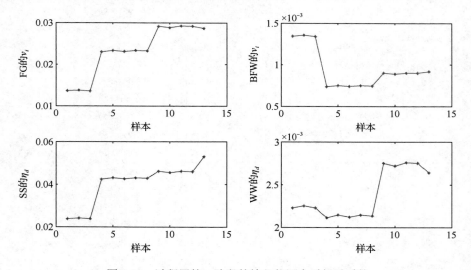

图 4-16　过程层第一阶段的输入能源介质权重系数

图 4-17 给出了过程层第二阶段的压缩子单元、急冷子单元和冷分离子单元的输入能源介质的权重系数变化情况。从图中可以看出，相比于其他能源介质，不同压力级别的蒸汽对不同子单元的效率影响较大：

（1）能源介质 SS 对压缩子单元的效率有更大的影响；

（2）能源介质 HS 和 MS 对急冷子单元的效率有更大的影响；

（3）能源介质 MS 对冷分离子单元的效率有更大的影响。

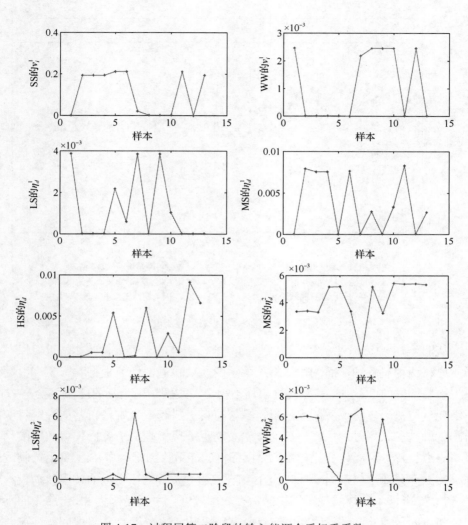

图 4-17　过程层第二阶段的输入能源介质权重系数

3. 设备层能效诊断结果

根据过程层能效诊断结果，对裂解过程和压缩子单元相对效率较低的第 7～10 个 DMU 进一步开展设备层能效诊断工作。

设备层能效诊断时间尺度为小时，即按照小时尺度的数据进行能效分析。裂解炉和压缩机的能效诊断结果如图 4-18 所示。

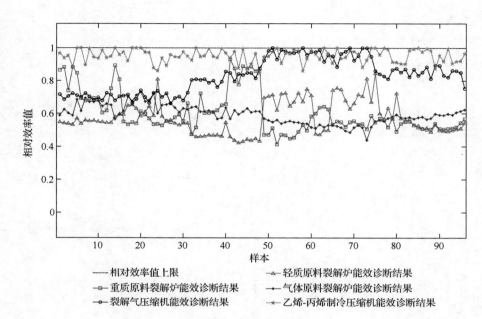

图 4-18　设备层能效诊断结果

　　从图 4-18 中可以注意到，裂解炉的能效诊断值波动很大，尤其是重质原料和轻质原料两种裂解炉，而气体原料裂解炉的能效普遍偏低。根据实际生产数据，该生产周期内的 FG 进料和原料进料均不稳定。裂解炉所消耗的能源主要是 FG，其消耗量取决于裂解反应所需热量，裂解原料进料越多，维持正常的裂解反应所需热量就越多。同时，生产负荷的频繁波动也造成了裂解炉各操作参数的波动，最终导致裂解炉的能效变化异常。而压缩机的能效诊断结果中，乙烯-丙烯制冷压缩机的大部分效率值都高于 0.9，运行情况良好，裂解气压缩机的效率波动较为明显。前 50 个样本，裂解气压缩机的运行效率较低，主要是因为 SS 供应量的不稳定性和段间压力的波动。后期生产负荷有所提升，SS 充足，各级段间压降在要求范围内，效率较高。因此，由于 FG 和原料的波动变化，裂解炉和裂解气体压缩机的能效对乙烯生产过程的整体能效有显著影响。

　　为了说明设备层能效诊断的有效性，表 4-11 给出了能效诊断结果和对应的实际能效归一化值及其排序情况。从表 4-11 中可以看出，由本章所提方案模型获得的设备能效诊断值与实际能效归一化值在数值上大体相近，而且大多数诊断值的排序也与实际能效归一化值的排序相似，这表明设备层能效诊断结果有效，能够反映不同设备的能效变化情况。

表 4-11 部分设备层能效诊断结果及其排序对比

	DMU	θ_{hcf}^{0*}	θ_{lcf}^{0*}	θ_{gcf}^{0*}	θ_{cgc}^{0*}	θ_{epc}^{0*}
本章所提模型计算结果	41	0.929（1）	0.457（98）	0.567（73）	0.848（43）	0.938（73）
	42	0.876（7）	0.435（102）	0.618（36）	0.794（64）	0.977（32）
	43	0.776（14）	0.422（105）	0.594（55）	0.841（46）	0.878（99）
	44	0.889（3）	0.429（104）	0.609（46）	0.834（48）	0.995（18）
	45	0.872（8）	0.443（100）	0.629（27）	0.846（45）	0.874（102）
	46	0.887（4）	0.436（101）	0.606（48）	0.846（44）	0.900（92）
	47	0.857（11）	0.447（99）	0.612（43）	0.815（55）	0.964（45）
	48	0.871（9）	0.431（103）	0.611（44）	0.874（31）	0.844（105）
	49	0.471（99）	0.695（17）	0.568（72）	0.923（24）	0.945（64）
	50	0.471（101）	0.704（16）	0.557（79）	0.981（8）	0.946（63）
	51	0.510（87）	0.712（13）	0.548（84）	1.000（1）	0.975（34）
	52	0.412（105）	0.618（30）	0.559（78）	0.928（22）	0.998（13）
	53	0.471（100）	0.720（11）	0.538（89）	0.987（6）	0.906（87）
	54	0.467（102）	0.722（9）	0.548（85）	0.979（9）	0.968（40）
	55	0.448（104）	0.644（25）	0.554（82）	0.969（14）	0.965（43）
	56	0.454（103）	0.669（20）	0.547（86）	0.968（15）	0.989（23）
	57	0.488（97）	0.724（8）	0.545（87）	0.978（10）	0.982（28）
	58	0.528（79）	0.671（19）	0.539（88）	1.000（1）	0.860（104）
	59	0.497（95）	0.746（5）	0.537（90）	0.957（17）	0.937（74）
实际能效归一化值	41	0.806（10）	0.505（73）	0.616（39）	0.832（41）	0.891（80）
	42	0.815（7）	0.496（89）	0.615（41）	0.765（68）	0.968（9）
	43	0.819（6）	0.495（90）	0.608（47）	0.841（40）	0.868（96）
	44	0.929（1）	0.508（69）	0.611（44）	0.762（70）	0.971（7）
	45	0.899（3）	0.504（75）	0.613（42）	0.857（36）	0.865（98）
	46	0.924（2）	0.509（68）	0.593（53）	0.825（45）	0.887（85）
	47	0.874（5）	0.503（80）	0.591（55）	0.819（49）	0.914（58）
	48	0.895（4）	0.498（83）	0.578（64）	0.871（29）	0.856（102）
	49	0.506（93）	0.766（17）	0.486（84）	0.927（17）	0.920（51）
	50	0.516（92）	0.766（18）	0.483（86）	0.948（10）	0.890（82）
	51	0.568（68）	0.737（21）	0.474（95）	0.991（3）	0.888（84）
	52	0.412（105）	0.729（22）	0.471（99）	0.891（22）	0.974（5）
	53	0.523（89）	0.815（10）	0.468（100）	0.959（8）	0.884（90）
	54	0.516（91）	0.775（13）	0.475（94）	0.930（15）	0.962（12）
	55	0.466（102）	0.770（14）	0.472（97）	0.943（12）	0.931（37）
	56	0.488（99）	0.813（11）	0.479（91）	0.966（7）	0.911（61）
	57	0.536（85）	0.767（16）	0.474（96）	0.973（6）	0.891（79）
	58	0.606（62）	0.768（15）	0.471（98）	1.000（1）	0.853（103）
	59	0.574（67）	0.812（12）	0.476（93）	0.906（20）	0.921（48）

4. 综合分析

根据上述建立的分布式能效诊断模型，本章着重分析了乙烯生产裂解、压缩、急冷和分离等子过程和关键设备裂解炉、压缩机的运行效率波动对生产整体能效水平的影响。综合对比诊断结果，该生产周期内并没有"综合 DEA 有效"的生产决策单元，即某决策单元的系统层能效、过程层能效、设备层能效均为"DEA 有效"。但根据图 4-14 所示的系统层能效诊断结果，第 100～112 个 DMU 的能效水平最高，而第 132～144 个 DMU 的能效水平最低。因此，本节通过对比上述两个时间段的能效，结合实际生产操作数据，进一步分析整体能效偏低的原因。为方便叙述，第 100～112 个 DMU 记为"较优组"，而第 132～144 个 DMU 记为"较差组"。

"较差组"所在的生产周期内，由于子单元的能源过度消耗，而产品产量没有显著增加，整个生产过程的效率较低。相比之下，"较优组"的能源消耗量虽然较高，但该阶段的相应产品的产量明显高于"较差组"。通过比较过程数据可知，两个生产阶段的进料负荷和原料成分差别很大。首先，"较优组"的进料负荷范围为7336～7560t，而该厂设计负荷为 7350t，即多数时刻以满负荷状态运行，而"较差组"的进料负荷范围为 5040～5088t，低于设计负荷近 31.4%；其次，"较优组"的裂解原料组分中石脑油组分是"较差组"决策单元的 1.97 倍；最后，"较优组"相关裂解操作参数（稀释比、裂解出口温度、段间压降）更平稳。另外，根据过程层和设备层诊断结果，裂解过程的能效对整个乙烯生产的能效有较大影响，其中，与气体原料裂解炉相比，重质和轻质原料裂解炉的效率提高对于整个生产过程的效率提升有更为明显的影响。对于分离过程，其能效水平主要受裂解气压缩机运行情况的影响。相比之下，急冷、冷分离子单元和乙烯-丙烯压缩机对整个生产能效的影响不大。因此根据上述综合分析，本节提供以下措施以提高乙烯生产过程的能效水平。

（1）改进裂解炉的操作条件和参数对于提高整个生产过程的能效具有重大意义。提高裂解炉能效的可能措施包括宏观和微观两个方面。宏观方面：提高进料负荷，尽可能使生产以满负荷状态运行；改进原料组分和比例，优化原料配比；确保适当的燃料和原料比率，使燃料气进料稳定。微观方面：优化裂解温度、稀释比、裂解深度等和裂解反应相关的操作参数，并保证参数的稳定性。

（2）一般地，裂解气压缩机在乙烯生产过程中以独立系统存在。压缩机中稳定的段间压降百分比对设备整体运行和降低能耗具有一定积极意义。

4.5　乙烯生产裂解炉设备能效诊断策略

乙烯生产是一个复杂连续的过程，涉及的设备仪表众多，其中乙烯裂解炉是能源消耗最大的装置，其能效水平的高低严重影响了整个乙烯生产能效水平的高低。所以，针对乙烯裂解炉能效水平的波动情况进行诊断，找到引起能效异常的原因并提高和维持能效状态的稳定是非常重要的。而且，目前对乙烯裂解炉的能效进行诊断和优化时只考虑了单工况，其他工况下的能效诊断及优化可以以此推广得之。本节针对某一工况的能效进行诊断时，建立了基于主元分析法的诊断模型，并为了提高模型的精确性对原始数据进行了小波去噪。因此，本节首先针对某乙烯生产装置的实际生产情况对乙烯生产进行工况划分。然后，通过比较选取某一具体工况为例，利用该生产装置的实际数据建立 PCA 模型，并根据 SPE 贡献图法对能效异常情况进行诊断溯源。

4.5.1　乙烯生产的工况划分

由于不同生产工况下的能源投入与产品产出是有区别的，也就是说不同生产工况下的异常能效是不同的，所以无法直观地确定所监测的能效是否为异常能效，因此为了提高能效诊断的精确度，首先需要进行工况划分。根据前文分析可知，不同的裂解原料对于乙烯产率及运行参数等都有着很大的影响。在整理乙烯裂解炉相关指标的数据时，发现裂解原料在不同时间段内有所不同，而裂解原料是乙烯生产过程中的一项重要参考量。因此，本节着重分析原料不同情况下，乙烯生产裂解炉设备的能效诊断问题。

乙烯生产过程主要的裂解原料为：加氢裂化尾油、减一/减顶油、石脑油、轻烃进料和加氢碳五。但是在乙烯生产过程中并不是所有的进料全部都投入，所以根据实际生产情况按照进料的不同进行了如下的工况划分。

工况 1：以加氢裂化尾油、减一/减顶油、石脑油、轻烃进料、加氢碳五为原料；

工况 2：以加氢裂化尾油、减一/减顶油、石脑油、轻烃进料为原料；

工况 3：以加氢裂化尾油、减一/减顶油、石脑油、加氢碳五为原料；

工况 4：以加氢裂化尾油、减一/减顶油、石脑油为原料。

图 4-19 展示了整个乙烯生产系统在各工况下的单位乙烯综合能耗值的变化趋势，其中单位乙烯综合能耗数据以时间"天"为间隔采集，单位是 kgEO/t。从图中可以看出工况 3 下的单位乙烯综合能耗值要比其他工况下的值高并且波动较大，所以选取无轻烃进料的工况 3 来进行乙烯能效的诊断及优化研究。

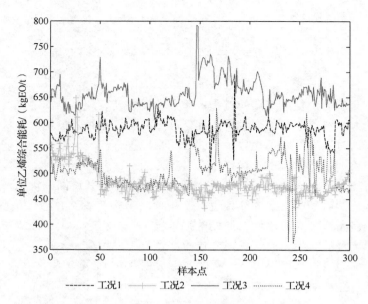

图 4-19　不同工况下的单位乙烯综合能耗变化值

4.5.2　乙烯裂解炉 PCA 模型的建立及诊断结果分析

在实际生产过程中，对乙烯裂解炉能效造成深刻影响的过程变量有原料、燃料及其他操作条件等，如表 4-12 所示。其中，各个变量在采集数据时均以"天"为间隔单位。

表 4-12　乙烯裂解炉过程变量数据表

序号	变量	单位	序号	变量	单位
1	加氢裂化尾油	t/d	7	超高压蒸汽流量	t/d
2	石脑油	t/d	8	天然气	t/d
3	加氢碳五	t/d	9	燃料气	t/d
4	减一/减顶油	t/d	10	裂解炉出口温度	℃
5	锅炉给水流量	t/d	11	烟气排烟温度	℃
6	稀释蒸汽量	t/d	12	炉膛负压	MPa

采集某石化厂 2015 年 8 月 1 日到 2016 年 2 月 25 日正常运行时在工况 3 下的 209 组数据样本，并建立矩阵 $A_{209\times12}$。虽然建模数据是采集的正常运行工况下的数据，但是由于工业过程的复杂性，历史数据中或多或少存在一些异常值，所以需要将这些异常值剔除掉，提高建模的精确性。采用拉依达准则（即 3δ 准则）剔除

样本中存在的异常数值。拉依达准则具体原理如下：

设某测量值为 $x_1, x_2, \cdots, x_n$，算出算数平均值 $\bar{x}$ 及绝对误差 Δx_i，按贝塞尔公式测得值的标准误差 $\sigma = \left[\sum \Delta x_i^2 \big/ (n-1)\right]^{\frac{1}{2}} = \left\{\left[\sum x_i^2 - (\sum x_i)^2 \big/ n\right] \big/ (n-1)\right\}^{\frac{1}{2}}$，如果某个测量值 x_d 的绝对误差 $\Delta x_d (1 \leqslant d \leqslant n)$ 满足 $|\Delta x_d| > 3\sigma$，则认为 x_d 是含有粗大误差的异常值，须剔除[80]。其中，$\bar{x} = \left(\sum\limits_{i=1}^{n} x_i\right) \big/ n$，$\Delta x_i = x_i - \bar{x}_i$，$i=1,2,\cdots,n$。对经过去噪处理的数据再次进行剔除异常值的操作，最终剩余建模数据为 200 组。

采用上述预处理后的数据，并依据累计方差贡献率原则确定 PCA 模型的主元个数，图 4-20 给出表 4-12 中 12 个变量的方差贡献率累计情况。

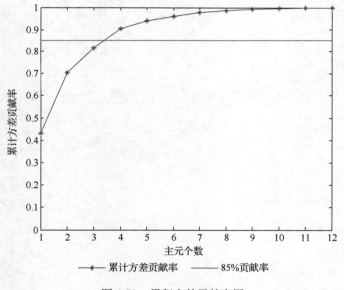

图 4-20　累积方差贡献率图

由图 4-20 可知，当主元个数为 4 时，累计方差贡献率等于 0.9052，大于我们所选定的解释阈值 85%。因此，可以确定主元个数为 4 个。

在检验水平 $\alpha = 0.05$ 时，SPE 统计量的控制限为 $Q_\alpha = 3.9897$，T^2 统计量的控制限为 $T_\alpha^2 = 13.9437$。另外，对各个接近 SPE 统计量控制限的 SPE 统计量值所对应时刻的能效值进行比较，选取其中最大的能效值作为能效的基准值。其中，如果某时刻能效值大于该基准值，说明生产单位乙烯所消耗的能源过多，需要进行诊断溯源；如果小于该基准值，说明能效处于正常水平状态。

主元分析模型建立完成后，选取待检测数据通过对监控统计量与统计量控制限的比较，确定发生能效异常现象的采样时刻，并利用贡献图法进行诊断溯源，完成能效诊断的全过程。在线选取某石化厂 2016 年 3 月 1 日到 2016 年 9 月 28 日的 200 组数据（以"天"作为时间单位进行采集），经过小波去噪数据预处理后，其 SPE 统计量监控图和 T^2 统计量监控图如图 4-21 和图 4-22 所示。

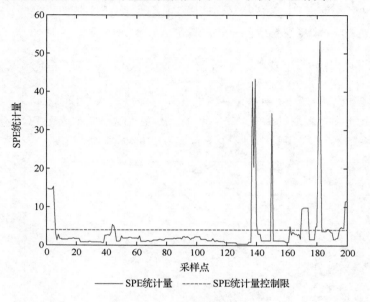

图 4-21　SPE 统计量监控图

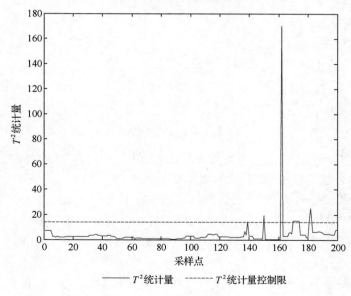

图 4-22　T^2 统计量监控图

结合 SPE 统计量和 T^2 统计量计算情况的说明，表 4-13 总结了各超出控制限采样点的类型。

表 4-13　超出控制限采样点的类型统计

检测结果类型	超出控制限的采样点
A（11 个）	139,150,162,170,171,172,173,174,…
B（17 个）	1,2,3,4,5,44,45,137,138,140,179,180,…
C（0 个）	无
D（172 个）	6,7,8,9,10,11,12,13,14,15,16,17,18,19,20,…

表 4-13 中，类型 A 代表 $Q_i > Q_{UCL}$ 且 $T_i^2 > T_{UCL}^2$，类型 B 代表 $Q_i > Q_{UCL}$ 且 $T_i^2 < T_{UCL}^2$，类型 C 代表 $Q_i < Q_{UCL}$ 且 $T_i^2 > T_{UCL}^2$，类型 D 代表 $Q_i < Q_{UCL}$ 且 $T_i^2 < T_{UCL}^2$。另外，类型 A 和 B 表明在采样点处有异常情况发生，类型 C 表明在采样点处可能有异常情况发生，类型 D 表明在采样点处没有异常情况发生。

分析检测类型为 A 的情况，即 SPE 统计量和 T^2 统计量均超过控制限的样本点的情况。对应测试数据表的第 139、第 150 和第 162 个采样点的能效值远高于正常时刻的能效值，表明这几点处确实属于能效异常状态。因此，利用 SPE 贡献图法能够帮助筛选造成能效状态异常的最为相关的变量，如图 4-23～图 4-25 所示。

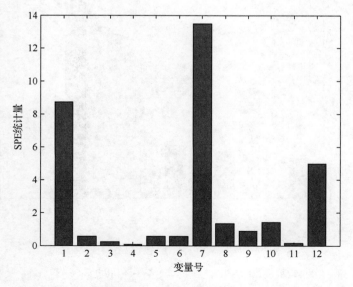

图 4-23　第 139 个采样点的 SPE 贡献图

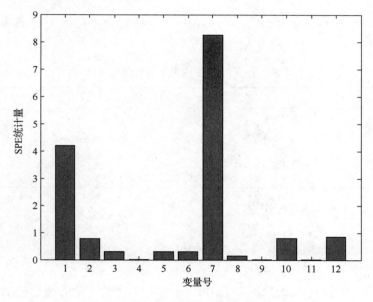

图 4-24　第 150 个采样点的 SPE 贡献图

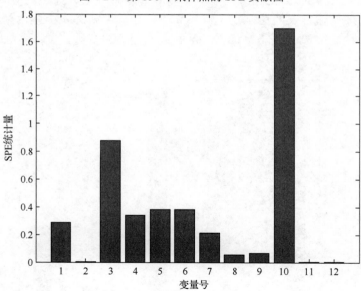

图 4-25　第 162 个采样点的 SPE 贡献图

　　由图 4-23 和图 4-24 可以看出，第 1 个变量（即加氢裂化尾油）和第 7 个变量（即超高压蒸汽流量）的贡献值最大，所以它很有可能是引起第 139 个采样点和第 150 个采样点处能效异常的变量。对照测试数据表可知第 139 个采样点处的加氢裂化尾油为 260t/d，超高压蒸汽流量值为 506.3613t/d，明显小于其他正常时刻的值。第 150 个采样点处的加氢裂化尾油和超高压蒸汽流量分别为 306t/d 及 514.36t/d，同样小于正常时刻处的值。由乙烯生产工艺可知，乙烯裂解炉产生的超高压蒸汽蕴含着巨大的能量，可以对其进行回收利用作为裂解过程中重要的能源介质，而该时刻的超高压蒸汽利用率的降低影响了乙烯裂解炉的裂解反应。同时，原料加氢裂化尾油的减少也影响了乙烯的产率，所以经过诊断得出造成第 139 及第 150 个采样点能效状态异常的原因是加氢裂化尾油和超高压蒸汽流量的减少。

由图 4-25 可以看到，对于第 162 个采样点，第 10 个变量（即裂解炉出口温度）的贡献值幅值最大，是最有可能引起能效变化的因素。经过对照测试数据中该时刻的裂解炉出口温度值为 843.9773℃，明显高于其他正常时刻的值。在乙烯生产中，一般随着裂解温度的升高，乙烯产率会相应提高。但是，当温度升到一定程度后，会加速二次反应，导致裂解过度形成结焦，从而降低乙烯的收率。所以经过诊断得出造成第 162 个采样点能效异常的原因是裂解炉出口温度的突然升高。

对于检测类型为 B 即 SPE 统计量超过控制限而 T^2 统计量未超过控制限的情况，本过程中共有 17 个采样点发生这种情况，如表 4-13 所示。其中对应测试数据表的第 1 个采样点的能效值，可以发现其值均远高于正常时刻的能效值，表明这些采样点处的能效确实属于异常状态。利用 SPE 贡献图法来对第 1 个采样点筛选造成能效状态异常的最为相关的变量，可得到其贡献图如图 4-26 所示。

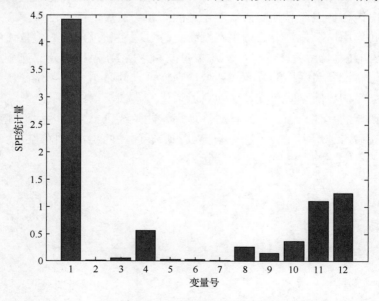

图 4-26 第 1 个采样点的 SPE 贡献图

通过上述 SPE 统计贡献图可以看出，第 1 个变量（即加氢裂化尾油）对统计量贡献最大，是最有可能引起能效异常波动的原因。经过对照测试数据中第 1 个采样点的加氢裂化尾油投入值约为 276t/d，远小于正常时刻的投入值。所以原料投入的不足影响了乙烯产品的产率，从而导致在该时刻处能效的异常波动。另外，经过数据统计，可以发现对这 28 个异常时刻进行诊断溯源，有 25 个采样点的诊断结果是正确的，所以该方法的诊断准确率达到了 89.29%，基本满足工业能效诊断的要求。

4.6　本章小结

乙烯生产过程能效评估是了解生产用能水平和分析影响能效因素的关键技术，对于实现企业优化生产和运行意义重大。本章首先针对乙烯生产过程中负荷、原料和操作条件的波动导致能耗和出率变化，从而难以对生产能效进行准确合理评估的问题，提出区分工况、结合数据包络分析方法对乙烯生产能效进行评估。结合乙烯生产工艺确定典型工况，利用 K 均值聚类算法对生产数据进行工况辨识，确定具有"同类型"性质的 DEA 模型的决策单元，针对不同工况的能效进行分工况评估。将所提方法应用于某乙烯生产装置的能效评估中，由于考虑了乙烯生产过程的多工况运行特点，能效评估结果更加合理，改善了传统乙烯生产能效评估忽略多工况运行特点而导致的评估不合理的问题；然后，基于乙烯生产过程的能源流变化和作用情况，确定乙烯生产系统层、过程层和设备层的能效诊断边界；结合多粒度能效指标，基于两阶段 DEA 模型和网络 DEA 模型建立充分考虑乙烯生产子过程和设备关联性的分布式能效诊断模型，同时结合实际生产情况，确定不同生产层级的诊断时间尺度，实现对乙烯生产不同层次的能效诊断，深入分析生产能效偏低的具体原因，更有针对性地提供能效改进意见，为后续能效优化提供参考；最后，选用主元分析法进一步对乙烯裂解炉的相关数据建立主元模型，并利用基于贡献图的方法进行能效诊断。

第5章 乙烯生产能效优化技术

5.1 乙烯生产能效优化概述

优化是利用专门的优化算法，针对所面临的问题和所要达到的目的来确定最优有效解的技术[81]。乙烯生产优化主要是指通过完备的监测点位获取过程运行数据，针对不同的优化目标，利用过程模型、优化方法在满足生产工艺等约束的前提下，寻找最优的操作参数，最大化过程产值、经济效益或能效水平[82]。目前，乙烯生产优化根据不同需求和目的，主要围绕原料工艺、生产计划和过程操作三方面展开。原料工艺优化针对乙烯生产原料的选择和工艺技术进行优化，从原料投入、硬件设施确保生产最优性；生产计划优化则针对乙烯生产装置的能源和物料投入进行优化，得到既符合实际生产又可实现收益最大的生产计划；过程操作优化针对生产过程中的关键操作参数进行优化，得到最佳的操作参数以确保相关生产运行指标稳定、合理。

1. 乙烯生产的原料工艺优化

合理高效的生产工艺是保障产品顺利加工的基础，而乙烯生产原料因其化学性质、原料组分的不同，均会影响到乙烯生产的开工率、产品质量、运行成本和能耗等指标。

一般地，乙烯生产工艺根据能源流和物质流的变化作用可以分为裂解过程、急冷过程、压缩过程和分离过程四个子过程。裂解过程由多个并列运行的裂解炉构成，主要将大分子烃化物经过高温裂解反应变成小分子产物。假定操作参数不变，裂解原料的性质直接决定产品的收率[83]，故加氢工艺[84]和全脱碳焦化工艺[85]等技术是优化裂解原料、提高裂解效率的有效手段。经过裂解反应后汇总的裂解气首先进入急冷过程进行冷却。在急冷过程中，裂解气的温度从 200℃左右降至常温，大量高品位的热量被回收。通过对其急冷油、急冷水系统的冷却方案进行优化[86,87]，可以提高热量回收率，大大缩减热量的损失。随后，裂解气经过压缩过程被送入分离过程，通过不同精馏塔分离出不同产品。乙烯生产装置分离过程的主要作用是将气液两相产品分离，同时进一步回收裂解产物热量，为分离系统提供热源。作为最终产品分离的关键设备和过程，分离过程中各种精馏塔装置同样是生产优化的关键。在产品分离阶段中，将乙烯精馏塔和制冷系统组成热泵系统[88]，不仅可以提高精馏过程的热效率，还可以节约冷剂，降低能耗，简化生产装置，节省投资。为实现高压精馏塔塔顶和低压精馏塔塔底的产品质量控制，通过优化控制精馏塔顶部与底部换热器的热负荷，改变高压精馏塔的回流量和低压精馏塔的上升汽量[89,90]，可以提高乙烯产品合格率和乙烯回收率。对甲烷塔、丙烷塔等装置进行改进和操作优化[91,92]，可以提高运行效率。

2. 乙烯生产的生产计划优化

生产计划是一个企业生产经营的理论规划。乙烯生产计划优化可以根据工厂的生产管理状况和市场对产品的需求情况，以及现有生产能力，针对不同原料、产品结构和市场需求，制订最优的生产计划，以获取最大效益。

生产计划优化主要面向乙烯生产全过程，其关键在于如何准确制订能够指导乙烯生产的生产计划[93]。目前，国内外石化企业生产计划的制订方法主要有人工经验方法、传统线性规划方法和基于流程模拟方法三种方式。人工经验方法，顾名思义就是根据企业多年实际生产数据和经验，综合考虑具体生产条件和市场需求等情况，并协调企业其他相关部门的意见，最终制订生产计划的方式。但基于该方式的生产计划优化无法准确表现和实施调整计划，且人工经验主观性强，当生产条件和市场需求发生改变时，生产计划无法进行进一步最优化调整。对于生产工艺复杂的乙烯生产装置，基于人工经验的生产计划优化无法满足智能化生产的要求。故基于线性规划方法的生产计划优化，因其模型计算能力强、优化速度快等特点，被诸多国内外学者所研究[93-95]。但由于其对目标函数和约束条件的要求比较苛刻，故基于流程模拟方法的生产计划制订与优化应运而生。该方法首先通过数据驱动的方式模拟实际生产流程，使得生产计划的制订符合实际生产要求，然后根据具体的生产条件和市场需求变化情况，通过生产流程等相关约束进行生产计划优化[96-98]。此外，企业还通过应用过程模拟模型进行生产经营的日常管理，进行月、季、年度原油采购决策，安排生产装置负荷，测算产品质量，优化生产方案[99-103]。

3. 乙烯生产的操作参数优化

过程操作参数是乙烯生产过程正常运行的重要内容，合理的操作参数不仅能够保障生产的稳定运行，对于提高生产能效和降低生产成本也至关重要。

为降低乙烯生产的总体能耗，以乙烯生产过程总能耗为优化目标，通过软测量等方式获得能耗值，并综合生产计划、操作条件等因素为约束条件，可以达到节能的目的[94,104,105]；而以乙烯生产收益为优化目标，考虑生产计划等因素，可以达到提升收益的目的[106,107]。裂解炉作为乙烯生产过程中最关键的设备，其运行情况直接决定了产品收益和能耗水平。以裂解炉的裂解温度、裂解深度、稀释比等参数为优化目标，不仅可以保证乙烯裂解炉的正常运行，而且可以实现最优运行[108,109]。乙烯和丙烯精馏塔的运行状态也会对产品收益造成一定影响，优化精馏塔相关运行参数，可以有效提高产品收率[23]、大大降低产品损失率[110]。

随着乙烯生产装置和规模不断地向集成化和大型化方向发展，生产复杂性不断提高，乙烯生产的优化操作也越发复杂。传统优化方案已难以满足生产需求，智能集成优化方案成为优化乙烯生产运行和操作的主流。关于多目标优化问题，多目标协调优化逐渐取代单目标优化或多目标单独优化：针对乙烯生产最重要的两种产品——乙烯和丙烯，将两者收率作为目标进行优化[111]；同时考虑能耗和产品收率，以能耗和总产品收率、回收率为目标进行优化[112]；为确保裂解炉运行稳定，将裂解深度、裂解温度等参数作为目标进行优化[113,114]等。关于复杂约束问题，从考虑单一过程的制约向多过程、多设备的约束模型扩展，综合体现复杂过程工艺同时考虑能源因素和原料制约等情况成为研究热点[115]。

如上所述，目前研究者针对乙烯生产能效优化已进行一些研究，并取得了一些有意义的研究成果。但是，由于对乙烯生产过程的技术要求不断提高，以及乙烯生产工艺复杂性，迫切需要对现有的研究成果加以完善。

（1）目前乙烯生产的优化目标主要为不同过程或设备的能耗、产品收率等传统单一指标，粒度也过大，而乙烯生产各个阶段的能效指标并不被视为优化的关键指标。随着工业能源消耗总量和成本的不断攀升，生产优化应更加注重"相对生产率"的提高，而不仅仅是"绝对量"的提高或降低。

（2）乙烯生产过程是由许多相对独立但又相互关联的子过程和设备构成，但传统的优化方案并未考虑其内在联系，而是针对整个系统、某个过程或设备进行单独优化。相比之下，从设备层到系统层的综合优化能为乙烯生产企业带来更大的经济效益。

（3）乙烯生产在实际运行中会受到生产负荷、原料组分和市场需求等动态因素的影响，因而及时响应各类因素的影响，维持装置的最优运行成为生产效益最大化的关键。然而目前大多数的优化方案并未考虑上述动态因素的影响。

因此，针对乙烯生产过程工艺复杂、流程长，能源、原料种类多样性等特点导致能效指标具有多时间尺度的优化问题，应该充分结合乙烯生产能效指标，系统地研究乙烯生产过程中负荷、原料和操作条件的波动导致生产工况变化而造成的乙烯生产能效优化不完整、不精细的问题，研究解决乙烯生产过程多工况、多能源介质条件下的系统能效优化问题的理论和方法，并为生产中的关键设备的能源物料协调优化管理给出科学合理的解决方案，从而为实现乙烯生产的提效降耗提供技术支持。

5.2 基于三层结构的乙烯生产多工况能效优化

乙烯生产过程是一个连续化、多设备和高能耗的化工过程。通过对乙烯生产的能效评估、诊断可以发现，其能效水平受到生产工艺中各种不同操作参数和工况条件的极大影响。能效优化是提效降耗的最直接途径，解决乙烯生产多工况生产条件下的综合能效优化问题，对提高生产经济效益意义重大。乙烯生产过程由相对独立但又相互关联的子过程和设备组成。"相对独立"指每个子过程或设备都可以有单独的生产目标和约束条件，因此可以单独进行优化操作；"相互关联"则指各个独立的优化模型中的优化目标和约束条件存在一定的关联。通过结合乙烯生产层次化结构，考虑设备层、过程层和系统层的内在联系，建立综合能效优化方案，可以实现乙烯生产过程整体提效降耗的目的。然而，现有的乙烯生产优化操作中，能效指标并未被视为稳态优化的关键目标，而且均未考虑乙烯生产多工况生产条件的影响，缺乏综合性的能效优化方案。

为全面系统地提高不同工况下乙烯生产的能效水平，实现多工况生产条件下的能效优化，充分考虑乙烯生产层次化工艺流程与多工况操作条件，本节提出一种基于系统层、过程层和设备层的三层生产结构的多工况能效优化方案。通过建立系统层、过程层和设备层的动态模型，考虑系统内各层次的内部关联，针对不同工况分别建立乙烯生产能效优化模型，实现整个生产能源利用效率最大化的能源优化管理方案。

5.2.1 投入产出建模方法

实现乙烯生产能效优化，首先需要确定合适的优化目标和约束条件，并建立科学合理的能效优化模型。本章旨在进行乙烯生产的"能效"优化，故将能效指标作为优化目标；而约束条件中将针对不同生产层级采用不同的约束模型，在系统层和过程层中，由于生产过程流程长、机理复杂，建立实时动态机理模型较为困难，而且系统层和过程层中与能效直接相关的因素为投入产出，建立其投入产出模型可以较为直接地表现生产运行情况[116]；设备层中主要结合其动态机理建立描述模型，最终形成系统层、过程层和设备层的集成约束条件。因此，针对系统层和过程层，本章首先需要建立合理的投入产出模型。然而，乙烯生产数据存在明显的噪声、非线性和不确定性等因素。为了提高模型精度，准确地反映生产过程的投入产出情况，本节首先提出一种函数链预测误差法（FLPEM），该方法集成了函数链接神经网络（FLANN）和预测误差法（PEM）各自的优点。因此，本节将在回顾相关算法理论知识的基础上详细介绍 FLPEM 算法及其求解，并实现基于 FLPEM 算法的系统层和过程层投入产出模型的建立。

1. 函数链接神经网络

函数链接神经网络是由 Behera 等[117]为解决单层神经网络的高计算复杂度和非线性等问题而提出的算法。该算法通过引入非线性扩展函数，将原始低维输入变量变换至高维空间，形成扩展输入变量，从而改善数据非线性特点。因此相比于其他神经网络，该算法具有更好的非线性处理能力和函数逼近能力。传统 FLANN 网络结构如图 5-1 所示。从图 5-1 中可以发现，传统 FLANN 网络结构不含隐含层，只有输入层和输出层，因此该算法的训练时间被进一步缩减，计算复杂度也被降低。故 FLANN 模型常被用于通信网络、经济、机械等领域的动态建模[118-121]。

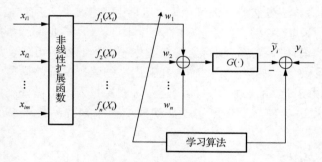

图 5-1　传统 FLANN 网络结构

假设有 N 个数据样本 $\{(X_i, y_i)\}_{i=1}^{N}$，其中 X_i 为 m 维输入变量，y_i 为 k 维输出变量，即 $X_i \in R^m$，$y_i \in R^k$，第 i 个输入可表示为 $X_i = [x_{i1}, x_{i2}, \cdots, x_{im}]$，其中 X_i 为原始输入变量的第 i 个行向量，且 x_{ij} 是 X_i 的第 j 个元素。根据 FLANN 网络结构，输入层首先需定义 n 个非线性扩展函数 $[f_1(\cdot), f_2(\cdot), \cdots, f_n(\cdot)]$，原始输入变量通过这 n 个非线性扩展函数变换为扩展输入变量，得到 n 维扩展输入向量，记为 $V(i) = [f_1(X_i), f_2(X_i), \cdots, f_n(X_i)]$。由此，$m$ 维输入变量 X 就被扩展为 $m \times n$ 维的扩展变量 V。FLANN 模型中扩展输入变量的权系数定义为 $W = [w_1, w_2, \cdots, w_n]$，那么具有 n 个非线性扩展函数的 FLANN 模型的输出变量可表示为

$$\tilde{y} = G(VW^{\mathrm{T}}) \tag{5-1}$$

式中，$\tilde{y}$ 为 FLANN 模型输出预测值；V 为 $m \times n$ 维扩展输入变量；W 为 n 维权系数向量；$G(\cdot)$ 为 FLANN 模型输出层的激活函数。

由于 FLANN 模型的网络结构中不含隐含层，其计算复杂度不高，学习算法

通常采用反向传播（BP）神经网络算法。通过将公式（5-1）中的预测值 $\tilde{y}$ 与实际值 y 的差值平方和最小定义为 BP 神经网络学习的目标函数，即

$$\min(E) = \frac{1}{2}\sum_{i=1}^{N}e_i = \frac{1}{2}\sum_{i=1}^{N}(\tilde{y}_i - y_i)^2 \tag{5-2}$$

不断进行权重系数向量 W 的更新，如公式（5-3）所示，直到满足学习算法的结束条件。

$$\begin{cases} W(k+1) = W(k) + \Delta(k) \\ \Delta(k) = \alpha\delta(k)f_i + \beta\Delta(k-1) \end{cases} \tag{5-3}$$

式中，$\Delta(k)$ 为权重系数更新率；α 和 β 为 BP 神经网络的学习速率和动量因子；$\delta(k) = \left(1 - \tilde{y}_i(k)^2\right)e_i(k)$，$\tilde{y}_i(k)$ 为第 i 个输入在第 k 时刻的预测值，$e_i(k)$ 为第 i 个输入在第 k 时刻的预测差值的平方。

BP 神经网络算法虽然能够训练模型，但是由于其易陷入局部最优、收敛速度慢等，严重限制了 FLANN 模型的整体性能[120]。此外，工业生产数据具有相关性强、维度高、非线性等特点，训练所得模型中不适当的参数可能会导致模型过度拟合、不稳定等现象，甚至无法在输入和输出之间建立良好的模型。因此，基于传统 FLANN 模型建立的乙烯生产系统层和过程层投入产出模型难以满足生产要求。故本节将提出一种基于预测误差法的回归模型来提高传统 FLANN 模型的性能。

2. 预测误差法

预测误差法是最大似然法的变形和扩展，但该算法可以识别更广义的模型的参数，而且不必预先知道输入数据的概率分布。而且，基于该算法建立的模型预测精度远高于最小二乘法等回归算法的预测精度[122]。

考虑如公式（5-4）所示一般性的动态系统模型：

$$A\left(q^{-1}\right)y(k) = B\left(q^{-1}\right)u(k) + D\left(q^{-1}\right)\xi(k) \tag{5-4}$$

式中，$y(k)$ 为输出向量；$u(k)$ 为输入向量；$\xi(k)$ 为噪声项；且

$$\begin{cases} A\left(q^{-1}\right) = 1 + a_1 q^{-1} + a_2 q^{-2} + \ldots + a_n q^{-n} \\ B\left(q^{-1}\right) = b_1 q^{-1} + b_2 q^{-2} + \ldots + b_n q^{-n} \\ D\left(q^{-1}\right) = 1 + d_1 q^{-1} + d_2 q^{-2} + \ldots + d_n q^{-n} \end{cases} \tag{5-5}$$

定义 $\vartheta = [a_1, \cdots, a_n, b_1, \cdots, b_n, d_1, \cdots, d_n]$，并将公式（5-4）所示的动态系统模型进行一般化表示，即系统在 k 时刻输出的测量值 $y(k)$ 可表示为

$$y(k) = F\left(y(k-1), \cdots, y(0), u(k-1), \cdots, u(1), \vartheta\right) + \xi(k) \tag{5-6}$$

由公式（5-6）可以看出，k 时刻的输出 $y(k)$ 由 k 时刻之前的输入输出值决定，即当 $(y(k-1),\cdots,y(0))$ 和 $(u(k-1),\cdots,u(1))$ 均已知时，输出 $y(k)$ 的最佳预测值可以定义为其条件期望：

$$\hat{y}(k|\vartheta)=E\{y(k)|y(k-1),\cdots,y(0),u(k-1),\cdots,u(1),\vartheta\} \tag{5-7}$$

使得

$$\min J(\vartheta)=E\{(y(k)-\hat{y}(k|\vartheta))^2|y(k-1),\cdots,y(0),u(k-1),\cdots,u(1),\vartheta\} \tag{5-8}$$

最佳输出预测可以通过最小化预测误差准则来实现。常用的其他预测误差准则 $J(\vartheta)$ 及选取规则如下：

$$\begin{cases} J_1(\vartheta)=\mathrm{tr}(WD(\vartheta)), & \text{噪声方差已知} \\ J_2(\vartheta)=\log(\det(WD(\vartheta))), & \text{噪声方差未知} \end{cases} \tag{5-9}$$

式中，W 为加权矩阵；$\log(\cdot)$ 为指数函数；$\mathrm{tr}(\cdot)$ 为求迹运算；$\det(\cdot)$ 为求行列式运算；$D(\vartheta)$ 则通过公式（5-10）求得

$$\begin{cases} D(\vartheta)=\dfrac{1}{L}\sum_{k=1}^{L}\xi(k)\xi^{\mathrm{T}}(k) \\ \xi(k)=y(k)-F(y(k-1),\cdots,y(0),u(k-1),\cdots,u(1),\vartheta) \end{cases} \tag{5-10}$$

由此，PEM 算法可以归结为极小化预测误差准则 $J(\vartheta)$ 的最优化算法问题，通过极小化预测误差准则获得的参数估计值称为预测误差估计量。一般情况下，$J(\vartheta)$ 关于 ϑ 是非线性的函数，因此，需采用非线性优化方法对 ϑ 进行求解，如最速下降法、共轭梯度法、Newton-Raphson 算法、变尺度法、拉格朗日乘子法等算法。其中，Newton-Raphson 算法是最常用的极小化 $J(\vartheta)$ 的优化算法。

根据 Newton-Raphson 算法原理，极小化 $J(\vartheta)$ 的迭代公式可表示为

$$\hat{\vartheta}_{n+1}=\hat{\vartheta}_n-\lambda\left[\frac{\partial^2 J(\vartheta)}{\partial\vartheta^2}\right]^{-1}\left[\frac{\partial J(\vartheta)}{\partial\vartheta}\right]^{\mathrm{T}}\Bigg|_{\vartheta=\hat{\vartheta}_n} \tag{5-11}$$

式中，$\hat{\vartheta}_n$ 表示第 n 次迭代的参数估计值；$\partial J(\vartheta)/\partial\vartheta$ 是关于 ϑ 的一阶偏导数，即梯度；$\partial^2 J(\vartheta)/\partial\vartheta^2$ 是 $J(\vartheta)$ 关于 ϑ 的二阶偏导数，即 Hessian 矩阵；λ 为迭代步长。

公式（5-9）所示的预测误差准则 $J(\vartheta)$ 的梯度 $\partial J(\vartheta)/\partial\vartheta$ 计算公式如下：

$$\begin{cases} \dfrac{\partial J_1(\vartheta)}{\partial\vartheta_i}=\dfrac{2}{L}\sum_{k=i}^{L}\xi(k)^{\mathrm{T}}W\dfrac{\partial\xi(k)}{\partial\vartheta_i} \\ \dfrac{\partial J_2(\vartheta)}{\partial\vartheta_i}=\dfrac{2}{L}\sum_{k=i}^{L}\xi(k)^{\mathrm{T}}D^{-1}(\vartheta)\dfrac{\partial\xi(k)}{\partial\vartheta_i} \end{cases} \tag{5-12}$$

而预测误差准则的二阶偏导数计算公式如下：

$$\frac{\partial^2 J(\vartheta)}{\partial \vartheta^2} \approx \frac{2}{L} \sum_{k=i}^{L} \left[\frac{\partial \xi(k)}{\partial \vartheta_i} \right]^{\mathrm{T}} D^{-1}(\vartheta) \left[\frac{\partial \xi(k)}{\partial \vartheta_i} \right] \qquad (5\text{-}13)$$

式中，$i = 1, 2, \cdots, L$，L 为参数矩阵 ϑ 的维数；而公式（5-13）中的 $\partial \xi(k)/\partial \vartheta_i$ 可根据公式（5-10）的第二个式子对 ϑ 求偏导获得，如公式（5-14）所示。

$$\frac{\partial \xi(k)}{\partial \vartheta_i} = -\frac{\partial}{\partial \vartheta_i} F\big(y(k-1), \cdots, y(0), u(k-1), \cdots, u(1), \vartheta\big) \qquad (5\text{-}14)$$

因此，当给定一个初始值时，可以根据上述公式，利用迭代方法对动态系统的模型参数进行最优预估，得到最佳模型参数。

3. 函数链预测误差法

根据上述介绍，FLANN 模型有两个主要优点[123]：没有隐藏层，简化了网络结构和学习规则，提高了网络的学习速度；采用若干非线性扩展函数来预处理输入数据，降低了非线性数据对模型预测精度的影响。尽管 FLANN 模型的搜索速度快，但由于 BP 算法存在易陷入局部极小等缺点，在训练阶段后期提高模型精度较为困难。因此，FLANN 模型需要使用更有效的算法，才能最大程度发挥算法的优势。He 等提出了函数链最小二乘法[124]，通过使用最小二乘法对 FLANN 模型进行训练。然而，最小二乘法会因工业数据测量引起的误差而导致预测偏差。此外，"数据饱和性"会随着数据量的增加而产生。相比之下，预测误差法以最小化误差准则实现预测误差的最小化，对于渐近参数估计更有效[125]。因此，考虑到基于 BP 算法和最小二乘法的 FLANN 模型的不足以及非线性扩展函数的优势，本节提出一种 FLPEM 模型。

FLANN 算法的双层结构被保留：输入扩展变量由原始输入变量经输入层扩展函数得到，输出扩展变量由输出变量经输出层激活函数得到。预测误差法用于辨识输入扩展变量和输出扩展变量之间的参数。由于 FLPEM 算法中的学习方法是 PEM 算法，而不是 BP 神经网络算法，可以较为准确地获得网络输入层和输出层之间的参数。假设存在 N 个数据样本 $\left\{(X_i, y_i)\right\}_{i=1}^{N}$，那么 FLPEM 算法的结构如图 5-2 所示。原始低维输入变量通过非线性扩展函数被变换至高维空间，作为预测误差法的输入变量，而原始输出变量经过输出层反激活函数变换，作为预测误差法的输出变量，预测误差法根据公式（5-1）对输入输出变量的权重系数进行辨识。

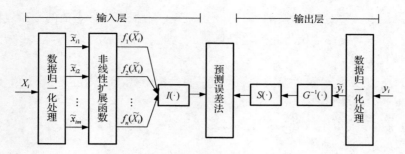

图 5-2 FLPEM 算法的结构

那么，基于 FLPEM 算法模型建立的具体流程如下：

（1）针对采集的数据样本 $\left\{(X_i, y_i)\right\}_{i=1}^{N}$，首先进行数据归一化处理，归一化后的数据样本表示为 $\left\{(\tilde{X}_i, \tilde{y}_i)\right\}_{i=1}^{N}$。

（2）获得输入扩展变量：归一化后的输入变量为 $\tilde{X}_i = [\tilde{x}_{i1}, \tilde{x}_{i2}, \cdots, \tilde{x}_{im}]$，变量通过扩展函数后可获得输入扩展变量 $V(i) = \left[f_1(\tilde{X}_i), f_2(\tilde{X}_i), \cdots, f_n(\tilde{X}_i)\right]_{1 \times nm}$。

（3）输入扩展变量，即预测误差法的输入变量可以表示为

$$I = V = \left[V(1), V(2), \cdots, V(N)\right]_{N \times nm}^{\mathrm{T}} \tag{5-15}$$

（4）选取 Sigmoid 型非线性函数 $G(\cdot) = 1/(1 + \mathrm{e}^{-x})$ 为输出层的激活函数，其反函数为 $S(i) = G^{-1}(i) = \ln(\tilde{y}_i/(1 - \tilde{y}_i))$。

（5）获得输出扩展变量，即预测误差法的输出变量可以表示为

$$O = \left[O(1), O(2), \cdots, O(N)\right]_{N \times 1}^{\mathrm{T}} \tag{5-16}$$

（6）定义预测误差法的输入变量和输出变量之间的权重为

$$W = \left[w_1, w_2, \cdots, w_{nm}\right]_{nm \times 1}^{\mathrm{T}} \tag{5-17}$$

（7）输入变量 I 和输出变量 S 之间的最佳权重值可以通过预测误差法最小化预测误差准则。

通常可采用 Newton-Raphson 算法极小化 $J(\vartheta)$。然而，该算法的不足之处在于：在算法产生的迭代点处，目标函数的 Hessian 矩阵不一定是正定矩阵，那么此时的搜索方向按照以往的经验无法确定。故本节将采用一种精细修正牛顿法[126]，利用迭代点处目标函数的一阶、二阶信息，通过判断 Hessian 矩阵的正定性，制订搜索方向的选取策略。

假设当前迭代点的参数为 ϑ_t，那么，目标函数的梯度为 $g_t = \nabla f(\vartheta_t)$，Hessian 矩阵为 $G_K = \nabla^2 f(\vartheta_t)$。

（1）若 $g_t = \nabla f(\vartheta_t) \neq 0$，且 G_K 是正定矩阵，则根据目标函数的二次连续可微性得知，目标函数在 ϑ_t 附近是严格凸函数，这时选取牛顿方向 $d_t = -G_K^{-1}g_t$ 为搜索方向；

（2）若 G_K 为负定或者半负定的，则说明目标函数在 ϑ_t 附近是凹函数，这时可选取最速下降方向为搜索方向，即 $d_t = -g_t$；

（3）若 G_K 为不定或者半正定的，则采用如下方式构造 G_K 的修正矩阵，使之正定，再确定搜索方向[126]。

由于 G_K 是实对称矩阵，故一定存在可逆矩阵 P_t，使得 $P_t^{-1}G_K P_t$ 为对角阵，记其对角线上的非零元素为 $\lambda_i^t, i=1,2,\cdots,s, s \leqslant n$，则该对角阵可以表示为

$$Q = (q_{ij}) = P_t^{-1}G_K P_t = \begin{bmatrix} \lambda_1^t & 0 & \cdots & 0 & \cdots & 0 \\ 0 & \lambda_2^t & \cdots & 0 & \cdots & 0 \\ & & & \vdots & & \\ 0 & 0 & \cdots & \lambda_s^t & \cdots & 0 \\ 0 & 0 & \cdots & 0 & \cdots & 0 \\ & & & \vdots & & \\ 0 & 0 & \cdots & 0 & \cdots & 0 \end{bmatrix} \quad (5\text{-}18)$$

式中，

$$\overline{q}_{ij}^t = \begin{cases} \max\{1-\mathrm{e}^{\lambda_i^t}, \delta\}, & \lambda_i^t \leqslant 0 \\ \lambda_i^t, & \lambda_i^t > 0 \end{cases} \quad (5\text{-}19)$$

则 $\overline{Q} = (\overline{q}_{ij}^t)$。那么 G_K 的修正矩阵 $\overline{G}_K = P_t \overline{Q} P_t^{-1}$ 一定是正定的。即利用 $\overline{Q}$，当 G_K 为不定或者半正定时，选取搜索方向为 $d_t = -\overline{G}_K^{-1}g_t$。

由此，可以给出基于精细修正牛顿法的预测误差法的计算步骤：

（1）给定初始值 $\hat{\vartheta}_t$，精度 eps > 0，令迭代次数 $t=0$。

（2）根据公式（5-10）～公式（5-14），计算 $D(\hat{\vartheta}_t)$、$\xi(k)|_{\hat{\vartheta}_t}$、$\partial \xi(k)/\partial \vartheta_t|_{\hat{\vartheta}_t}$、$\partial J(\vartheta)/\partial \vartheta|_{\hat{\vartheta}_t}$ 和 $\partial^2 J(\vartheta)/\partial \vartheta^2|_{\hat{\vartheta}_t}$。

（3）令步长 $\lambda = 1$，并利用线性搜索规则确定后续步长。

（4）若 $\nabla^2 f(\vartheta_t)$ 正定，搜索方向为 $d_t = -G_K^{-1}g_t$；若 $\nabla^2 f(\vartheta_t)$ 负定或者半负定，搜索方向为 $d_t = -g_t$；若 $\nabla^2 f(\vartheta_t)$ 半正定或不定，搜索方向为 $d_t = -\overline{G}_K^{-1}g_t$，其中 $\overline{G}_K$ 为特征值指数法构造的修正矩阵。

（5）利用公式（5-11）进行迭代计算，直至 $\|\nabla f(\vartheta_t) \leqslant \text{eps}\|$ 算法终止，最终确定原问题的解为 ϑ_t。

FLANN 算法中最核心部分为公式（5-1）所述的模型，而 PEM 算法可以用于公式（5-1）中的权重系数的识别。PEM 算法预测精度高，不需要数据概率分布的相关先验知识。通过使用 PEM 算法可以提高 FLANN 模型的性能，而以精细修正牛顿法优化预测误差准则的预测误差法在收敛速度、全局最小化等方面更是保证了 FLPEM 模型的性能。故本节所提的 FLPEM 模型具有以下几个优点：首先，该算法仅包含输入层和输出层，结构简单；其次，该算法中的参数直接通过 PEM 算法迭代计算获得，保证了客观性；最后，采用精细修正牛顿法，可以全局收敛模型的训练误差，从而改善传统 FLANN 模型过拟合和局部极小化问题，获得模型最佳权重系数。

针对乙烯生产的复杂工艺过程和数据不确定性、非线性等特征，本节首先提出一种 FLPEM 模型，结合了 FLANN 模型的输入输出双层结构和预测误差法精度高、全局收敛性等优点。接下来，本章将基于 FLPEM 模型建立乙烯生产过程的系统层、过程层全要素投入产出模型，并对比其他非线性建模方法，验证所提算法的优势。

5.2.2　乙烯生产系统层、过程层和设备层模型建立

应基于乙烯生产系统层的用能需求，通过研究考虑系统层、过程层和设备层的能源流和动态运行特点的动态建模方法，结合系统内各层次能源的内部横向关联关系，实现整个生产能源利用效率最大化的能源优化管理方案。然而，乙烯生产工艺技术复杂，涉及各种化学反应、装置和物料能源[127]，目前针对乙烯生产过程的机理建模研究还不多，而基于数据驱动的过程建模因其方便性被广泛采用。乙烯生产过程的建模通常用于研究其能效评估、能源系统分析、识别节能潜力等问题，即主要用于能源分析，而能源和物料的全要素动态模型比较缺乏。生产的投入产出与能效直接相关，且投入产出模型是对生产过程最直接和方便的描述，不仅可以通过投入产出模型的直接消耗系数来分析生产状态的合理性，也可以反映乙烯生产过程的能源利用效率的变化情况。故本节首先以乙烯生产系统层投入产出模型的建立为例，建立乙烯生产过程的能源和物料的全要素动态模型，再推广至生产的过程层中，并充分考虑彼此的内在联系，为后续建立基于三层生产结构的多工况乙烯生产能效优化模型奠定基础。

1. 系统层投入产出模型的建立

由于乙烯生产过程工艺极其复杂，目前并没有精确的机理模型可用于反映实际生产运行情况。因此，乙烯生产的全要素投入产出模型被作为替代方案用以描述生产运行情况。全要素投入产出模型可用于反映生产中能源流、物质流、能量

消耗以及与乙烯生产相关的其他因素[128,129]的变化情况。因此，建立全要素投入产出模型来描述系统层的生产状态，并用以监测分析能源和物料投入情况是非常重要的。乙烯生产过程系统层全要素投入产出模型如公式（5-20）所示：

$$Y(t+1) = T_{tp}(X(t)) \tag{5-20}$$

式中，$Y(t+1)$ 为下一时刻的输入变量；$X(t)$ 为当前时刻的输入变量；T_{tp} 为由 FLPEM 模型训练的投入产出模型；t 为采样时间。根据该乙烯生产装置 2016～2017 年实际生产投入和产出情况，整个生产过程共涉及 13 个输入变量，包括工业水（IW）、循环水（RW）、脱盐水（DW）、生活水（LW）、3.5MPa 蒸汽（HS）、仪表风（P-CA）、工厂风（N-CA）、氮气（N_2）和燃料气（FG）等能源介质和加氢裂化尾油（HTO）、减一/减顶油（AGO）、石脑油（NAP）和液化石油气（LPG）等原料，以及 10 个输出变量，包括丙烯、乙烯、裂解汽油、裂解燃料油、混合碳四等经济产品和污水（WW）、1.0MPa 蒸汽（MS）、0.4MPa 蒸汽（LS）、蒸汽凝液（LC）、除氧水等能源产品。

本节首先利用从该乙烯生产装置数据库采集的生产数据，建立整个乙烯生产过程的全要素投入产出模型，从而验证所提 FLPEM 算法的性能。由于乙烯生产过程具有滞后性，因此乙烯生产过程的全要素投入产出模型的数据采样时间间隔为天，采集的生产数据共计 630 组，每个数据样本均由 13 个输入变量和 10 个输出变量组成，其中 510 组数据作为训练样本集，剩余的 120 组数据作为测试样本集。根据上述确定的输入输出变量情况，本节利用所提的 FLPEM 模型建立乙烯生产过程的系统层全要素投入产出模型。根据该算法的要求，输入输出数据需进行归一化处理，其中，输入数据被归一化至[0,1]，而为了确保输出层激活函数的逆函数有意义，输出数据被归一化至[0.1,0.9]。

为了验证所提 FLPEM 算法的预测性能，本节分别利用 FLPEM、FLANN、FLLS 和 PSO-RBFNN 模型建立系统层全要素投入产出模型。模型的相关参数设定如下。

（1）PSO-RBFNN 模型：RBF 神经网络采用 30 个隐含节点的结构，网络结构中的权重和阈值由 PSO 算法优化得到，而 PSO 算法中的种群粒子的初始位置和速度均随机生成，种群规模为 120，最大迭代次数为 1000，学习因子为 1.5，惯性权重为 0.5。

（2）FLANN 模型：RBF 神经网络的学习因子为 0.7，最大迭代次数为 1000，期望误差为 0.001[124]。

（3）FLLS 模型：没有预先设定的参数。

（4）FLPEM 模型：初始点 ϑ 随机给定，迭代终止条件是预测值与实际值之间的误差为 eps $= 10^{-8}$，误差准则采用公式（5-9）中的 $J_2(\vartheta)$。

上述模型中均使用 S 型函数 $f(x)=1/(1+e^{-x})$ 和正弦函数 $f(x)=\sin(x)$ 为非线性扩展函数。模型的预测结果如图 5-3 所示。从图 5-3 可以看出，基于 FLPEM 算法建立的模型具有较高的预测精度，这表明本节所提出的基于精细修正牛顿法的 FLPEM 模型具有更好的预测能力，可以更为准确地反映乙烯生产过程的投入产出关系。

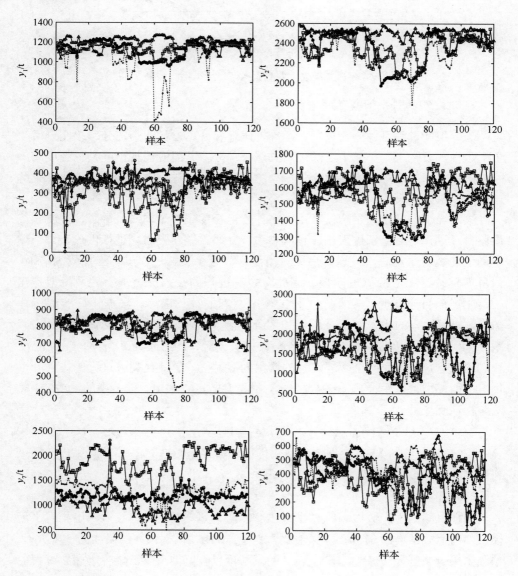

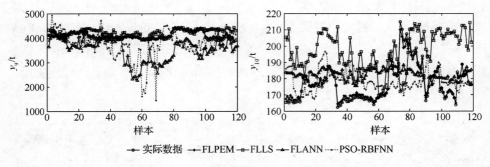

图 5-3　系统层全要素投入产出模型预测结果

2. 过程层物料平衡模型的建立

乙烯生产过程可以分为裂解、急冷、压缩和分离过程四个部分，相比于后续生产过程，裂解过程是整个乙烯生产的核心部分，其能源消耗密度大、强度高。因此，在本章的乙烯生产能效优化模型中仅考虑裂解过程的运行情况，建立裂解过程的投入产出模型。

该乙烯生产装置的裂解过程由多个并行运行的裂解炉构成。重质、轻质和气体原料经过预热后分别进入相应裂解炉中，并通过燃料气燃烧进行供热，每个炉子产生的裂解气汇总后被送入后续分离过程。整个裂解过程虽然流程较为清晰，但目前仍缺乏相应的机理模型。因此，裂解过程的投入产出平衡关系模型是在正常生产条件下实时反映整个过程的生产状态的替代选择。根据该厂实际运行情况，裂解过程的输入变量是原料和部分能源介质，包括加氢裂化尾油（HTO）、减一/减顶油（AGO）、石脑油（NAP）、加氢碳五（HC5）、液化石油气（LPG）和燃料气（FG），而整个裂解过程的输出为裂解气。因此，裂解过程的投入产出物料平衡模型可以用公式（5-21）表示，模型参数可以利用上一节中的 FLPEM 算法进行训练求解。

$$y_{cp}(t+1) = T_{cp}\left(X_{HTO}(t), X_{AGO}(t), X_{NAP}(t), X_{LPG}(t), X_{HC5}(t), X_{FG}(t)\right) \quad (5\text{-}21)$$

式中，T_{cp} 是由 FLPEM 算法训练的裂解过程物料平衡模型；y_{cp} 为裂解过程的输出裂解气；X_{HTO}、X_{AGO}、X_{NAP}、X_{LPG} 和 X_{HC5} 为各个原料组分；X_{FG} 为燃料气；t 为采样时间。

根据采集的生产数据和所提 FLPEM 算法，建立裂解过程投入产出物料平衡模型，训练数据集为 510 组，预测数据集为 120 组，模型预测结果如图 5-4 所示。预测结果表明基于 FLPEM 算法建立的模型可以较好地反映乙烯生产裂解过程的投入产出关系。

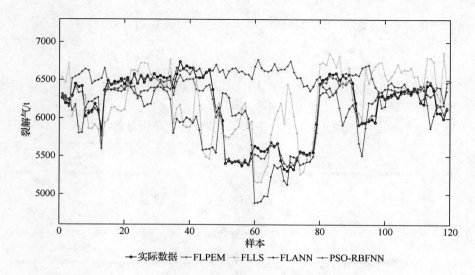

图 5-4 裂解过程投入产出模型预测结果

3. 设备层动态模型的建立

在裂解过程中，不同的原料被分配到不同的裂解炉中，在裂解炉辐射段经历复杂的裂解反应后产生裂解气，同时分配燃料气以提供必要的热量。然后裂解气被送至下游分离处理单元进一步被分离成各种产品。在裂解反应中，各类操作条件对产品收率和结焦反应均有影响，因此考虑裂解炉的动态运行情况十分有必要。Jin 等通过前馈神经网络（FNN）构建裂解炉动态过程替代模型[130]，该模型在计算上比一些商用模拟器构建的严格模型更有效，故本章以其作为裂解炉动态模型，考虑实际裂解炉运行的结焦情况。该模型如公式（5-22）所示。

$$
\begin{cases}
\dot{x}_{\text{coke}ij}(t) = f_{ij}\left(x_{\text{coke}ij}(t), \text{COT}_{ij}(t), \text{FEED}_{ij}(t)\right) \\
y_{ijl}(t) = g_{ijl}\left(x_{\text{coke}ij}(t), \text{COT}_{ij}(t), \text{FEED}_{ij}(t)\right) \\
\text{TMT}_{ij}(t) = g_{ij\text{TMT}}\left(x_{\text{coke}ij}(t), \text{COT}_{ij}(t), \text{FEED}_{ij}(t)\right) \\
x_{\text{coke}ij}(t+1) = x_{\text{coke}ij}(t) + \dot{x}_{\text{coke}ij}(t)T_S(t) \\
x_{\text{coke}ij}(0) = 0
\end{cases}
\tag{5-22}
$$

式中，$f(\cdot)$ 和 $g(\cdot)$ 是由 FNN 训练的模型，所采用的神经网络模型的结构为 3 节点输入层、30 节点隐藏层和 3 节点输出层；i 和 j 分别指的是第 i 个原料进料和第 j 个裂解炉；$x_{\text{coke}ij}(t)$ 为时间 t 时第 i 种原料在第 j 个裂解炉的结焦量；$\dot{x}_{\text{coke}}$ 为结焦速率；COT 为裂解炉出口温度；FEED 为原料进料量；由于生产数据缺乏，y_{ijl} 取为第 j 个裂解炉第 i 种原料的第 l 种组分的数量，并分为乙烯、丙烯、C4 及以上产品三种组分；TMT 为炉管最高温度；T_S 为采样时间间隔，与上述投入产出模型的采样时间一致；$x_{cokeij}(0)$ 为初始结焦量，通常先设定为 0，即假设开始时不存在结焦情况。

根据采集的裂解炉裂解温度、原料进料和结焦量等相关数据，利用上述裂解炉动态模型，以每个炉子的乙烯产量为例进行预测，说明选取模型的可行性。训练数据集为 510 组，预测数据集为 120 组，模型预测结果如图 5-5 所示。

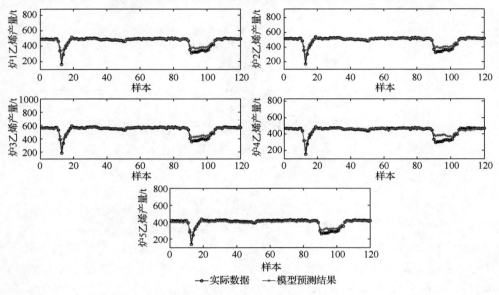

图 5-5   解炉模型的乙烯产量预测结果

从图 5-5 可以看出，该模型能够较为精确地预测各个炉子的乙烯产量，因此，可以将公式（5-22）所示的裂解炉动态模型作为后续的能效优化模型的约束条件之一。

5.2.3   乙烯生产能效优化

乙烯生产过程工艺复杂且流程长，涉及多种不同类型的设备和装置。同时，根据物料流的变化和生产顺序，整个乙烯生产过程可进一步分为裂解、急冷、压缩和分离过程，以便更有针对性地管理。根据文献综述，以往的乙烯生产优化较多针对关键设备和过程，如裂解炉、裂解过程、乙烯精馏塔等，通过优化相关的工艺操作参数，实现设备能耗、产量等目标最优。由于单个设备或过程的操作优化的变量具有局限性，无法协调管理系统层的物料投入，同时最大化生产效益，即增加产量和降低能耗，对整个乙烯生产装置更有意义，因此本章进行乙烯生产系统层的能效优化，通过优化相关能源和物料投入，提高能效水平，其中优化模型中充分考虑系统层投入产出关系、裂解过程物料平衡关系与裂解炉动态运行特性。

在建立乙烯生产动态模型的基础上，本节针对乙烯生产过程开展能效优化。根据前文研究可知，在乙烯生产过程中，由于操作条件等因素的频繁变化，乙烯生产工况较为复杂，故本节在能效优化的过程中，考虑工况因素，建立多工况能效优化模型，并充分利用历史最优工况信息，建立历史工况知识库，对优化算法的搜索方向进行指导，提高优化性能和效果。

1. 能效优化模型的建立

根据乙烯生产过程能源流分析可知，整个生产过程可以形成系统层、过程层和设备层三层生产结构。本节在此基础上，考虑乙烯生产中从设备层到系统层的关联关系，建立乙烯生产过程能效优化模型，包括目标函数和约束条件。

1）目标函数

整个乙烯生产过程的能效水平不仅受输入能源介质和产出产品的影响，而且还与生产内部过程和设备的运行状态密切相关。根据上述研究内容可知，系统层、过程层和设备层的运行周期并不完全相同，而以往的乙烯生产优化不仅没有将能效指标作为稳态优化的关键指标，并且没有考虑生产能效指标多粒度特性和层次化生产架构。生产内部环节的效率优化有益于生产整体能效水平的提升。因此，为了更科学和完善地开展乙烯生产能效优化和节能减排工作，必须加以考虑生产关键环节的运行约束。裂解过程是乙烯生产中的关键能耗过程，其能耗占比约为60%，节能潜力巨大，故在本节所建立的多工况能效优化模型中，除了考虑生产整体能效，对于过程层还考虑了裂解过程的运行情况，而分离过程和其相应设备则被忽略。

因此本章以最大化系统层的单位综合能耗双烯产量、乙烯生产经济产品产量和最小化裂解过程的单位双烯综合能耗作为能效优化模型的优化目标，建立多目标优化模型。

$$\max \quad I_{\text{DPSEC}} = \left(P_{\text{ethylene}} + P_{\text{propylene}} \right) \Big/ \sum_i^n \zeta_i e_i \tag{5-23}$$

$$\min \quad I_{\text{CPSECDP}} = \sum_i^{n_c} \zeta_i^{n_c} e_i^{n_c} \Big/ \left(P_{\text{ethylene}} + P_{\text{propylene}} \right) \tag{5-24}$$

式中，P_{ethylene} 为乙烯产量；$P_{\text{propylene}}$ 为丙烯产量；$e_i^{n_c}$ 和 $\zeta_i^{n_c}$ $(i=1,2,\cdots,n_c)$ 分别是裂解过程消耗的第 i 个能源介质和其折算系数；e_i 和 ζ_i $(i=1,2,\cdots,n)$ 分别是整个过程中消耗的第 i 个能源介质和其折算系数。

2）约束条件

乙烯生产过程能效优化模型的约束条件包括乙烯生产系统层投入产出模型约束、裂解过程投入产出模型约束以及裂解炉动态模型约束，分别为公式（5-20）～公式（5-22）所示。

因此，乙烯生产能效优化模型如公式（5-25）所示。

$$\max \quad I_{\text{DPSEC}}$$
$$\min \quad I_{\text{CPSECDP}}$$

$$\text{s.t.} \quad Y = T_{\text{tp}}(X)$$
$$y_{\text{cp}} = T_{\text{cp}}(X_{\text{Feed}}, X_{\text{FG}})$$
$$y_{lj} = \text{NET}_{\text{FNN}j}(x_{\text{coke}j}, \text{COT}_j, X_{\text{Feed}j}) \quad (5\text{-}25)$$
$$y_{\text{cp}} \leqslant \text{SUM}(y_j)$$
$$Y_{\text{ethylene}} \leqslant \text{SUM}(y_{\text{ethylene}}^j)$$
$$Y_{\text{propylene}} \leqslant \text{SUM}(y_{\text{propylene}}^j)$$
$$X_l \leqslant X_j \leqslant X_u, j = 1, 2, \cdots, 5$$

式中，I_{DPSEC} 为系统层的单位综合能耗双烯产量；I_{CPSECDP} 为裂解过程的单位双烯综合能耗；X_j 为乙烯生产过程所消耗的第 j 种能源介质；T_{tp} 为乙烯生产过程系统层全要素投入产出模型，即公式（5-20）；T_{cp} 为裂解过程投入产出物料平衡模型，即公式（5-21）；$\text{NET}_{\text{FNN}j}$ 为第 j 个裂解炉的动态模型，即公式（5-22）；y^j 为第 j 个裂解炉的输出，分为乙烯、丙烯、C4 及以上产品三种组分；Y_{ethylene} 是乙烯生产过程的乙烯产品总产量，由于后续分离过程有损失，因此不超过裂解炉的出口乙烯组分总量，即 $\text{SUM}(y_{\text{ethylene}}^j)$，丙烯产品产量同理。由此，由 $\text{NET}_{\text{FNN}j}$、T_{cp} 和 T_{tp} 构成了乙烯生产过程从设备层到系统层的模型约束，建立了乙烯生产多目标能效优化模型。模型中的优化变量为能源和原料进料量，其优化范围根据现场操作人员的经验确定，如表 5-1 所示，其中，原料进料量和燃料进料量的优化范围是针对五个裂解炉分别给出的。

表 5-1 变量变化范围 （单位：t）

优化变量	优化范围
IW	0～576
RW	1003728～1086360
DW	2664～5112

续表

优化变量	优化范围
LW	0～144
HS	2568～4200
P-CA	30840～67512
N-CA	38112～68586
N_2	65616～119664
Feed	102～1338，127～1539，2～1348，37～1431，93～1397
FG	0～239，0～277，0～250，0～249，0～267

2. 基于历史工况知识库的 MPSO 算法

1）基于 MPSO 算法的能效优化

对于上一节所建立的乙烯生产能效优化模型，我们将采取多目标粒子群优化（MPSO）算法[131]进行求解，优化乙烯生产能源物料投入，使生产能效水平最大化。MPSO 算法是针对多目标优化问题在传统粒子群优化算法的基础上改进而来的，能够通过更快的计算速度、更少的控制参数、更强的收敛性和鲁棒性等良好性能实现给定区域内的多目标优化，同时该算法对于非线性优化问题求解具有一定优势[132]。

在 MPSO 算法中，需先建立一定规模的粒子种群，每个粒子都是解空间中的解，并且这些粒子可以根据自身和群体中的其他粒子的飞行经验来调整自身的飞行速度和位置。每个粒子在飞行过程中所经过的最佳位置被称为局部最佳值（p_{Best}），而整个种群经历的最佳位置被称为全局最佳值（g_{Best}）。在优化过程中，我们利用适应度函数，也就是目标函数来评估各个粒子的优劣程度，并在一定优化范围内不断更新每个粒子的位置和速度，从而产生新一代种群，直到一个种群满足适应度函数的要求，优化过程结束。

假设 N 为粒子种群规模，x_i 为第 i 个种群粒子，$p_{Best}[i]$ 为第 i 个种群粒子的历史局部最佳位置，v_i 为种群速度，g 为最佳粒子位置的标签，则公式（5-26）和公式（5-27）分别给出种群粒子的速度和位置更新公式：

$$v_i = \omega v_i + c_1 r_1 \left(p_{Best}[i] - x_i \right) + c_2 r_2 \left(g_{Best}[g] - x_i \right) \tag{5-26}$$

$$x_i = x_i + v_i \tag{5-27}$$

式中，c_1 和 c_2 为学习因子；r_1 和 r_2 为[0,1]内的随机数；ω 为惯性权重。

基于 MPSO 的乙烯生产过程多目标能效优化的具体步骤如下：

（1）初始化 MPSO 的参数，包括种群大小、学习因子、最大迭代次数、惯性权重、粒子的初始位置和速度等。

（2）利用过程数据通过系统层投入产出模型、裂解过程投入产出物料平衡模型以及裂解炉动态模型，预测下一时刻的输出。

（3）公式（5-25）中的目标函数 I_{DPSEC} 和 I_{CPSECDP} 作为适应度函数，分别计算每个粒子的初始适合值。

（4）根据目标函数 I_{DPSEC} 和 I_{CPSECDP} 分别找出各个极值点（$p_{\text{Best}}[1]$ 和 $p_{\text{Best}}[2]$），确定每个粒子的最佳位置。

（5）根据目标函数 I_{DPSEC} 和 I_{CPSECDP}，通过与群体的最优位置进行比较，分别得到每个粒子的全局极值点。

（6）计算两个全局极值点的平均值（g_{Best}）和距离（d_{gBest}）。

（7）每个目标函数的各个极值点的平均值（$\overline{p_{\text{Best}}}$），并随机选择一个作为 $\overline{p_{\text{Best}}}$、$p_{\text{Best}}[1]$ 和 $p_{\text{Best}}[2]$ 中的最终个体极值点。

（8）根据公式（5-26）和公式（5-27）不断更新每个粒子的位置和速度，直至满足 MPSO 的结束条件。如果满足，输出粒子就是最好的解决方案；否则，返回步骤（3）。

2）基于历史工况知识库的 MPSO 算法的能效优化

根据前文对乙烯生产工艺技术的分析可知，生产工况影响能效水平。通过开展基于工况划分的能效评估工作，不仅实现了能效评估准确性的提升，同时也验证了所得的典型工况的客观性。在乙烯生产能效优化研究中，由于工艺的复杂性，不同工况下的操作参数不同，最终所呈现出的能效水平也就不同，可谓牵一发而动全身。此外，由于工况的可变性和复杂性，复杂过程的建模和优化的准确性及有效性通常不令人满意，较为科学合理的方法是基于工况实施乙烯生产的过程建模和能效优化，建立多工况多模型的能效优化模型。为此，针对乙烯生产不同工况，本节将建立多工况能效优化模型，并建立历史工况知识库，提高 MPSO 算法的性能。

（1）历史工况知识库的建立。

针对乙烯生产能效优化的工况辨识和历史工况知识库建立的问题，本节根据第 3 章的乙烯生产典型工况类别和采集的生产数据，采用 K 均值聚类算法对生产数据进行工况辨识。

为充分利用历史工况信息，提高 MPSO 算法的性能，本节提出一种基于最优历史工况知识库的 MPSO 智能优化算法（KMPSO），其结构如图 5-6 所示。

根据图 5-6 所示，历史工况知识库主要用于工况的检索和匹配。我们通过在 PSO 算法建立种群之前进行历史工况和新工况数据的匹配工作，找到相似度高的工况，将历史工况的最优解作为种群粒子，提高优化算法的搜索性能。下面对如何建立工况知识库和工况检索匹配进行说明。

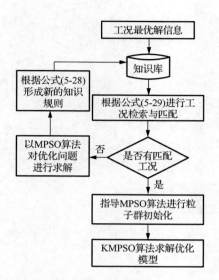

图 5-6　基于历史工况知识库的 KMPSO

第一，知识规则表达。知识规则采用属性描述方法[133]表示，将历史非支配最优解和对应的划分工况参考因素作为一对案例知识进行储存。例如，第 i 种案例可表示为

$$C_i : (X_i, Y_i), \ i = 1, 2, \cdots, n \tag{5-28}$$

式中，n 为工况案例总数；X_i 为第 i 个工况的参考因素；Y_i 为第 i 个案例的历史最优解。

第二，工况检索与匹配。工况检索与匹配采用最近邻搜索算法[134]的形式，实现历史工况和新工况数据的检索和匹配。乙烯生产当前工况和知识库中的第 i 个历史工况的相似度检索公式可表示为

$$\text{SIM}(i) = 1 - \sum_{k=1}^{t} \omega_k \frac{\left| f_k - f_{k,i} \right|}{\max\left(f_k, f_{k,i} \right)} \tag{5-29}$$

式中，f_k 为当前工况的工况划分参考因素；f_{ki} 为历史工况库中第 i 个工况的工况划分参考因素；t 为工况划分参考因素的个数；系数 ω_k 为从专家经验中获得的案例特征权重。如果 $\text{SIM}(i) \geqslant \text{SIM}(i)$，则历史工况库中第 i 个工况与当前工况具有较高的相似度，二者即为匹配工况，可以使用同一粒子信息进行优化。

（2）基于历史工况知识库的 MPSO 算法。

根据上述建立的历史工况知识库，假设有 m 个历史工况与当前工况匹配，即 m 个案例可用于指导 MPSO 算法的群体初始化。因此，假设 MPSO 算法的种群规模为 N，那么 KMPSO 算法的种群初始化步骤如下：

① 清除上一优化时刻的种群粒子；

② 将匹配的 m 个历史工况的最优解作为新粒子种群中的 m 个初始粒子；

③ 剩余 $N-m$ 种群粒子仍采用随机产生的方式；

④ 结束粒子种群初始化。

如果没有匹配的历史工况，KMPSO 算法的种群初始化与传统 MPSO 算法的种群初始化相同。在这种情况下，知识库中会更新该工况的数据样本。

（3）基于 KMPSO 算法的乙烯生产能效优化流程。

本节所提的基于 KMPSO 算法的乙烯生产能效优化方案的具体流程如图 5-7 所示，包括工况辨识与预测模型的建立、能效优化和工况知识库的建立。

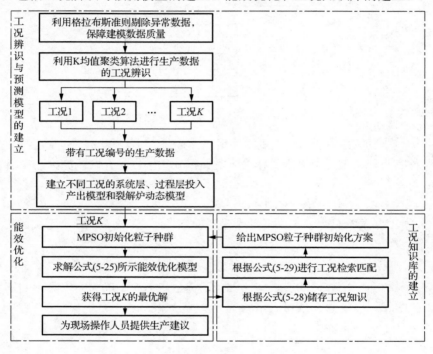

图 5-7　基于 KMPSO 算法的乙烯生产能效优化方案

① 确定工况划分参考因素，采集相关数据，并分配数据集，形成训练数据集、预测数据集和知识库训练数据集。

② 利用聚类算法对所采集的所有生产数据进行工况辨识。

③ 利用训练数据集，建立不同工况的系统层、过程层投入产出模型和裂解炉动态模型，以此作为能效优化模型的约束。

④ 利用知识库训练数据集，基于 MPSO 算法预优化获得最优解，并通过公式（5-28）的知识规则建立历史工况知识库。

⑤ 针对预测数据集和所建立的历史工况知识库，验证所提能效优化方案。

3. 工况辨识与历史工况知识库的建立

1) 工况辨识结果

根据第 4 章基于 K 均值聚类算法的工况划分的具体流程和工况划分参考变量，对新采集的乙烯生产数据进行工况辨识，结果如表 5-2 所示。

表 5-2 工况辨识结果

	工况 1	工况 2
样本个数	375	255

根据工况辨识结果，接下来将基于两种工况的数据建立工况知识库和过程约束模型，求解多目标能效优化模型，并对优化结果进行分析。

2) 工况知识库的建立

本节针对所采集生产数据，将不同工况的数据随机分为：①训练数据集，用于训练预测模型；②知识库训练数据集，用于建立工况知识库；③测试数据集，用于过程模型预测并验证优化模型的有效性。具体情况如表 5-3 所示。

表 5-3 不同工况的数据分配情况

数框集	工况 1	工况 2
训练数据集	315	195
知识库训练数据集	20	20
测试数据集	40	40

本节利用所分配的知识库训练数据，基于 MPSO 算法预优化得到不同工况下的 20 个历史最优解。MPSO 算法的相应初始化参数设置如下：粒子种群规模为 20，最大迭代次数为 1000，学习因子为 1.49，惯性权重为 0.5，初始粒子位置和速度随机生成。基于公式（5-28），建立两种工况的历史最优解和参考变量的知识模型，并存储在知识库中。

4. 能效优化结果与分析

根据图 5-7 所示的乙烯生产能效优化方案，本节利用采集的生产数据进行优化方案的有效性验证。首先建立不同工况下的乙烯生产系统层全要素投入产出模型、裂解过程投入产出物料平衡模型和裂解炉动态模型。而优化算法的初始化参数设置如下：粒子种群规模为 40，最大迭代次数为 1000，学习因子为 1.49，惯性权重为 0.5。粒子初始化是基于历史工况知识库的优化算法粒子搜索方案产生的。工况相似性阈值通过反复试验确定为 0.02。同时，本章通过计算多次优化结果的平均值，保证优化的可靠性。

图 5-8 给出了工况 1 的能效优化结果。从图 5-8 中可以看出，通过 KMPSO 算法优化能源和原料投入量，改善了工况 1 整个乙烯生产过程的能效水平和裂解过程的能耗水平。优化前乙烯生产能效平均水平为 0.00239t/kgEO，优化后能效平均水平为 0.00250t/kgEO，提高了 4.60%。相比之下，传统 MPSO 算法的优化结果没有 KMPSO 算法的优化结果显著。因此，所提出的能效优化方案和算法可以更明显地达到提高生产能效的目的。

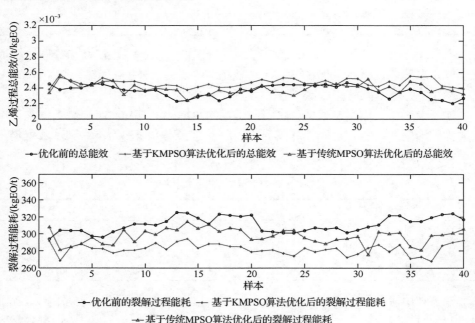

图 5-8　工况 1 乙烯生产总能效和裂解过程能耗优化前后对比

工况 2 的优化模型也可以通过 KMPSO 算法进行求解，其中优化算法的初始化参数的设置与工况 1 的相同。图 5-9 给出了工况 2 的能效优化结果，可以看出，通过优化变量的改进，整个生产过程的能效水平进一步得到了提升。优化前乙烯生产能效平均水平为 0.00241t/kgEO，优化后能效平均水平为 0.00255t/kgEO，提高了 5.81%。相比之下，虽然基于传统 MPSO 算法的能效也得到了提高，但效果略差于 KMPSO 算法。

为了说明能效优化方案的有效性和所提优化算法的性能，这里分别对基于 KMPSO 算法和 MPSO 算法的优化前后的平均乙烯产量和综合能耗进行对比，结果如表 5-4 所示。

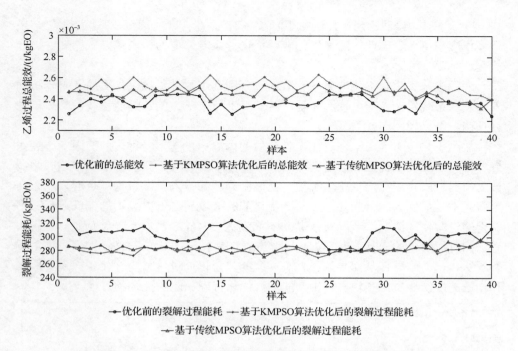

图 5-9　工况 2 乙烯生产总能效和裂解过程能耗优化前后对比

表 5-4　不同算法的乙烯产量和综合能耗优化结果对比

工况	优化算法	乙烯产量/t	变化情况	综合能耗/kgEO	变化情况
工况 1	MPSO	2361.91	下降 1.02%	1.47×10^6	下降 1.97%
	KMPSO	2411.60	上升 1.07%	1.45×10^6	下降 4.26%
工况 2	MPSO	2386.41	下降 2.60%	1.45×10^6	下降 2.17%
	KMPSO	2412.46	下降 1.37%	1.42×10^6	下降 5.88%

　　根据表 5-4，经传统 MPSO 算法优化后，工况 1 的综合能耗为1.47×10^6 kgEO，平均乙烯产量为 2361.91t，与优化前的生产数据相比，其综合能耗降低了 1.97%，但是乙烯平均产量下降了 1.02%。相比之下，经过 KMPSO 算法优化后，工况 1 的综合能耗为1.45×10^6 kgEO，平均乙烯产量为 2411.60t，与优化前的生产数据相比，分别实现了综合能耗下降 4.26% 和乙烯平均产量上升 1.07% 的优化效果。而工况 2 中，经传统 MPSO 算法优化后，其综合能耗为1.45×10^6 kgEO，平均乙烯产量为 2386.41t，与优化前的生产数据相比，其综合能耗降低了 2.17%，但乙烯平均产量下降了 2.60%。相比之下，经过 KMPSO 算法优化后，工况 2 的综合能耗为1.42×10^6 kgEO，平均乙烯产量为 2412.46t，与优化前的生产数据相比，综合能

耗下降 5.88%，虽然乙烯平均产量下降了 1.37%，但比传统 MPSO 算法优化结果下降程度小得多。因此，所提出的能效优化方案能够更为明显地降低能耗，提升能效。

为了进一步说明优化方案的有效性，分别利用两种工况优化后的其中一组输入变量和系统层投入产出预测模型，对工况 1 和工况 2 的乙烯产量和丙烯产量进行预测，结果如图 5-10 所示。

从图 5-10 可以看出，两种工况优化后的丙烯产量基本与优化前的丙烯产量保持一致，而工况 1 的乙烯产量有所增加，工况 2 的乙烯产量稍有减少。这表明在该生产周期内，产品产量基本不变，但能源介质的投入情况较为不合理，能源利用率并不是最优状况。此外，工况 2 优化前的能效相对于工况 1 的偏低，存在不合理的资源使用情况。工况 2 平均进料负荷为 6846.25t，属于"欠负荷"生产状态，同时原料中的 HTO 组分较高，是工况 1 的 1.2～1.4 倍。HTO 作为一种重质裂解原料，易结焦，从而导致能耗高。因此，可以通过进一步优化生产裂解原料和相应的能源介质，实现乙烯生产的能源优化管理和能效提升的目标。

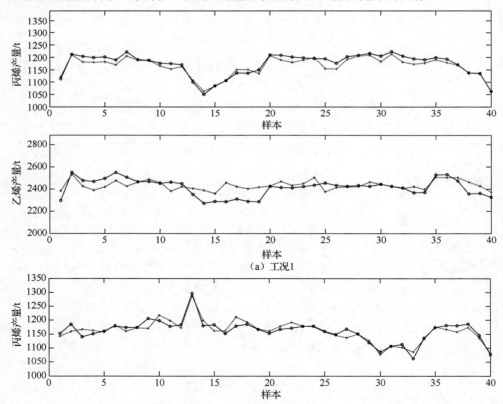

（a）工况1

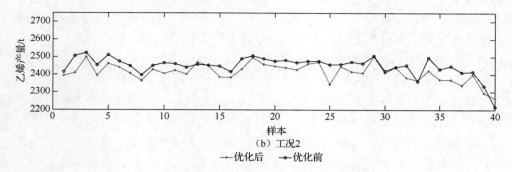

（b）工况2

—— 优化后　—●— 优化前

图 5-10　两种工况的乙烯和丙烯产量优化前后对比

根据上述能效优化结果，本章还采用该厂实际能源价格分别对比了两种工况优化前后的能源成本（EC），结果如表 5-5 所示。

表 5-5　不同工况的能源成本优化前后对比　　　　　　（单位：元/d）

工况	优化前 EC	优化后 EC	ΔEC
工况 1	1949402.60	1934083.40	15319.20
工况 2	1982272.76	1936111.09	46161.67

根据计算结果，工况 1 的能源成本平均每天可节省 15319.20 元，而工况 2 平均每天可节省 46161.67 元。根据表 5-2 所示的工况数据分布情况，在对该采样周期内的生产能源成本进行综合核算时需考虑工况的区分。本章以各工况数据占数据总量的比例作为计算权重，因此，工况 1 的系数为 0.597，工况 2 的系数为 0.403。综合核算平均每天乙烯生产的能源成本下降情况：

$$\Delta EC_1 \times \omega_1 + \Delta EC_2 \times \omega_2 = 15319.20 \times 0.597 + 46161.67 \times 0.403 = 27754.10 \quad (5\text{-}30)$$

因此，平均每天乙烯生产的能源成本可节省近 3 万元。综上，本章所提能效优化方案能够有效地降低能耗，节约生产成本，提高乙烯生产企业的经济效益。

5.3　乙烯生产裂解炉的优化策略

乙烯裂解炉收率建模和优化操作对乙烯工业的节能降耗、经济效益提升具有十分重要的意义。目前，乙烯裂解炉的优化目标主要集中在对裂解产物的全周期优化控制和优化裂解炉的操作参数。裂解反应发生时，裂解炉对操作参数的变化十分敏感，例如，裂解炉出口温度、裂解深度、原料性质等都影响着乙烯裂解炉的收率分布。目前对操作参数如原料性质与乙烯产生的适应性,裂解深度对乙烯产率分布等的优化研究较多但不够深入,使工业生产中仍然按照固定的操作参数或者无优化控制的操作参数进行生产,这就导致了乙烯工业的能量耗费、产率减低,企业的经济效益很难得到提升。

在乙烯生产过程的能源消耗分配中,乙烯裂解过程能源消耗占 50% 左右。国内外许多学者对乙烯裂解炉进行了大量研究,在分析乙烯生产过程中:一是从供给能源入手,在同等产出和条件下,降低能源消耗;二是从有效产品产出入手,在相同能源消耗条件下,通过预测及优化控制提高生产产品的产量,实现对裂解炉产率准确预测并优化进而完成先进控制、操作优化等任务。本节主要是从有效产品乙烯和丙烯入手,以乙烯裂解炉为研究对象,提出以乙烯和丙烯产量和最大为优化目标,采用遗传算法求解最优裂解深度的优化方法,并结合现场数据验证优化策略的有效性。

5.3.1 乙烯裂解炉能效优化

评估乙烯裂解炉的能效指标有多种,我们首先以单位乙烯综合能耗来表示乙烯裂解炉的能效,进而以单位乙烯综合能耗值最小为乙烯裂解炉能效优化的目标。根据第 3 章建模知识可知,以 HTO、NAP、HC5、AGO、DS、BFW、SS、NG、FG、COT、FET、FNP 为输入变量,以单位乙烯综合能耗为输出变量。

选取 2015 年的 300 组数据作为训练数据,并选择第 4 章诊断数据中的 100 组数据作为测试数据,以单位乙烯综合能耗值最小作为优化目标,目标函数可表示为

$$\min e_{cfe} = E_{cfe}/G_e \tag{5-31}$$

式中,e_{cfe} 为裂解炉能效,即单位乙烯综合能耗;E_{cfe} 为裂解炉综合能耗;G_e 为乙烯产品合格量。根据某石化厂的实际运行指导要求,可得参数的约束条件如下:

$300\,t/d \leqslant HTO \leqslant 360\,t/d$,$450\,t/d \leqslant NAP \leqslant 600\,t/d$,$30\,t/d \leqslant HC5 \leqslant 50\,t/d$,$240\,t/d \leqslant AGO \leqslant 280\,t/d$,$200\,t/d \leqslant DS \leqslant 250\,t/d$,$1200\,t/d \leqslant BFW \leqslant 1400\,t/d$,$1000\,t/d \leqslant SS \leqslant 1200\,t/d$,$50\,t/d \leqslant NG \leqslant 120\,t/d$,$380\,t/d \leqslant FG \leqslant 480\,t/d$,$828\,℃ \leqslant COT \leqslant 834\,℃$,$165\,℃ \leqslant FET \leqslant 177\,℃$,$-2\,Pa \leqslant FNP \leqslant -20\,Pa$

首先,目标函数的计算依赖于 BP 神经网络预测模型,在该模型中设置学习速率 $\eta=0.1$,隐含层节点个数 $p=15$,迭代次数设为 1000,收敛误差设为 0.00004。图 5-11 所示为利用 BP 神经网络预测的单位乙烯综合能耗与实际值的对比图,图 5-12 为 BP 神经网络预测模型的相对误差图,由图中可以看出,BP 神经网络预测模型的误差在 10% 以内,对于单位乙烯综合能耗的预测比较准确。

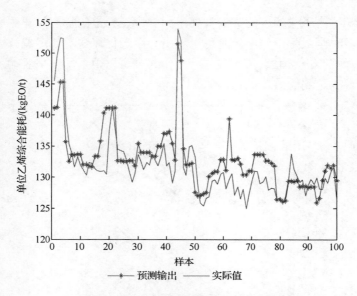

图 5-11　BP 神经网络预测模型的仿真结果

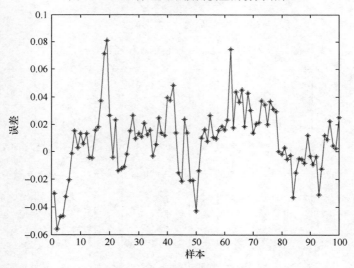

图 5-12　BP 神经网络预测模型的相对误差

另外，在利用遗传算法进行能效优化时，交叉概率为 $P_c = 0.8$，变异概率为 $P_m = 0.07$，迭代次数 $T = 100$。每给定一组输入参数，遗传算法优化器就会按照公式（5-31）计算相应的适应度值，在输入参数的约束条件下迭代，最终得到每个采样时刻最佳的输入参数组合，使控制目标达到最优。图 5-13 为遗传算法优化前后的单位乙烯综合能耗对比图，从图中可以看到优化后的单位乙烯综合能耗的值与优化前相比有了大幅度的降低且处于一个比较稳定的状态，即生产单位乙烯所消耗的能源总量大幅降低，因此可以看出利用遗传算法对乙烯裂解炉能效的优化比较有效。图 5-14 为优化参数结果，工作人员可以根据此图来对输入变量的参数进行调整，以达到能效最优的水平。

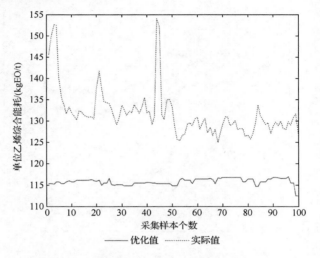

图 5-13　遗传算法优化前后的单位乙烯综合能耗

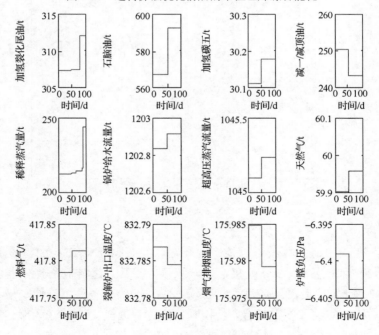

图 5-14　优化参数结果

5.3.2　乙烯裂解炉裂解深度的优化

裂解深度代表裂解反应进行的程度，它是一项反映裂解产物分布的重要指标。根据第 2 章内容可知，工业上，裂解深度有多种表示方法，本节选取乙烯与丙烯的比值（乙烯/丙烯）作为评判裂解深度的指标。通过分析可知，最佳裂解深度为使裂解有效产物的产量最大的值，选取双烯（即乙烯和丙烯之和）为裂解炉的有效产物，因此裂解深度的优化控制是以乙烯和丙烯产量之和最大时求解出的裂解深度为裂解炉产率的最优控制目标。

本节选取 FR、DS、FG、COP、COT 为模型的输入变量，以乙烯收率和丙烯收率为输出变量，数据从某乙烯生产装置的 Oracle 数据库中获得，将获得的数据首先根据拉依达准则进行处理，从而剔除异常数据的影响，最后剩余 150 组数据。从中随机选取 100 组数据作为训练数据，剩下的 50 组数据被选作验证数据。

乙烯和丙烯产量之和最大为裂解深度的优化目标，目标函数可表示为

$$\max f(t) = \sum (y_{C_2H_4} + y_{C_3H_6}) \tag{5-32}$$

约束条件：根据实际运行要求，$266t/h \leqslant FR \leqslant 275t/h$，$85t/h \leqslant DS \leqslant 120t/h$，$7t/h \leqslant FG \leqslant 11t/h$，$0.25MPa \leqslant COP \leqslant 0.33MPa$，$825℃ \leqslant COT \leqslant 865℃$。

目标函数的计算依赖于 5.1 节 PSO 优化最小二乘支持向量机（LSSVM）预测模型，每给定一组参数，即 t 时刻的粒子 $P(t) = \{FR, DS, FG, COP, COT\}$，遗传算法优化器按照公式 $f(t) = y_{C_2H_4} + y_{C_3H_6}$ 计算相应的适应度值，找出 t 时刻的 P_{best}，同时更新 $P(t)$，在 $\{FR, DS, FG, COP, COT\}$ 的约束条件下迭代，最终得到最佳的 $\{FR, DS, FG, COP, COT\}$ 组合，使适应度值达到最大，即乙烯和丙烯产量之和达到最大。

图 5-15 和图 5-16 所示为利用模型 PSO-LSSVM 预测的乙烯和丙烯产量实际值与预测值对比图，由图中可以看出，PSO-LSSVM 模型对于裂解炉收率的预测比较准确。图 5-17～图 5-19 分别为遗传算法优化后乙烯产量、丙烯产量、乙烯和丙烯产量与实际值的对比图，由图中可以看出，遗传算法优化后乙烯和丙烯收率之和较优化前有了较大幅度的提升，同时，乙烯和丙烯收率优化前后分别有了较大幅度提升，因此可以看出遗传算法的优化控制十分有效。目标函数的优化参数值分别为 FR = 268.8471，COT=855.3692，DS=85.0881，FG=8.1938，COP=0.2971，同时优化后的裂解深度稳定性明显提高，大约维持在 1.6 左右。

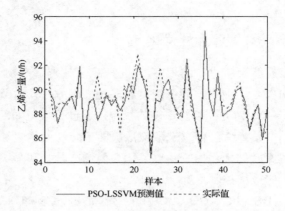

图 5-15　PSO-LSSVM 模型预测乙烯产量

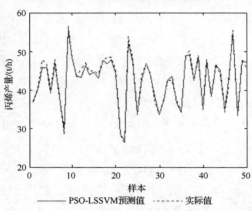

图 5-16　PSO-LSSVM 模型预测丙烯产量

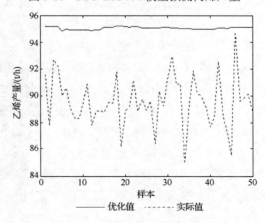

图 5-17　遗传算法优化后的乙烯产量

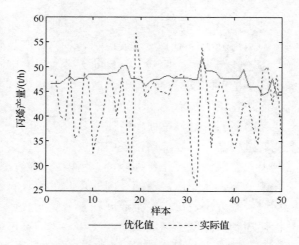

图 5-18　遗传算法优化后的丙烯产量

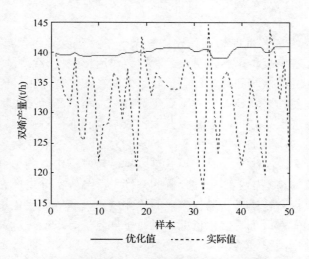

图 5-19　遗传算法优化前后的双稀产量总和

5.4　乙烯生产精馏塔的节能操作优化策略

精馏过程是石油化工工业和化学工业中最为广泛的传质单元操作过程，也是石油化工领域中能耗最大的单元操作过程之一。乙烯精馏塔是分离裂解气得到乙烯产品的最终精馏塔，它的设计、操作的水平直接关系到乙烯产品的质量、收率与能耗。精馏过程的复杂性体现在其内部发生的传质传热反应、物质种类以及发生的化学反应众多，它是乙烯生产重要的过程之一。目前对于乙烯精馏塔的控制主要体现在塔顶和塔釜两部分的控制上。塔顶控制为对乙烯产品质量的控制，对塔底的控制主要是对塔釜乙烯损失的控制，而目前大多数研究都倾向于保守，局限在产品质量的优化控制上，即以提高乙烯产品质量为目标进行的优化控制，虽然提高了产品质量，但是忽略了实际生产中的过分离现象。

乙烯精馏过程消耗的能源占分离过程中消耗能源的 70%以上，它也是整个乙烯生产过程的重要能耗过程之一。乙烯精馏塔中的大部分能量消耗在塔顶的冷凝器与塔底的再沸器，消耗的能源介质是各种冷剂，精馏塔内部反应是大量的换热过程，提供热量被各馏分带走从而造成消耗。因此，此过程具有较大的节能降耗潜力和经济效益。从这一角度出发，许多企业展开了节能研究。例如，美国巴特尔斯公司通过实时优化控制，降低了精馏系统的能耗。我们不仅可以通过控制优化措施进行节能，乙烯精馏塔设计工艺也在不断改进，新的技术也开始逐渐推广，产品的生产过程日渐复杂，提出了既降低成本又同时提高产品收率与质量的更高要求。

乙烯精馏塔的工艺机理和操作比较复杂，干扰因素多，具有如下的特点：①精馏塔具有许多塔板，是高阶对象，对控制作用反应比较缓慢，且非线性强；②受多种因素影响，控制回路多，而且回路之间存在耦合作用，因此很难对乙烯精馏塔进行机理建模；③精馏塔中重要运行指标"塔釜乙烯损失率"的测量主要依靠工业色谱仪或人工分析，但其存在运行成本高且滞后等问题。目前有关精馏塔乙烯损失问题的研究主要以数据驱动的方法为主建立单一软测量模型。因此，当精馏塔的运行工况发生变化时，模型难以满足精度需求，并影响后续的操作优化。本节在对乙烯精馏塔工作原理分析的基础上，结合实际生产和先进建模、优化控制理论，重点对精馏塔乙烯损失率的软测量建模和能效优化策略开展研究，提出了以乙烯损失率最小为优化目标，以粒子群算法寻求最优冷剂量的乙烯生产精馏塔的能效优化操作策略。

5.4.1　乙烯精馏工艺流程与精馏塔乙烯损失率

1. 乙烯精馏工艺流程

乙烯精馏塔是用以实现对乙烯提纯的精制过程设备，主要是将乙烯与甲烷、乙烷等附属产品分开，得到高纯度的乙烯产品。目前乙烯精馏塔主要有以下两种分离工艺：①高压法分离。高压法分离乙烯、乙烷，为了脱除乙炔加氢过程中带入的氢气和甲烷，从乙烯塔侧线抽出高纯度乙烯产品送出，塔顶富含乙烯气体，经塔顶冷凝有 90%的乙烯冷凝液回流，富含甲烷、氢气的不凝气返回裂解气压缩机。设有塔釜再沸器和中间再沸器，分别用丙烯和裂解气加热。采用这种分离方法，分离温度高，不需要乙烯冷剂，乙烯塔与丙烯制冷压缩机构成闭式制冷循环，节省了低温冷量。高压法不会因为乙烯质量的不合格造成乙烯产品系统污染而带来较大损失，但由于分离压力较高，乙烯与乙烷的相对挥发度较低，因而不得不增加塔板数和回流比。②低压法分离。低压法分离乙烯，为了脱除乙炔加氢过程中带入的氢气和甲烷，设置了第二脱甲烷塔，塔釜液作为乙烯塔进料。采用这种方式能量利用较好，不需要设塔顶冷凝器和回流罐。

无论采用高压法分离还是低压法分离，乙烯精馏塔进料都是含有少量甲烷等杂质的 C2 组分。它将含有乙烯、甲烷、乙烷等的混合气体进行分离，在塔板侧线将产品乙烯馏出，其质量指标要求乙烯浓度大于 99.5%，进料进入塔后在塔板上与塔上部回流液和塔釜蒸发气体发生对流接触，发生热和质的传递交换，小部分液态成分随产品乙烯从塔侧线采出。大部分液态组分继续向下流动，经塔底再沸器，通过冷剂又气化上升。上升到塔顶冷凝器出处，与冷凝介质进行热交换，并将其液化后进入回流罐，含有氢气、甲烷等的少量未冷凝气体进入火炬系统，塔釜采出部分液态组分，其中主要组分为乙烷，经中间再沸器加热气化，上部气体充分利用冷剂的热量，加热中部各组分，一方面降低能耗，另一方面减轻塔釜热负荷。

2. 精馏塔乙烯损失率的物理意义与影响因素

乙烯损失率是指乙烯精馏塔塔底采出乙烷中的乙烯含量，工艺要求其质量分数不超过 5%。一方面，乙烯损失率作为一个重要监测指标以表征精馏塔的运行状况，当出现巨大波动时，说明精馏塔的内部可能出现异常工况；另一方面，这部分乙烯将不再进入精馏系统中从而造成浪费，因此乙烯损失率可作为评价精馏塔工作效率的重要指标。

对乙烯损失率的控制和优化，是关系到整个精馏塔运行状况的重要举措之一。由于实际过程难以直接对该变量进行控制，因此，可通过控制影响乙烯损失率的因素进而达到控制乙烯损失率的效果。

乙烯精馏塔结构复杂，操作变量众多，且抗干扰能力弱，易受到各方面因素的影响。打破原有的塔内物料平衡和能量平衡，将会影响到精馏塔的众多参数，如塔釜乙烯收率、产品质量等。因此，影响物料平衡和能量平衡的因素会间接影响精馏塔的正常工作点。

影响精馏塔釜损失的主要操作参数有：塔釜采出量、塔釜压力、塔釜温度、回流量、塔顶采出量和冷剂量等。

1）塔釜采出量

精馏塔塔釜采出量主要是乙烷产品，其产量一方面取决于设备进料负荷的大小，另一方面取决于人为的控制。当设备进料负荷稳定在某一数值时，人为增大釜液的采出，会使得塔釜液面降低，塔底再沸器的热负荷减少，因此塔釜的温度下降，可能造成釜液中乙烯损失的增大。同样的，减少釜液的采出，增加了釜液循环的阻力，同样造成传热不均、损失增大的可能。

2）塔釜压力

在液气平衡中，压力、温度和组成之间有确切的关系，也就是操作压力决定产品的组成及分离效果。压力的改变可使平衡温度、塔的气速得到调节，提高塔釜压力，可减少再沸器冷却剂的使用量，塔内气速下降，分离效果变差。

3）塔釜温度

根据相平衡原理，必须有其对应的塔釜温度，而塔釜温度又间接反映塔内部分离效果及产品组成。塔釜温度升高，会提高传质效率，通过上一节精馏原理可知，塔釜中液相组分的轻组分浓度会降低，从而将潜在的乙烯气化至塔顶作为产品产出，从而减少损失。

4）回流量

塔顶回流量是乙烯精馏塔的重要操作变量，直接关系到精馏塔的能耗水平、产品质量和乙烯损失，是乙烯精馏塔重点研究对象。适当增大回流量，将增大蒸汽流动速度，提高精馏的效果，进而影响塔釜乙烯的浓度水平。

5）塔顶采出量

塔顶采出量对精馏塔内部平衡的影响与塔釜采出量相似，采出量的变化通过影响塔顶冷凝器中的蒸汽负荷，影响逆流接触和传质过程，进而对塔釜乙烯损失产生影响。

6）冷剂量

塔釜冷剂量对乙烯损失率的影响是显而易见的，通过精馏原理可知，塔釜冷剂量将影响塔釜内部的逆流接触与传质过程。增加其用量，气相组分加速上升，进而会减少塔釜液体中的易挥发组分浓度，减少乙烯损失。但冷剂量调节过猛则可能造成塔液泛或漏液。因此，合理控制冷剂的使用量以使得精馏塔处于最优状态至关重要。

在实际生产中，装置负荷、冷剂温度、裂解气组成都会引起精馏塔工况发生变化。进料负荷的变化会影响精馏塔的物料平衡及反应效率，裂解气组成与冷剂温度的变化会引起全塔物理平衡和工艺条件的改变。进料负荷上升或下降时，由于要维持塔釜温度不变，以避免乙烯损失，采出量也增加或减少，同一加热温度下，冷剂量的需求上升或下降，塔釜的运行工况发生变化；在同一进料负荷下，当冷剂温度下降或上升，为维持塔釜运行温度不发生大变化，冷剂量需求上升或下降，采出量则增加或减少。当工况发生变化时，各个操作参数之间的关系及所能达到的最优生产条件会因此而改变。为此，首先对精馏塔的运行工况进行分类，然后解决精馏塔的乙烯损失率优化问题。

5.4.2　基于模糊聚类的精馏塔运行工况划分

精馏塔乙烯损失的动态特性会随着装置负荷、冷剂温度、裂解气组成的变化而变化，从而影响装置乙烯产能的发挥与装置变量之间的相关性。系统的每个动态特性都可以间接用一种工况来反映，在划分后的同种工况下，外部条件视为相同，再根据工况的不同选择不同的预测模型，因此便消除了工况变化对模型的巨大影响。由于进料负荷、冷剂温度、裂解气组成是精馏塔釜工况的重要影响因素，本节选取冷剂温度和装置负荷作为精馏塔运行工况划分变量。

聚类分析（cluster analysis）是一种非监督模式识别的多元统计分析方法。所谓聚类就是将对象数据集中的元素按照一定的规律划分为多个类别，不同类别之间存着差异性，同一类别中的元素存在相似性。传统的聚类分析是一种硬划分，典型代表是 C 均值算法，它以"非此即彼"的方法严格划分每个数据样本，其类别之间的界限是分明的，这种划分方法对于有明确特性的不同种类的划分有十分精确的结果。对于大多数对象尤其是大多数化工过程，不同类别之间的特性界限并不十分明显，因此，模糊划分的概念应运而生，其中模糊聚类模型（FCM）算法就是一种广泛应用的有效方法。FCM 算法原理描述如下。

设将样本划分为 c 个聚类，c 个聚类中心为 V 和隶属度函数矩阵为 U。$X = [x_1, x_2, \cdots, x_N]^{\tau} \in R^{N \times r}$，其中 N 为样本数，$x_i = [x_{i1}, x_{i2}, \cdots, x_{ir}]$ 为 r 维特征向量。c 为聚类数（$1 < c < N$），$d_{ij} = \left\| x_j - v_i \right\|$ 是样本 x_j 与聚类中心 v_i 的欧式距离，$v_i \in R^r$（$1 \leqslant i \leqslant c$），$u_{ij}$ 是第 j 个样本到第 i 个聚类中心的隶属度，$U = [u_{ij}]_{c \times N}$，$V = [v_{ij}]_{c \times r}$。FCM 算法具体描述为

$$\min J_m(u, c) = \sum_{i=1}^{c} \sum_{j=1}^{N} u_{ij}{}^m d_{ij}{}^2$$

$$\text{s.t.} \quad \sum_{i=1}^{c} u_{ij} = 1, \ 1 \leqslant j \leqslant N$$

$$u_{ij} \in [0,1], 1 \leqslant j \leqslant N, \ 1 \leqslant i \leqslant c \quad （5\text{-}33）$$

$$0 < \sum_{j=1}^{N} u_{ij} < N, \ 1 \leqslant j \leqslant c$$

FCM 算法步骤如下：

（1）设定聚类数目 c，算法终止阈值 ε，加权指数及允许最大迭代次数 $t_{\max}$；

（2）初始化各个聚类中心 v_i；

（3）用当前聚类中心计算隶属函数；

（4）用当前隶属函数更新各聚类中心；

（5）根据终止条件判断是否停止运算。

当算法结束时，得到各类的聚类中心和各个样本对于各类的隶属度，完成模糊聚类划分。

我们取装置负荷与冷剂温度作为工况变量，用 FCM 算法对塔釜的稳定运行工况划分成不同的工况簇，并对划分后的各工况分别建立模型，将由某企业采集的数据进行数据预处理，剔除异常数据和病态数据，共选取 365 组数据。

取其中 300 组训练样本进行聚类划分，设定 FCM 算法的最大迭代次数 $t_{max}=100$，迭代终止误差 $\varepsilon=10^{-5}$，加权指数 $m=2$。

在设定聚类的数目，即样本集划分的典型工况时，考虑到聚类数目不能过多，否则便失去了聚类的意义，数目过少则不能将数据划分开来。通过实际调研和多次反复试验，最终选定聚类的数目 $c=3$。即将样本集划分为 3 个典型工况，并得到各工况中心与数目，划分结果如表 5-6 所示。

表 5-6　FCM 算法工况聚类结果

工况类别	装置液位中心/m	冷剂温度中心/℃	工况占比/%
1	-1.05	-37.55	51
2	5.38	-38.43	16
3	1.83	-37.66	33

为说明工况聚类的合理性，以及工况聚类后对数据的影响，将聚类后各个工况下对应的实际乙烯损失情况进行归类对比，如图 5-20 所示。不同工况下实际损

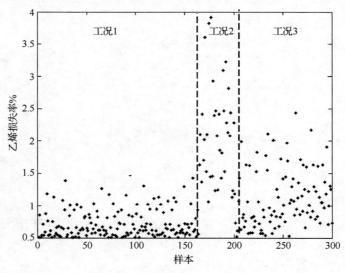

图 5-20　训练样本序列的工况图

失大小及波动情况存在明显差别，工况差别较大，各工况下装置液位中心与冷剂温度中心分别为-1.05、5.38、1.83 和-37.55、-38.43、-37.66。其中工况 1 的装置液位中心最小，冷剂温度中心最高，损失情况在 0.5%～1.5%，波动情况最平稳；工况 2 装置液位中心最大，冷剂温度中心最低，对应损失情况在 1%～4%，波动幅度最大；而工况 3 的装置液位中心与冷剂温度中心均在工况 1、2 之间，此时损失情况在 0.5%～2.5%。由此说明不同工况下，乙烯损失情况差别很大。难以用一种模型描述所有工况下的损失情况，因此采用对各工况分别建立模型的方法以满足不同工况下的模型预测需要。从表 5-6 中可以看出，这 300 组数据中工况 1 的占比最大，为 51%，其平均损失水平最低，工况 2 的占比最小，为 16%，其平均损失水平最高。

5.4.3　优化目标函数的确定

在选取装置负荷与冷剂温度作为聚类属性，并用 FCM 算法将塔釜的稳定运行工况划分成不同的工况簇后，下面将分别对划分后的各工况建立乙烯损失率软测量模型。通过主元分析方法降维筛选后，选取塔釜采出量、冷剂量、塔釜温度、塔釜压力作为各个工况下模型的输入变量（表 5-7），精馏塔釜乙烯损失率为输出变量。聚类后对已划分的样本，利用 LSSVM 建模方法对各工况分别建立相应的乙烯损失率软测量模型，并经过 PSO 优化确定各工况软测量模型的超参数。

表 5-7　软测量模型输入变量（k=1,2,3）

变量名	符号	单位
塔釜采出量	F_k	t/h
冷剂量	R_c	t/h
塔釜温度	T_k	℃
塔釜压力	P_k	kPa

输入数据来自现场控制系统采集的实时数据，采集频率为每小时采一次；输出数据由在线分析仪系统（PAS）每天采集 3 次样本，时间间隔为 8h。为了验证模型的可行性和有效性，在所获取的 365 组运行数据中，将其中 300 组作为训练数据，65 组用于检验模型的泛化能力。首先按式（5-34）对样本数据进行归一化数据处理。

$$x_i' = \frac{x_i - x_{\min}}{x_{\max} - x_{\min}} \tag{5-34}$$

式中，$x_{\max}$ 为样本中的最大值；$x_{\min}$ 为样本中的最小值；x_i' 为归一化后的样本值。

利用 LSSVM 建模方法，分别对应 3 种工况建立乙烯损失率软测量模型。具体步骤如下：

（1）分析乙烯精馏过程，通过 PCA 确定乙烯损失率预测模型的输入输出参数；

（2）用划分后各工况下的样本量作为训练集；

（3）选择 RBF，确定惩罚因子集和径向基核参数集；

（4）分别从两个参数集中选取参数进行组合，利用所选的参数对样本进行支持向量机训练和检验；

（5）利用 PSO 算法，根据多次迭代寻优的结果确定最佳学习参数 γ 和 σ，将训练集、核函数、最佳学习参数代入 LSSVM，求出回归函数：

$$y_k(x) = \sum_{i=1}^{n} \alpha_{ik} K(x, x_i) + b_k, \quad k = 1, 2, 3 \tag{5-35}$$

采用 PSO 算法对 LSSVM 乙烯损失率软测量模型参数进行优化的流程图如图 5-21 所示。

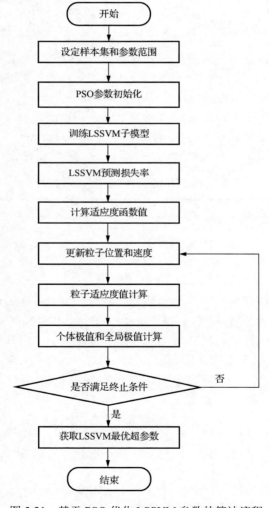

图 5-21　基于 PSO 优化 LSSVM 参数的算法流程

综合以上计算过程，得到以精馏塔釜的乙烯损失率最小为优化目标的如下优化模型：

$$\min_{R_c}\ y_k(F_k,T_k,P_k,R_c)$$

$$\text{s.t.}\ \ 14\,\text{t/h} \leqslant F_k \leqslant 33\,\text{t/h}$$

$$-46.5\,℃ \leqslant T_k \leqslant -25\,℃ \tag{5-36}$$

$$0.52\,\text{MPa} \leqslant P_k \leqslant 0.62\,\text{MPa}$$

$$30\,\text{t/h} \leqslant R_c \leqslant 120\,\text{t/h}$$

5.4.4　仿真实验及效果分析

为了验证此优化方法的运行效果，利用采集自某石化企业的 365 组运行数据，其中 300 组作为训练数据，65 组进行仿真实验，采用 PSO 算法对冷剂量 R_c 进行参数寻优。

经过 PSO 算法优化后得到的最优冷剂量 R_c 如图 5-22 所示，对应得到优化后的精馏塔乙烯损失率对比图如图 5-23 所示。

图 5-22 和图 5-23 分别为经过粒子群优化算法优化前后的冷剂量和乙烯损失率值。可以发现，优化前平均乙烯损失率为 1.309%，优化后平均乙烯损失率为 0.665%，优化后的乙烯损失率减少了 49.199%，这将为企业带来更大的经济效益。

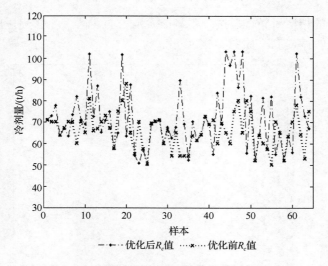

图 5-22　PSO 优化前后的冷剂量

如何评估能效水平一直是乙烯精馏塔研究者关注的焦点。作为一个重要生产设备，其产品收率与能源消耗十分重要。基于上述考虑，本节提出了如下精馏塔的综合能效评估指标：

$$E_{ie} = \frac{1 - y_{el}}{E_{ce}} \tag{5-37}$$

式中，E_{ie} 为精馏塔的综合能效；y_{el} 为乙烯损失率，其值越小，乙烯收率越高；E_{ce} 为乙烯精馏塔塔釜能耗。

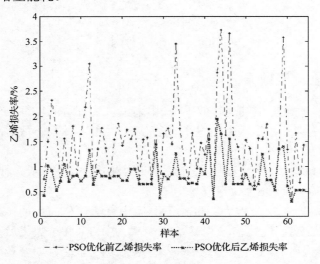

图 5-23 PSO 优化前后的精馏塔乙烯损失率对比

通过定义的指标对精馏塔进行生产能效水平的评估，PSO 优化后精馏塔的能效水平有了大幅度提高，如图 5-24 所示。

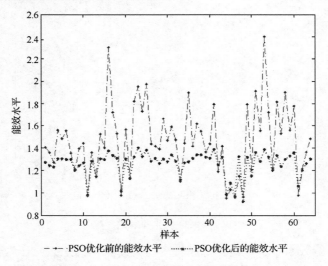

图 5-24 PSO 优化前后的精馏塔能效水平

5.5　本 章 小 结

　　乙烯生产过程是一个连续化、多设备和高能耗的化工过程。通过对乙烯生产能效的评估、诊断可以发现，其能效水平受生产工艺中各种不同操作参数和工况条件的影响极大，全面系统地对乙烯生产全过程开展综合能效优化是石化企业节能降耗的最直接、最有效的途径，对于企业提高经济效益和社会效益意义重大。为此，本章针对乙烯装置多工况生产条件下的能效优化问题，提出一种基于三层生产结构的多工况能效优化方案。传统的单一优化模型无法较好地实现以多工况和层次化架构为特点的乙烯生产过程的能效提升，本章分别从系统层、过程层和设备层构建三层能效分析体系，综合考虑系统内各层次的关联，针对不同工况建立乙烯生产能效优化模型，实现乙烯生产全过程能源利用效率最大化的能源优化管理方案。同时，还提出一种基于历史工况知识库的多目标粒子群优化算法，以适于求解大规模能效优化方案的需要。优化结果表明，基于所提出的综合能效优化方案，在不同工况下乙烯生产能效均能得到显著提升。鉴于裂解过程是乙烯生产中能耗最大、工艺流程中最基础的关键过程，本章在对乙烯裂解炉工艺原理及能效关联因素分析的基础上，提出了乙烯裂解炉收率的软测量建模和以提高裂解炉收率为目标的优化控制策略。为了进一步实现对精馏过程的能效优化，本章提出了塔釜乙烯损失率最小二乘支持向量机软测量建模和以塔釜乙烯损失最小为目标的精馏塔的优化操作方案，采用 PSO 算法对直接影响精馏塔塔釜经济损失的冷剂量进行优化操作，计算结果表明，所提出的优化操作方案对于提高经济效益和能效水平具有重要的实际意义。

第三篇

炼油工业

第 6 章　常减压生产装置能效指标体系

炼油工业在我国第二产业中占据较大的比例，在提供燃料油和化工原料等方面有着十分重要的作用。由于中国目前存在着许多规模较小的炼油厂，炼油厂的平均规模仅为 320 万 t/a，与世界炼油厂的平均规模 712 万 t/a 仍有较大差距[135]。我国炼油工业在能源利用控制方面与国外先进水平尚存在差距，能源利用效率有较大的提升空间。

常减压生产装置是炼油过程的首要装置，是一个关联性强、非线性程度高、产物和变量较多、经常处于连续生产状态而且包含一系列物理变化和化学反应的复杂装置[136]。炼油常减压生产装置的能效状态诊断和优化研究对炼油工业提高能源利用效率、节能降耗和企业经济效益的提升有重要的意义。常减压生产装置作为炼油生产的龙头装置，其能耗一般占炼油厂能源消耗的 20%～30%。它不仅仅是重要的石油馏分生产装置，而且还是下游所有重要的二次生产装置的原料供应和保障装置，在炼油厂的地位非常重要，一旦出现异常故障，可能引起一系列连锁反应，将产生诸多损失，同时影响能源利用效率和产品的经济效益。常减压生产装置的安全平稳运行对炼油厂的产品质量、分离精度、收率、能源利用效率起到非常重要的作用。因此，对常减压生产装置进行能效研究很有必要。

本篇以原油加工过程的常减压蒸馏装置为研究对象，通过分析炼油蒸馏原理、工艺流程、装置的能源介质流和物质流，结合装置的用能特点，参照乙烯生产能效评估、诊断与优化方案，将从不同粒度即系统级、过程级、设备级，将装置划分为三级并建立能效指标体系，然后建立常减压蒸馏装置的能效诊断模型，对常减压生产装置的关键指标进行能效诊断，最终给出合理有效的能效优化方案。

6.1　常减压生产装置工艺技术

6.1.1　蒸馏原理

炼油厂中非常重要的一个问题就是对烃类混合物进行分离，而分离烃类混合物的方法又有很多种，最常用的方法是分馏[137]。

分馏是一种分离由不同沸点的挥发性成分组成的混合物的方法。烃类混合物各组成成分的沸点不同是其能够通过分馏方法进行分离的根本原因。分馏的根本依据是：在对烃类混合物进行加热时，低沸点组分（即轻组分）受热先气化；而在冷凝时，高沸点的组分（即重组分）被冷却而先液化。

原油各组分沸点不同，进入蒸馏塔之后，轻组分易气化而上升，重组分因为难挥发随着液相向下流，并与蒸馏塔中因密度低上升的蒸汽在各塔板上形成逆接触，完成传质和传热。向下流的液相到达塔底后，部分被引出装置作为塔底产品，部分经加热气化后返回蒸馏塔；上升的热蒸汽经过塔内的各个塔板，蒸汽中的轻组分浓度逐渐变高。上升到塔顶的蒸汽经冷凝器冷凝为液体，经回流泵和回流罐后，部分被连续引出作为塔顶产品，部分则回流至塔顶，这一过程称为回流。

常减压生产装置就是根据上述原理，经过多次冷却冷凝和气化，将原油进行分离。原油是含有汽油、煤油、柴油、蜡油等组分的液体混合物，可知当对混合液体不断进行加热，使其中的组分不断气化，最终留在液相中的一定主要是沸点相对高的组分。然后，将由汽油、煤油、柴油、蜡油等气相混合物逐渐进行冷凝（或称部分冷凝），首先被冷凝的是沸点较高的蜡油组分，而留在气相中的是汽油、煤油、柴油组分混合物。再将这些气体混合物进一步冷凝，则又有沸点较高的柴油组分被冷凝。气体混合物经过多次的冷凝，最后在气相中的就是沸点较低的汽油及气体。

6.1.2 常减压生产装置工艺流程

常减压生产装置是原油加工的第一道工序的装置，对原油进行首次加工，在炼油化工企业中占有重要的地位，被称为炼油厂的龙头装置。该装置实现对罐区原油不同馏程的切割，主要生产汽油、煤油、柴油等，并为后续催化裂化、加氢精制等提供原料[137]。

如图 6-1 所示，常减压生产装置包括电脱盐部分、初馏部分、常压蒸馏部分、减压蒸馏部分 4 个组成部分，并且 4 个组成部分中包含 3 部分换热网络。

1. 电脱盐部分

原油中含有水、无机盐等，会给运输、储存和加工带来诸多不利影响。原油中含有的水，在气化时会有很大的焓变，同时也会加大燃料的消耗和蒸馏塔顶部冷凝器、冷却器等的负荷，增加生产过程中的能耗。同时，气化的蒸汽会使蒸馏塔内的气相体积加大，影响塔内温度、压强等，影响正常操作。原油中含有的氯化钠、氯化钙等无机盐会造成设备腐蚀，盐类沉积在换热器等设备上，会降低设备工作效率。所以，在进行分馏之前，需进行原油的脱盐脱水。

来自罐区的原油，经原油泵加压进入第一部分原油换热网络，使原油温度达100℃左右，再分别注入新鲜水等混合成分，充分混合后进入电脱盐罐，进行油水两相的分离。原油经过电脱盐罐脱除无机盐等组分后，会产生部分污水。该污水从电脱盐罐的底部排出装置，进入污水回收处理部分。

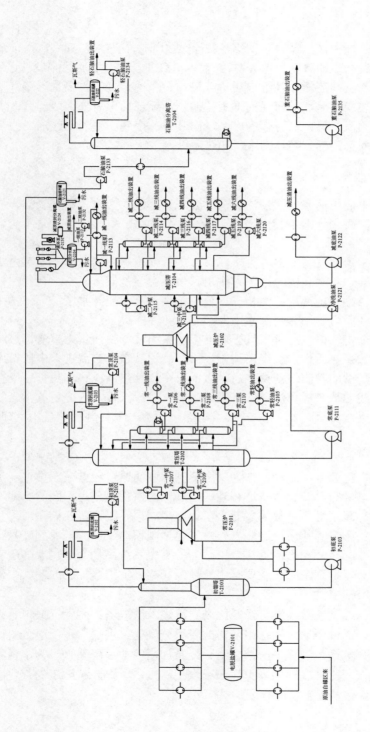

图 6-1 常减压生产装置流程图

2. 初馏部分

电脱盐之后的原油，经过换热网络加热至 220℃左右进入初馏塔，塔顶油气从塔顶引出后经过初顶油气空冷器冷凝冷却到40℃进入初馏塔顶回流罐进行油、气、水分离。污水从回流罐底部抽出后进入塔顶注水罐。气体主要是不凝气，从罐顶引出后作为燃料存储在低压瓦斯罐中。初顶油经泵抽出后分为两部分：一部分返回塔顶作为回流；另一部分作为产品送出装置。塔底产生的初底油，经初底油泵抽出后，进入第三部分换热网络，加热后进入常压蒸馏部分。

3. 常压蒸馏部分

从初馏塔底来的原油经加热炉加热至 360℃左右进入常压塔进行蒸馏，常压过程把初底油切割成为常顶不凝气、汽油、煤油、柴油、重质柴油、常压渣油等组分。

塔顶气体经常顶油气空冷器冷凝冷却后，进入常压塔顶回流罐，在罐内实现油、气、水的分离，污水从回流罐下方排出。气相主要是低压瓦斯，存储在低压瓦斯罐作为燃料供常压炉使用；油相一部分经常顶油泵回流到常压塔顶部，用来稳定塔顶的温度和压力等，另一部分作为产品出装置。

常一线油从塔内塔板自流进入汽提塔上段，采用常二中油作为重沸器热源，汽提后的常一线油换热后作为航煤出装置。常二线油从塔板自流进入中段，用蒸汽进行汽提，汽提后的常二线油换热后进入前置空气预热器，和加热炉空气换热后出装置。常三线油从塔板自流进入下段，用蒸汽进行汽提，汽提后的常三线油经换热后作为加氢原料出装置。常二线、常三线正常热出料，并设置备用冷却器。

4. 减压蒸馏部分

常压塔底部产生的常压渣油，作为减压蒸馏部分的原料经过减压炉进一步加热之后进入减压塔进行蒸馏。常压塔和减压塔蒸馏的原理大致是相同的，即不同组分的沸点不同。减压塔经过蒸馏之后，塔顶产生减顶不凝气，存储在减顶瓦斯罐中作为减压炉的燃料气使用。除此之外，又包括减顶油、从减一线到减六线 6个侧线和减压渣油总共 9 个产品通道。塔顶的抽真空系统，是为了实现降压，进而降低油品的沸点。抽真空系统主要是由液环泵和蒸汽抽空器构成的，其中液环泵贡献度大于蒸汽抽空器。

减压塔的减二线到减五线油，经减压塔自流进入汽提塔。此处汽提也是为降低塔内的油气分压，以使从大塔抽出液体的轻组分气化。汽提塔顶部组分引出返回至大塔重新参与蒸馏，汽提塔底部重组分经泵加压冷却后出装置。为了得到更多的侧线产品，在减压塔底部同样也注入了汽提蒸汽，以提高减压塔的气化率，最大限度地增加侧线产品[11]。

6.2 常减压生产装置能耗现状分析

6.2.1 常减压生产装置能源介质流分析

由于燃料、蒸汽、电、水这四种能源介质在工业生产过程中消耗相对较多，所以我们对其进行能源介质流的分析。通过介质流的分析，可知与该介质相关的所有设备以及具体的消耗量计算公式。

1. 燃料的能源介质流分析

从初馏塔和常压塔顶部产生的不凝气（又称炼厂气）存储在低压瓦斯罐，减压塔顶部产生的减顶不凝气存储在减顶瓦斯罐。这两个燃料存储罐和高压瓦斯罐是加热炉使用燃料的主要来源。常压炉的燃料气一部分来自低压瓦斯罐，大约 0.8t/h，其余不足的燃料由高压瓦斯罐补以高压瓦斯。而减压塔的燃料气一部分来自减顶瓦斯罐，其余不足的燃料也由高压瓦斯罐补以高压瓦斯。燃料的能源介质流如图 6-2 所示。

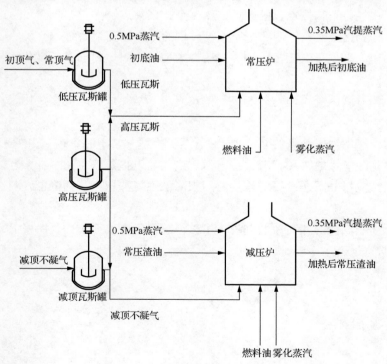

图 6-2 燃料的能源介质流

由燃料的能源介质流分析，可知与其相关的设备，并对每个设备燃料的消耗种类进行统计，具体如表 6-1 所示。

表 6-1　消耗燃料相关设备

消耗燃料的设备	投入的燃料种类	产出的燃料种类
常压炉	燃料油	—
	高压瓦斯	—
	低压瓦斯	—
减压炉	燃料油	—
	高压瓦斯	—
	减顶不凝气	—

2. 蒸汽的能源介质流分析

蒸汽的能源介质流如图 6-3 所示。

其中，1.0MPa 的蒸汽通过蒸汽分水罐有四个去向：

（1）去往各个吹扫点、服务点、伴热点、采集点等；

（2）作为抽空蒸汽，用在减压蒸馏过程的减顶抽真空系统；

（3）作为雾化蒸汽在常压炉和减压炉中使用，对燃料油进行雾化，使燃料燃烧更加充分；

（4）通过阀门变压作为 0.5MPa 的蒸汽进入加热炉的对流室，用来产生汽提蒸汽。

而用于产生汽提蒸汽的 0.5MPa 的蒸汽，一部分由 1.0MPa 蒸汽的变压产生，另一部分是除氧水通过 0.5MPa 蒸汽汽包产生。汽提蒸汽主要用在常压塔、减压塔、常压汽提塔和减压汽提塔，主要用来降低油气分压，从而降低油气的沸点，加大气化量。

由上述蒸汽能源介质流的分析，可以得到蒸汽主要经过的设备及其对蒸汽的消耗情况，如表 6-2 所示。

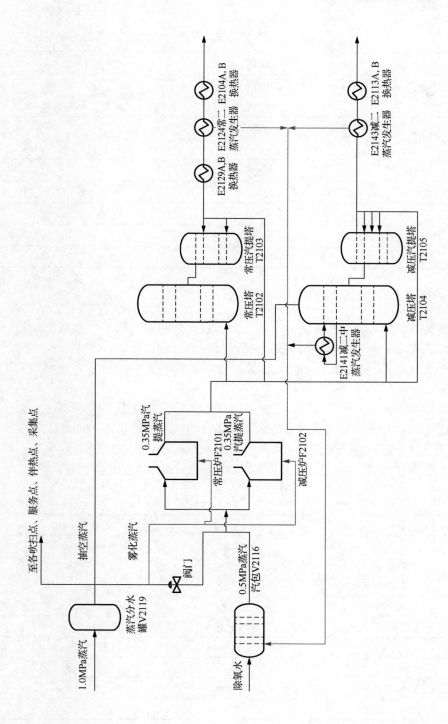

图 6-3 蒸汽的能源介质流

表 6-2　消耗蒸汽相关设备

能耗设备	投入蒸汽种类	产出蒸汽种类
常压炉	雾化蒸汽 0.5MPa 蒸汽	0.35MPa 蒸汽
减压炉	雾化蒸汽 0.5MPa 蒸汽	0.35MPa 蒸汽
常压塔	汽提蒸汽	—
减压塔	汽提蒸汽	—
常压汽提塔	汽提蒸汽	—
减压汽提塔	汽提蒸汽	—
减顶冷凝器	抽空蒸汽	—

3. 水的能源介质流分析

水的能源介质流如图 6-4 所示。脱盐水去往电脱盐注水罐，经电脱盐罐之后会有污水的排出，而新鲜水大部分进入塔顶注水罐，经过塔顶注水罐的水主要有如下三个去处：①作为含油污水排出；②初馏塔顶（初顶）注水；③常压塔顶（常顶）注水。

在初馏塔的顶部（即初馏塔顶回流罐）、常压塔顶（即常压塔顶回流罐）两个部分的排水，会又作为塔顶注水罐的输入，如此构成了水的循环。

经过上述水能源介质流的分析，可以得到其先后经过的相关设备依次是：电脱盐罐、塔顶注水罐、初馏塔、常压塔等。设备统计结果如表 6-3 所示。

表 6-3　消耗水的相关设备

设备名称	投入水种类	产出水种类
塔顶注水罐	初顶排水 常顶排水 新鲜水	初顶注水 常顶注水 污水
电脱盐罐	新鲜水	电脱盐污水
初馏塔	初顶注水	初顶排水
常压塔	常顶注水	常顶排水
减压塔	—	减顶污水
冷却器、冷凝器	循环冷水	循环热水
0.5MPa 蒸汽汽包	除氧水	—

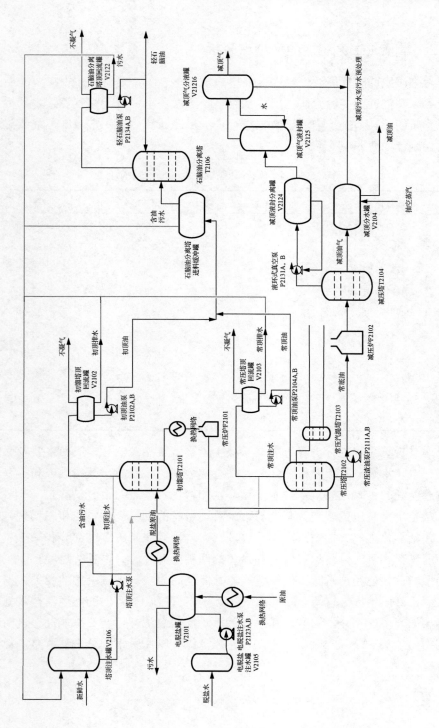

图 6-4 水的能源介质流

6.2.2 常减压生产装置能耗特点分析

常减压生产装置能源消耗占炼油厂的 25%~30%，是炼油厂中主要的能源消耗设备。其消耗的能源介质主要包括燃料、蒸汽、水、电、空气等。为分析各个能源介质的消耗情况，需通过数据进行进一步的计算。某厂常减压蒸馏装置的能源消耗统计如表 6-4 所示。

表 6-4 某厂常减压蒸馏装置能源消耗统计

项目	单位	消耗量	合计
燃料	kg/h	7809	7809
电	kW·h/h	5446.3	5446.3
1.0MPa 蒸汽	t/h	19.1	19.1
脱硫净化水	t/h	47.6	47.6
循环水	t/h	3256	3256
除氧水	t/h	21.0	21.0
脱盐水	t/h	6.2	6.2
净化空气	N·m³/min	8.0	8.0
非净化空气	N·m³/min	10.0	10.0
0.6MPa 氮气	N·m³/min	10.0	10.0

通过折算系数进行折算可得：常减压蒸馏装置能源消耗构成中主要是燃料、蒸汽、电、水等，其中燃料消耗最大，通常达到 70%左右，其次是电和蒸汽，分别占总能耗的 15%左右，新鲜水、循环水和软化水一般共占 5%左右。

从整个常减压生产装置工艺流程来看，所有的燃料（燃料油和燃料气）和蒸汽（包括雾化蒸汽、抽空蒸汽和汽提蒸汽）均消耗在常压蒸馏部分和减压蒸馏部分，而燃料和蒸汽恰是该装置消耗最多的两种能源介质。据相关经验，两个加热炉的燃料消耗已经占常减压生产装置能源消耗的 80%。根据采集的相关数据，选取某厂常减压生产装置两个时间段（2015 年 9 月和 12 月）的能源消耗数据，统计结果如表 6-5 所示，可知常压炉和减压炉燃料总消耗占装置总能耗在这两个月分别为 65.5%、66.68%。综合上述，常压蒸馏和减压蒸馏部分占装置总能耗的绝大部分。

表 6-5 加热炉能源消耗情况

	2015 年 9 月	2015 年 12 月
常压炉燃料消耗/kgEO	3577200	3261480
减压炉燃料消耗/kgEO	1305910	1721070
该月常减压生产装置能耗/kgEO	7321577.38	7606078.32
常压炉燃料消耗占装置总能耗比例/%	48.85	42.88
减压炉燃料消耗占装置总能耗比例/%	17.83	22.62

电脱盐部分和初馏部分的能源消耗非常少。电脱盐部分的作用是去除原油中的无机盐等组分，减轻对设备的腐蚀以及工作负载，主要消耗水及少量的电，所以能源介质消耗很少。而初馏部分是在进行常压蒸馏和减压蒸馏之前进行的一个初步的分离，将原油分解为轻重两部分，参与到后续的分离中。因为没有加热炉进行加热，初馏塔侧线比较少，没有对蒸汽、燃料等的消耗，所以能源介质消耗也比较少。所以，常减压生产装置中，能源消耗的重点在于常压蒸馏和减压蒸馏，存在巨大的节能潜力。

6.3 常减压生产装置能效指标体系的建立

根据第二篇中乙烯生产能效指标体系建立和能效分析方案，能效指标在不同的层级定义不同，本节首先对常减压生产装置进行系统级、过程级、设备级的层级划分，从不同的角度进行指标的建立，实现装置的能效监测与评估。

6.3.1 常减压生产装置层级划分

基于上述对常减压生产装置能耗特点和能源介质流的分析，发现能源介质消耗在不同的地方所起到的作用不同，比如：对于设备，能源介质的作用体现在设备功率上，加热炉通过热效率等来体现，而蒸馏塔则通过塔的拔出率等来体现；对于一个生产过程，如常压蒸馏部分，能源介质的作用则体现在该部分生产的汽油、煤油、柴油的量；而对于整个常减压生产装置，能源介质的作用则表现在整个装置对原油的馏分切割的效果。

能源介质的作用不同即能效不同，能效的不同可以通过能效指标来体现。所以，在不同的层级，比如一个设备、装置或者工艺过程，能效指标的定义是不同的。为了科学合理地进行指标的定义、更加全面地对常减压生产装置的能效进行监测与评估，我们需要根据其能源消耗特点和工艺实际，结合蒸汽、燃料、水等能源介质的流向和物质流进行层级划分，并基于划分的层级进行指标的建立，从而更全面、合理地对常减压进行能效评估。

本节将常减压生产装置进行如下的划分：我们将常减压生产装置视为一个系统，即为层级划分中的系统级。又根据上一节能耗特点和能源介质流的分析，将常减压生产装置划分为常压蒸馏过程和减压蒸馏过程，常压蒸馏过程和减压蒸馏过程即是层级划分中的过程级。在常压蒸馏和减压蒸馏两个过程中，又包含诸如常压塔、减压塔、常压炉、减压炉等重点设备，即为设备级。因为加热炉能源消耗占常减压生产装置能源消耗相当大的一部分，所以，本节重点研究常压炉和减压炉的能效监测与评估。最终形成的层级划分结构图如图 6-5 所示。我们基于建立的层级，进行能效指标的定义，最终实现的指标体系的建立。

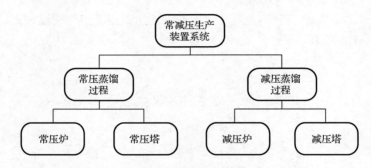

图 6-5　常减压生产装置层级划分结构图

6.3.2　能效监测指标的建立

与能效相关的量是综合能耗、原料处理量、产品产出量，所以进行监测时，一方面监测各个能源介质的投入、产出与消耗，另一方面监测工业过程的原料处理量和产品产出量。

1. 系统级能效监测指标的建立

根据前面分析，对常减压生产装置作为一个系统进行能效评估。为定义常减压生产装置系统级能效指标，监测常减压生产装置整个系统的各种能源介质消耗情况，对每种能源介质的投入量、产出量和消耗量均设立监测指标，并可通过控制系统实时监控数据进行统计，具体情况如表 6-6 所示。

表6-6 系统级能源介质消耗监测指标统计表

能源介质种类	消耗量监测指标	能源介质分类	投入量监测指标	输出量监测指标
燃料	燃料消耗量 P_{MSCON_1}	燃料油	燃料油投入 P_{MSIN_1}	—
		高压瓦斯	高压瓦斯投入 P_{MSIN_2}	—
		低压瓦斯	低压瓦斯投入 P_{MSIN_3}	—
		减顶不凝气	减顶不凝气投入 P_{MSIN_4}	
蒸汽	蒸汽消耗量 P_{MSCON_2}	1.0MPa 蒸汽	蒸汽投入 P_{MSIN_5}	
电	电消耗量 P_{MSCON_3}	电	电投入 P_{MSIN_6}	—
水	水消耗量 P_{MSCON_4}	除氧水	除氧水投入 P_{MSIN_7}	电脱盐污水 P_{MSOUT_1}
		循环水	循环水投入 P_{MSIN_8}	减顶污水 P_{MSOUT_2}
		脱盐水	脱盐水投入 P_{MSIN_9}	
		新鲜水	新鲜水投入 $P_{MSIN_{10}}$	

对于燃料、蒸汽、电这三种能源介质，可以看作输入的能源介质完全被消耗，而水既有消耗也有产出，所以对于四种能源介质分别进行折算，得出每种能源介质的消耗量，单位为 kgEO。能源消耗量指标的计算公式如下所示：

$$P_{MSCON_1} = 1000\left(P_{MSIN_1} + P_{MSIN_2} + P_{MSIN_3} + P_{MSIN_4}\right) \tag{6-1}$$

$$P_{MSCON_2} = 76 P_{MSIN_5} \tag{6-2}$$

$$P_{MSCON_4} = 9.2 P_{MSIN_7} + 0.1 P_{MSIN_8} + 2.3 P_{MSIN_9} + 0.17 P_{MSIN_{10}}$$
$$- 0.8 P_{MSOUT_1} - 0.8 P_{MSOUT_2} \tag{6-3}$$

电消耗量可通过工业现场用电统计设备获得。

常减压生产装置处理的主要原料为来自罐区的原油，各厂原油产地不同。为监测常减压生产装置整个系统的原油加量及产品产出量，做如表6-7所示的统计。

表6-7 系统级原料产品监测指标统计表

	原料或产品种类	监测指标
原油	罐区原油	罐区原油加工量 P_{MSM_1}
产出	初顶油	初顶油产出量 P_{MSP_1}
	常顶油	常顶油产出量 P_{MSP_2}

原料或产品种类		监测指标
	常一线	常一线产出量 P_{MSP_3}
	常二线	常二线产出量 P_{MSP_4}
	常三线	常三线产出量 P_{MSP_5}
	减顶油	减顶油产出量 P_{MSP_6}
	减一线	减一线油产出量 P_{MSP_7}
产出	减二线	减二线油产出量 P_{MSP_8}
	减三线	减三线油产出量 P_{MSP_9}
	减四线	减四线油产出量 $P_{MSP_{10}}$
	减五线	减五线油产出量 $P_{MSP_{11}}$
	减六线	减六线油产出量 $P_{MSP_{12}}$
	减压渣油	减压渣油产出量 $P_{MSP_{13}}$

2. 过程级能效监测指标的建立

1）常压蒸馏过程

常压蒸馏过程包括电脱盐、初馏和常压蒸馏 3 个部分，主要是根据沸点不同，将原油按照馏程不同分离成汽油、煤油、柴油、常压渣油等馏分，其中消耗的能源介质量情况如下：

（1）燃料全部由加热炉消耗，包括初馏塔和常压塔顶部产生的储存在低压瓦斯罐的低压瓦斯和高压瓦斯罐提供的高压瓦斯。

（2）蒸汽主要是消耗汽提蒸汽和雾化蒸汽。汽提蒸汽全部消耗在常压塔和常压汽提塔，用来降低油气分压，提高气化率。雾化蒸汽消耗在常压炉中，作用是雾化燃料油，使其燃烧更充分。

（3）而常压蒸馏过程，水的消耗一部分是在电脱盐部分注入的脱盐水、新鲜水，其余一少部分是由冷却器冷凝器等消耗的循环水。

表 6-8 对常压蒸馏过程的各个能源介质的投入量、输出量、消耗量进行了统计。

表 6-8　常压蒸馏过程能源消耗监测指标统计表

能源介质种类	消耗量监测指标	能源介质分类	投入量监测指标	输出量监测指标
燃料	燃料消耗量 P_{MOPCON_1}	燃料油	燃料油投入量 P_{MOPIN_1}	—
		高压瓦斯	高压瓦斯投入量 P_{MOPIN_2}	—
		低压瓦斯	低压瓦斯投入量 P_{MOPIN_3}	—
蒸汽	蒸汽消耗量 P_{MOPCON_2}	汽提蒸汽	汽提蒸汽投入量 P_{MOPIN_4}	
		雾化蒸汽	雾化蒸汽投入量 P_{MOPIN_5}	
电	电消耗量 P_{MOPCON_3}	电	电投入量 P_{MOPIN_6}	—
水	水消耗量 P_{MOPCON_4}	新鲜水	新鲜水投入量 P_{MOPIN_7}	电脱盐污水输出 P_{MOPOUT_1}
		脱盐水	脱盐水投入量 P_{MOPIN_8}	
		循环水	循环水投入量 P_{MOPIN_9}	

由上述能源介质的投入和产出量，也可求得常压蒸馏过程燃料、蒸汽、水的消耗量，具体计算公式如下所示：

$$P_{\text{MOPCON}_1} = 1000\left(P_{\text{MOPIN}_1} + P_{\text{MOPIN}_2} + P_{\text{MOPIN}_3} \right) \tag{6-4}$$

$$P_{\text{MOPCON}_2} = 66 P_{\text{MOPIN}_4} + 76 P_{\text{MOPIN}_5} \tag{6-5}$$

$$P_{\text{MOPCON}_4} = 0.17 P_{\text{MOPIN}_7} + 2.3 P_{\text{MOPIN}_8} + 0.1 P_{\text{MOPIN}_9} - 0.8 P_{\text{MOPOUT}_1} \tag{6-6}$$

常压蒸馏过程通过初馏部分对原油进行一次简单的分离，分离出来的初底油进入常压塔继续进行分离，进一步分离出来汽油、柴油等不同组分。对常压蒸馏过程的原料和产品做出统计，如表 6-9 所示。

表 6-9　常压蒸馏过程原料、产品监测指标统计表

	原料或产品种类	监测指标
原油	罐区原油	罐区原油加工量 P_{MOPM_1}
产出	初顶油	初顶油产出量 P_{MOPP_1}
	常顶油	常顶油产出量 P_{MOPP_2}
	常一线	常一线产出量 P_{MOPP_3}
	常二线	常二线产出量 P_{MOPP_4}
	常三线	常三线产出量 P_{MOPP_5}
	常压渣油	常压渣油产出量 P_{MOPP_6}

2）减压蒸馏过程

减压蒸馏过程主要是将常压塔底部产生的重油（常压渣油）进行进一步的分离，经减顶、减一线到减六线 6 个侧线和减底等产品出口出装置，包括减压炉、减压塔、减压塔顶回流罐、减顶抽真空系统等。减压蒸馏过程能源介质消耗和常压蒸馏过程比较相似，具体的能源介质的消耗如下所示：

（1）燃料全部由加热炉消耗，主要是减压塔顶部产生的减顶不凝气和高压瓦斯罐提供的高压瓦斯。

（2）消耗的蒸汽主要是汽提蒸汽、雾化蒸汽和抽空蒸汽。对减压塔来说，汽提的主要目的和常压部分相同，其次为减小结焦，在加热炉炉管注入蒸汽。汽提塔汽提的作用则和常压汽提塔相同。雾化蒸汽消耗在减压炉中，主要作用是雾化燃料油，使其燃烧更充分。抽空蒸汽用于减压塔顶部抽真空系统的抽空器，实现真空环境进行降压。

（3）减压蒸馏过程没有水的直接注入，只有减顶部分有污水的排出，其余一少部分是由冷却器、冷凝器等消耗的循环水。

减压蒸馏过程各个能源介质的投入量、输出量和消耗量如表 6-10 所示，对表中所示的能源介质相关量均设置监测指标进行监测。

表 6-10　减压蒸馏过程能源介质消耗监测指标统计表

能源介质种类	消耗监测指标	能源介质分类	投入量监测指标	输出量监测指标
燃料	燃料消耗量 P_{MDPCON_1}	燃料油	燃料油投入量 P_{MDPIN_1}	—
		高压瓦斯	高压瓦斯投入量 P_{MDPIN_2}	—
		减顶不凝气	减顶不凝气投入量 P_{MDPIN_3}	—
蒸汽	蒸汽消耗量 P_{MDPCON_2}	汽提蒸汽	汽提蒸汽投入量 P_{MDPIN_4}	—
		抽空蒸汽	抽空蒸汽投入量 P_{MDPIN_5}	—
		雾化蒸汽	雾化蒸汽投入量 P_{MDPIN_6}	—
电	电消耗量 P_{MDPCON_3}	电	电投入量 P_{MDPIN_7}	—
水	水消耗量 P_{MDPCON_4}	循环水	循环水投入量 P_{MDPIN_8}	减顶污水输出量 P_{MDPOUT_1}

由能源介质的投入和产出量可求得燃料、蒸汽、水的消耗量，计算公式如下所示：

$$P_{MDPCON_1} = 1000\left(P_{MDPIN_1} + P_{MDPIN_2} + P_{MDPIN_3}\right) \qquad (6\text{-}7)$$

$$P_{MDPCON_2} = 66P_{MDPIN_4} + 76P_{MDPIN_5} + 76P_{MDPIN_6} \quad\quad (6-8)$$

$$P_{MDPCON_4} = 0.1P_{MDPIN_8} - 0.8P_{MDPOUT_1} \quad\quad (6-9)$$

对于减压蒸馏过程,设置的原油加工量及产品产生量监测指标如表6-11所示。

表 6-11 减压蒸馏过程原料、产品监测指标统计表

	原料或产品种类	监测指标
原油	减压渣油	减压渣油加工量 P_{MDPM_1}
产品	减顶油	减顶油产生量 P_{MDPP_1}
	减一线	减一线油产生量 P_{MDPP_2}
	减二线	减二线油产生量 P_{MDPP_3}
	减三线	减三线油产生量 P_{MDPP_4}
	减四线	减四线油产生量 P_{MDPP_5}
	减五线	减五线油产生量 P_{MDPP_6}
	减六线	减六线油产生量 P_{MDPP_7}
	减压渣油	减压渣油产生量 P_{MDPP_8}

3. 设备级能效监测指标的建立

管式加热炉主要包括燃烧器、辐射室、对流室、通风系统和余热回收系统五个部分。

1)燃烧器

燃烧有火炬燃烧与无焰燃烧。火炬燃烧即燃烧过程有明显可见的火焰,燃料为燃料油或炼厂气,燃料需在特制的燃烧器(火嘴)内进行燃烧。

当燃烧燃料油时,首先将燃料油喷成细小的雾点,保证其在炉膛内迅速气化和分解,以便和空气充分混合,完全燃烧。可知,燃料油雾化点越细小均匀,也就越易于和空气充分混合,其燃烧越完全、迅速。雾化燃料油的主要设备是燃烧室(喷嘴)。石油炼厂管式炉大多采用高压蒸汽喷嘴,即水蒸气雾化法。当高压水蒸气进入燃烧器,从喷嘴喷出时,具有很高的流速,对燃料油的摩擦和冲击作用而使其雾化成为细小的油点。

2)辐射室

辐射室的火焰燃烧产生高温烟气,通过辐射传热的方式将热量传递给低温油品和蒸汽。辐射室能够直接接触到高温火焰,是加热炉中温度最高的部分,是热量传递的主要部位,其负荷占全炉的 70%~80%。它是全炉最重要的部位,一个加热炉的优劣主要是看它的辐射室性能如何。

3）对流室

对流室是靠由辐射室出来的烟气进行对流换热的部分，在实际中这部分也有辐射传热发生，而且占很大一部分。

对流室内有密集排布的炉管，其热量的来源主要是高温的烟气。烟气和炉管内的油品以对流传热的方式实现了热量的交换。对流室的负荷占全炉的 20%～30%。该部分吸收的热量越多，则加热炉的效率越高。

4）通风系统

鼓风机产生的低温空气，经过前置预热器和烟气预热，通过管道进入加热炉，参与燃料的燃烧。燃料燃烧产生的烟气，通过管道，一部分排出装置，一部分进行热量回收。所有这些流程，都需要通风系统来完成。

5）余热回收系统

从辐射室到达对流室，经过与油品的热量交换，烟气所携带的热量已大大降低。但是仍携带一部分有用热量，这部分热量如果直接排出装置，会造成能源的浪费。所以，为充分利用从对流室离开的烟气，可以采用各种方式进行热量的回收。一种方式是加热进入加热炉参与燃烧的低温空气，以降低加热炉的工作负荷；另一种方式是加热其他的流体。目前来看，第一种方式是采用比较多的一种方式。

加热炉的工作原理是：燃料在燃烧室内燃烧后产生 1000～1500℃的高温烟气，在辐射室内主要以辐射传热的方式将一部分热量传送给管内流体。烟道气沿着辐射室上升到对流室（对于方箱炉或斜顶炉则是向下流入对流室），温度降到600～800℃。在对流室内烟气主要以对流传热的方式与管内流体进行热量交换。需要加热的流体首先进入对流管，随后由对流管进入辐射管。管内流体和高温烟气是逆向流动的，这样有利于加热。

加热炉的作用除了加热原料外，还有部分对流管用来加热水蒸气，产生过热蒸汽以供塔内汽提。加热炉消耗的能源介质主要是燃料油和燃料气、进行加热的0.5MPa 蒸汽和雾化蒸汽。常压炉和减压炉所需监测指标如表 6-12 和表 6-13 所示。

表 6-12　常压炉能源介质消耗量监测指标统计表

种类	消耗量监测指标	能源介质分类	投入量监测指标	输出量监测指标
燃料	燃料消耗量 P_{MODCON_1}	燃料油	燃料油投入 P_{MODIN_1}	—
		高压瓦斯	高压瓦斯投入 P_{MODIN_2}	—
		低压瓦斯	低压瓦斯投入 P_{MODIN_3}	—
蒸汽	蒸汽消耗量 P_{MODCON_2}	加热蒸汽	0.5MPa 蒸汽投入 P_{MODIN_4}	0.35MPa 蒸汽 P_{MODOUT_1}
		雾化蒸汽	雾化蒸汽投入 P_{MODIN_5}	—

表 6-13 减压炉能源介质消耗量监测指标统计表

种类	消耗量监测指标	能源介质分类	投入量监测指标	输出量监测指标
燃料	燃料消耗量 P_{MDDCON_1}	燃料油	燃料油投入 P_{MDDIN_1}	—
		高压瓦斯	高压瓦斯投入 P_{MDDIN_2}	—
		减顶不凝气	减顶不凝气投入 P_{MDDIN_3}	—
蒸汽	蒸汽消耗量 P_{MDDCON_2}	加热蒸汽	0.5MPa 蒸汽投入 P_{MDDIN_4}	0.35MPa 蒸汽 P_{MDDOUT_1}
		雾化蒸汽	雾化蒸汽投入 P_{MDDIN_5}	—

6.4 本 章 小 结

　　本章首先介绍了常减压蒸馏的原理以及工艺流程，对一脱两炉三塔式蒸馏工艺的三个部分进行了详细分析，然后从能源消耗的角度简要分析了常减压生产装置的用能特点；为了全面评价整个常减压生产装置的能源利用率，从不同粒度将装置等级划分为设备级、过程级、系统级；针对不同级别建立了三级能效指标体系，为下文对关键能效指标运行状态进行评估和诊断、建立能效诊断模型奠定了基础。

第7章 常减压生产装置能效评估、诊断技术

7.1 常减压生产装置能效评估、诊断概述

国内外在单纯针对常减压生产装置的用能水平评估上开展的工作相对较少，一般是将其作为炼油厂的一个组成装置进行评估，而没有对其单独考虑、细致分析。如中国石化 20 世纪 80 年代已经开始对炼油装置（常减压生产装置、催化裂化装置等）的基准能耗进行研究与制定。美国阿莫科公司提出的单位能量因数是炼油厂综合能耗与能量因数比值，炼油厂的能量因数是由各个装置的能量因数相加而来，而各装置的能量因数是由该装置加工单位原料消耗的能源量与常减压生产装置加工单位原油消耗能源量相比所得的值。从中可见，常减压生产装置在该指标中仅仅作为一个基准能耗装置。其他对于常减压生产装置用能方面的研究，大多集中在装置能耗特点、用能分析等方面，而没有对常减压生产装置用能进行多层次、多角度的分析与评价，没有形成一个科学、完整的体系。如果条件允许，指标涉及越全面、数量越多，越能全方位反映装置的能效水平。本章将结合常减压生产装置的特点，从更细微的角度对其能源消耗情况进行研究，最终形成一个科学、合理、具有系统完整性的用能水平评估体系。

目前，常减压生产装置的用能水平评估指标基本都是围绕能耗进行，只是考虑了能源的消耗，而没有考虑消耗与收益的相互联系，这种评估的手段是片面的、不可取的。企业依靠这种用能评估手段来达到节能降耗的目标是不科学、不全面的。因为在能耗降低的同时，产品的产量可能会降低；产品产量提高的同时经常伴随能耗的增加，即无法以合理的能源消耗实现必要的生产。用能水平的高低，不是简单的能源消耗的高低，而是在相同能源消耗的情况下，获得多少收益，原料的加工量、产品的产出量均可看作能源投入所带来的收益。工业生产中有很多诸如产品收率、原料加工处理量等与产品或原料相关的评价指标，将其与能耗评价指标进行充分的结合，更能合理地评价用能水平。

在多数企业中，常减压生产装置用能评估工具落后。很多企业采用手动填写报表、手工计算等方式得到能效评估结果，这使得评估效率低、评估结果不够精确，并且评估过程需要大量的人力、物力资源，增加了资源浪费，与节能的出发

点相违背。一些企业使用了评估系统，但是系统可扩展性差等缺点较为明显，带来较多困扰。所以，急需针对以上不足，建立一套从不同层次、不同角度充分考虑消耗与收益关系的用能水平评估体系。

7.2　常减压生产装置拔出率诊断策略

在常减压生产装置三级能效指标中，常减压生产装置拔出率代表了装置的产品收率和拔出深度，从燃料、蒸汽、电、水等能源投入和蒸馏塔的侧线产品产出角度反映了能源的利用率和转化效率。拔出率越高，说明系统的能效水平越好，其是系统级能效指标的典型代表。

由于常减压生产装置拔出率是从能源流和物质流两方面综合体现系统级能效水平，具有代表性，因此本章选择该指标进行评估、诊断，其他指标的诊断可以以此推广。当拔出率指标运行状态较低时说明整个装置的能效水平受到影响，需要进行能效诊断识别，找出原因并定位到各个分过程和子设备。由于装置的三级结构环环相扣，利用层层递进的关系，最终通过优化操作条件，控制影响拔出率的因素可以达到提高能效水平的目的。

常减压生产装置拔出率不仅与原油处理量和工艺流程有关，还受到各个设备的操作参数影响。影响常减压生产装置拔出率的工艺参数主要有：常压炉出口温度、常压塔塔底液位、常压塔塔顶压力、减压炉出口温度、减压塔顶真空度、减压塔顶温度、加热炉炉管注汽量和蒸馏塔塔底吹汽量等。下面对各影响因素进行详细阐述。

1. 常压炉出口温度

常压过程的拔出率是影响减压深拔的重要因素，应尽可能提高常压塔拔出率，降低常压塔底重油中 350℃以下馏分的含量。通过提高常压炉的出口温度，可以直接影响常压塔进料温度，从而提高原油的气化率，避免常压渣油里柴油堆积增加减压炉的负荷，这样就增加了常压侧线的拔出量，提高了常压产品的收率，对后续的减压深拔非常有利。

2. 常压塔塔底液位

常压塔的液位平稳是装置良好操作的保障。当出现液位偏高的情况，会对应多淹没塔板，然后就使得提馏段空间减少，影响气化率，继而直接造成常压塔总的产品收率下降。此外，常压塔底液位发生异常变化，也会使塔底泵出口流量发生大的波动，进而导致减压炉出口温度与减压塔的入口温度变化，这样会使得减压过程操作变化，严重时导致减压侧线产品拔出量少，产品质量不过关。

3. 常压塔塔顶压力

常压塔的石油产品主要有常顶油、常一线航煤、常二线和常三线柴油等馏分。增加常压塔的侧线产品产量，可以使减压进料减少，同时降低减压塔顶气相负荷，结合对减压塔的优化操作，总拔出率会很大程度得到提高。要想增加常顶产品的收率，主要的控制手段是保持较低的塔顶压力。塔顶压力会影响油分的气化效果，降低塔顶压力，各组分沸点也会降低，使得塔内进料的气化率升高，进而增加常顶产品产量。

4. 减压炉出口温度

减压炉是为减压蒸馏过程供应热能的关键设备。炉温可以有效提高原油的气化率，根据有关数据，炉内温度每上升 1℃，能够使炉内压力降低 1%。改变减压炉的出口温度就相应改变了减压塔进料温度。一般炉口温度上升可提高拔出率。但炉温过高会影响原油的热稳定度，可能导致炉管结焦，或者加速油品裂解，产生大量不凝气影响减顶真空度和气化，反而降低总拔出率。对每种油品都存在最佳的炉口温度优化问题，应当合理控制。炉口温度直接影响进料温度和烃分压，适当升高减压炉出口温度，可以增加进料段气化率，提高总拔出率。

5. 减压塔顶真空度

减压塔需要控制的关键工艺参数是减压塔顶真空度。真空度的高低对全塔的气液相负荷的变化产生直接的影响。减压塔真空度主要影响原油的气化率，在保持其他条件不变的情况下，若真空度很低，将会破坏塔内温度与压力的平衡关系，使得油气分压增大，直接造成油品沸点上升，同时进料段的气化率下降，不利于减压蒸馏过程的深拔，从而使产品收率下降。

6. 减压塔顶温度

减压塔顶温度说明了减压塔的热平衡状态，也反映出塔内气相负荷变化情况。塔顶温度对减顶油和减一线油的馏程有重要的影响。减一线油与常压塔的常二线油、常三线油共同生产轻柴油馏分，在不改变其他工艺条件时，减压塔顶温度过高，使得不应该气化的馏分经过加热气化，上升到减压塔塔顶，成为减顶油组分馏出，这样就减少了轻柴油的产率，也降低了常减压生产装置的收益。塔顶温度变化也会造成塔内真空度不稳定，进而影响装置的总拔出率。

7. 加热炉炉管注汽量和蒸馏塔塔底吹汽量

向炉管内投入一定量的蒸汽,能使原油气体分子在加热炉内的流速加快,避免了局部过热发生炉内结焦的问题,一定程度上提高了气化段的温度,实现提高减压过程拔出率的目的。但注入的蒸汽量过大会增加蒸馏系统能耗与酸性水量。在保持减压减顶真空度的基础上,通过向塔底适当吹入蒸汽,产生气相回流使得减压渣油中的蜡油成分气化上升,降低气化段油气分压,可以提高蜡油收率。塔底吹入蒸汽量太大会增加装置负荷和能耗,降低真空度。因此应合理控制加热炉管的注汽量和塔底吹汽量,可以降低对真空度的影响。

因此,总拔出率代表了整个常减压生产装置的产品收率。对于不同的原油处理量,装置最终馏出的石油产品总量和成分质量有较大差异,总拔出率也会产生不同程度的波动。为此,以某炼油厂年处理量 800 万 t 的常减压生产装置为研究对象,由现场采集的数据,按日原油处理量大于 2.2 万 t 和小于 2.2 万 t 将炼油生产过程划分为两种工况。如果用单一工况的诊断模型去诊断不同工况的数据,容易出现误差,影响能效指标诊断的准确率,不利于找出能效低的原因,所以建立双工况能效诊断模型。

整个炼油生产涉及温度、压力、液位、流量等众多过程变量。为了更合理地研究装置的产品收率跟能源消耗、物料平衡的关系,从而对总拔出率准确诊断,利用皮尔逊相关系数法,结合 SPSS 统计分析工具,对 26 个变量进行降维筛选,选出与总拔出率相关性较强的变量,包括动力消耗因子和装置运行过程的压力、温度等因子,作为诊断模型的输入变量。由于皮尔逊系数大于 0.5 时表示两个变量中度相关或高度相关,因此对两种工况分别筛选出与总拔出率相关系数大于 0.5 的输入变量。其中,日原油处理量大于 2.2 万 t 的数据为工况 1,模型输入变量 13 个;日原油处理量小于 2.2 万 t 的数据为工况 2,模型输入因子 12 个。两种工况下能效诊断模型的输入变量如表 7-1 和表 7-2 所示。

表 7-1　工况 1 总拔出率诊断模型输入变量

	因子	仪表位号	相关系数
动力消耗因子	脱盐水	FIC-2028	0.539
	1.0MPa 蒸汽	FIQ-2130	0.576
	燃料	FIQ-2038	0.512
	脱硫净化水	FI-2134	0.658
	F2101 高压瓦斯	FIQ-2045	0.521
	F2102 高压瓦斯	FIQ-2075	0.543
	F2102 低压瓦斯	FIQ-2076	0.549

续表

因子	仪表位号	相关系数
F1 出口温控	TIC-2053	0.729
常顶压力	PI-2035	0.655
常压塔底液位	LIC-2015	0.637
F2 出口温控	TIC-2104	0.646
减压塔顶温度	TIC-2111	0.628
塔顶真空度	PI-2053	0.735

（左侧合并单元格：装置运行因子）

表 7-2　工况 2 总拔出率诊断模型输入变量

	因子	仪表位号	相关系数
动力消耗因子	脱盐水	FIC-2028	0.588
	1.0MPa 蒸汽	FIQ-2130	0.772
	燃料	FIQ-2038	0.579
	低温热水	FIQ-2132	0.523
	F2102 高压瓦斯	FIQ-2075	0.615
	F2102 低压瓦斯	FIQ-2076	0.608
装置运行因子	F1 出口温控	TIC-2053	0.756
	常顶压力	PI-2035	0.755
	常压塔底液位	LIC-2015	0.737
	F2 出口温控	TIC-2104	0.596
	减压塔顶温度	TIC-2111	0.738
	塔顶真空度	PI-2053	0.770

　　对两种工况下的总拔出率进行能效诊断，需要明确指标的运行状态。以某炼油厂生产过程能效的设计值为基准，将总拔出率指标高于基准值的视为正常运行状态，低于基准值的作为异常状态。通过能效诊断找出异常状态并定位到各个分过程和子设备。结合常减压生产装置拔出率的影响因素，分析出导致总拔出率低的原因主要有常压炉温控异常、常压塔液压失衡、减压炉温控异常、减压塔温压失衡，然后进行诊断识别。

　　建模采用某炼油厂常减压生产装置 2015 年 1 月 1 日至 2017 年 7 月 31 日的实际生产数据，经筛选最终选择了其中两种工况下共 400 天的日数据进行仿真，包括总拔出率指标正常运行状态数据和其他四种异常状态数据。首先对输入数据进行归一化处理，以提高诊断方法的泛化性。计算公式如下：

$$\overline{x_i} = \frac{x_i - x_{\min}}{x_{\max} - x_{\min}} \tag{7-1}$$

式中，$\overline{x_i}$ 为归一化后的数据；x_i 是当前输入样本；$x_{\min}$ 和 $x_{\max}$ 分别是最小样本值和最大样本值。然后建立 SVM 多分类能效诊断模型,对拔出率低的原因进行诊断识别。

下面对划分的两个工况数据进行 SVM 建模诊断,工况 1 选用 150 组数据做训练集,50 组测试集,工况 1 的总拔出率基准值为 0.5751。工况 2 也选择 150 组训练集,50 组测试集,工况 2 的总拔出率基准值为 0.5587。两种工况下总拔出率的诊断模型实验仿真图如图 7-1 和图 7-2 所示。

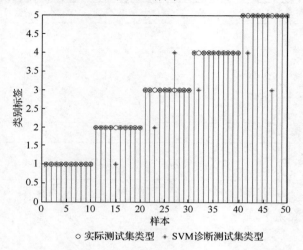

图 7-1   工况 1 总拔出率的 SVM 诊断模型仿真图

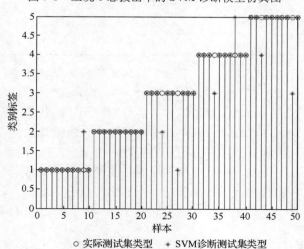

图 7-2   工况 2 总拔出率的 SVM 诊断模型仿真图

由图 7-1 可知,工况 1 通过 150 组训练集对 SVM 多分类诊断模型进行训练,最终 50 组测试集根据"最大投票法"诊断有 6 组样本出现诊断错误,有 44 组样本的 SVM 诊断结果与实际原因相符，诊断准确率为 44/50=88%。由图 7-2 可知，工况 2 同样经过 150 组训练集对多类分类器训练，50 组测试数据中 7 组样本诊断有误，对拔出率低的原因诊断准确率为 43/50=86%。两种工况的能效诊断具体结果统计如表 7-3 和表 7-4 所示。

表 7-3　工况 1 诊断结果统计表

诊断状态	训练样本/组	测试集样本/组	SVM 诊断正确次数	分类准确率/%
正常状态	30	10	10	100
常压炉温控异常	30	10	9	90
常压塔液压失衡	30	10	8	80
减压炉温控异常	30	10	9	90
减压塔温压失衡	30	10	8	80
总计	150	50	44	88

表 7-4　工况 2 诊断结果统计表

诊断状态	训练样本/组	测试集样本/组	SVM 诊断正确次数	分类准确率/%
正常状态	30	10	9	90
常压炉温控异常	30	10	10	100
常压塔液压失衡	30	10	8	80
减压炉温控异常	30	10	8	80
减压塔温压失衡	30	10	8	80
总计	150	50	43	86

由表 7-3 和表 7-4 可以看出，工况 1 的 6 组错误分类样本中，常压塔液压失衡和减压塔温压失衡各有 2 组样本识别错误。作为石油馏分的主要产出设备，常压塔和减压塔中的液位、真空度、温度等操作运行因子对拔出率影响较大，应该着重关注。工况 2 有 7 个样本诊断有误，主要集中在常压塔、减压炉和减压塔，说明工况 2 的常压塔和减压过程容易导致能效水平低于基准值，应调整原料投入、控制工艺参数来提高能效水平。本节采用组合支持向量机的成对分类方法实现了多类诊断识别，但两种工况下对总拔出率指标运行状态偏低的原因诊断准确率还有待提高，需要进一步优化。

7.2.1　PSO 优化 SVM 的模型参数

采用 SVM 建立能效指标的多分类诊断模型，诊断准确率还有待提升。通过对 SVM 分类原理的分析和选用的核函数可知，SVM 用于故障诊断时，最重要的是寻找到最佳的惩罚因子 C 和核参数 δ，才能取得较为满意的预测分类准确率。

传统情况下，SVM 寻优参数的方法主要凭借经验选择、测试比较，用交叉验证法或网格搜索法来寻找参数。这些方式存在寻优时间长、不易找出参数最优搜索范围的缺点[138]。而找到某种意义下的最优参数，能够一定程度避免发生过学习和欠学习的情况，使得 SVM 分类器的学习能力和推广能力保持平衡。选择利用交叉验证和 PSO 相结合的方法，优化 SVM 的惩罚因子 C 和核参数 δ，进一步提高其学习能力和收敛速度。图 7-3 表示 PSO 优化 SVM 模型参数的算法流程图。

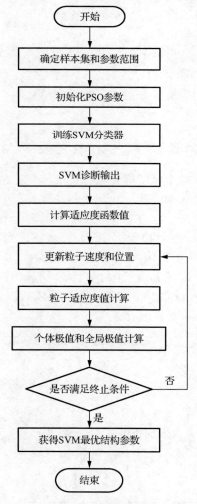

图 7-3　PSO 优化 SVM 模型参数的算法流程图

利用 PSO 算法对 SVM 模型的参数进行优化的过程如下。

（1）采集某炼油厂的现场实际生产数据，分为两种工况，对数据进行预处理和分类。确定训练集和测试集数目并设置参数的范围，建立 SVM 双工况能效诊断子模型。

（2）初始化粒子群参数：种群数目、粒子初始位置与速度、学习因子、最大迭代次数等。

（3）将 SVM 的惩罚因子 C 和核参数 δ 构成一组微粒 (C, δ)，利用训练集对 SVM 模型进行训练，将交叉验证情况下训练集的准确率确定为适应度函数。

（4）计算每个粒子的适应度函数值，找到个体最优位置，并将其与种群的最优位置作比较，选择出目前整个粒子群的最优粒子。

（5）更新粒子的速度与位置。

（6）判断种群是否满足终止条件，即 PSO 的最大迭代次数，满足则表示找到了最优的 SVM 参数 (C, δ) 值，否则返回（5）继续搜索。

（7）得到最优支持向量机参数组合，利用训练集建立各工况的支持向量机多分类能效诊断子模型。

7.2.2　基于 PSO-SVM 诊断模型的仿真结果

建立粒子群优化支持向量机的能效指标诊断模型，同样采用上述支持向量机诊断模型的 300 组训练集和 100 组测试集进行仿真实验。其中两个工况的训练数据各 150 组，测试样本各 50 组，工况 1 的总拔出率基准值为 0.5751，工况 2 的总拔出率基准值为 0.5587。两个参数的 PSO 搜索区间范围，惩罚因子 C 设置为 [0.1,100]，核参数 δ 区间为 [0.1,10]，最大进化代数为 200，种群数目为 20，学习因子 c_1 和 c_2 分别设为 1.5 和 1.7。通过 MATLAB 仿真得到粒子群优化的适应度曲线如图 7-4 所示，经过 PSO 优化 SVM 的双工况能效诊断子模型仿真图如图 7-5 和图 7-6 所示。

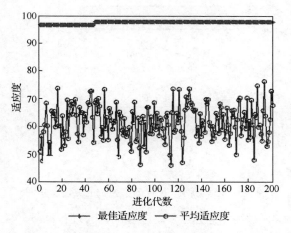

图 7-4　粒子群优化的适应度曲线

图 7-4 中平均适应度曲线代表所有粒子在每一代中平均的适应度值，最佳适应度表示粒子群中所有粒子在每一代的最大适应度值。从图 7-4 适应度曲线可以看出，粒子群在前 50 个进化周期内趋于平稳，最终适应度曲线收敛水平趋于一致，实现了参数优化的过程。以训练集 CV（交叉验证）情况下的准确率作为 PSO 的适应度函数值，训练集的准确率达到 97.7598%。

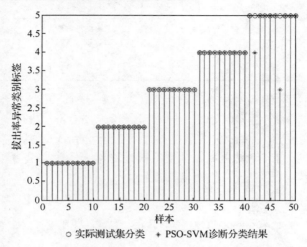

○ 实际测试集分类　 ＊ PSO-SVM 诊断分类结果

图 7-5　工况 1 拔出率的 PSO-SVM 诊断模型仿真图

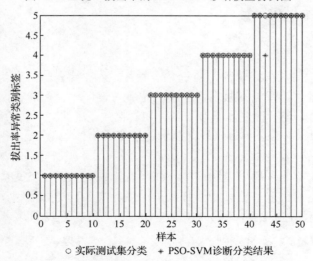

○ 实际测试集分类　 ＊ PSO-SVM 诊断分类结果

图 7-6　工况 2 拔出率的 PSO-SVM 诊断模型仿真图

经过 PSO 寻优，工况 1 诊断模型最终获得的 SVM 优化参数为 C=4.4491，δ^2=2.6689，由图 7-5 可知，在 50 组测试集中，总共有 48 组样本的 PSO-SVM 分类结果与实际异常原因情况相符，能效诊断的准确率为96%。工况2模型优化后的惩罚因子 C=13.228，核参数 δ^2=0.4537。由图7-6可知，在50组测试数据中只有一组样本出现诊断错误，测试集的能效诊断准确率为98%。两种工况下 SVM 模型和 PSO-SVM 模型的能效诊断性能比较如表7-5所示。

表7-5　两种方法的诊断性能比较

诊断模型	训练集/组	测试样本/组	工况1诊断准确率/%	工况2诊断准确率/%
PSO-SVM	150	50	96	98
SVM	150	50	88	86

由表7-5对比可知，两种方法都实现了对常减压生产装置拔出率运行状态的有效诊断，说明支持向量机在处理小样本问题和分类上表现出优势。经过 PSO 优化后的 SVM 模型找到了多分类的最佳参数，使得到的 SVM 多分类器学习能力更好，最终能效诊断的准确率更高，能更准确地对常减压生产装置拔出率指标的运行状态进行诊断，找出导致拔出率低的原因。

7.3　常减压生产异常工况诊断策略

7.3.1　诊断与优化算法

1. IPSO 优化算法

PSO 起源于对鸟群捕食行为的研究。每只鸟可被视为一个运动的粒子，鸟在寻找食物的过程中，不断调整自己的移动位置及速度，我们通过模拟此过程以寻求问题的可解性，该智能算法具有算法简单、收敛速度快、可调参数较少等优点。基本 PSO 的初始值为一组随机解，我们通过跟踪个体极值 P_{best} 和群体极值 g_{best} 来进行迭代更新，找到最优解。

假设在一个 d 维空间的区域 S 中存在具有位置变量及速度变量的粒子 n 个，这些粒子通过自身经验和群体中最优粒子的经验决定自身如何移动。在任意的 k 时刻，第 i 个粒子在 d 维空间中的速度及其位置的更新公式为

$$\begin{cases} v_{id}(k+1) = v_{id}(k) + c_1 r_1 \left(p_{id} - x_{id}(k) \right) + c_2 r_2 \left(p_{gd} - x_{id}(k) \right) \\ x_{id}(k+1) = x_{id}(k) + v_{id}(k+1) \end{cases} \quad (7\text{-}2)$$

式中，c_1, c_2 为学习因子，$c_1 > 0, c_2 > 0$；r_1, r_2 是 $[0,1]$ 的随机数；$v_{id} \in (-v_{max}, v_{max})$，$v_{max}$ 是粒子的最大更新速度；第 i 个粒子当前最优位置为 p_{id}；当前种群全局最优位置为 p_{gd}。

PSO 算法存在易陷入局部极值、进化后期收敛速度慢和精度低等缺点，为了避免上述问题，胡旺等[139]对粒子群优化算法进行了改进，其基本原理是添加极值扰动算子，仅通过粒子的位置来控制粒子的进化以简化优化公式，改进后的粒子更新公式为

$$x_{id}(k+1) = \omega x_{id}(k) + c_1 r_1 (p_{id} - x_{id}(k)) + c_2 r_2 (p_{gd} - x_{id}(k)) \qquad (7\text{-}3)$$

在此基础上，Wang 等[140]进行进一步的改进，粒子的运动不再仅仅根据自身和最优粒子的经验，而是由自身和多个粒子的经验来确定该粒子的移动位置，将其定义为 IPSO 优化算法。粒子更新公式变为

$$x_{id}(k+1) = \omega x_{id}(k) + c_1 r_1 (p_{id} - x_{id}(k))$$
$$+ c_2 r_2 (p_{gd} - x_{id}(k)) + c_3 r_3 (p_{gd} - x_{id}(k)) \qquad (7\text{-}4)$$

$$\Delta x_{id}(k) = c_1 r_1 (p_{id}(k) - x_{id}(k)) + c_2 r_2 (p_{gd} - x_{id}(k)) + c_3 r_3 (p_{gd} - x_{id}(k)) \qquad (7\text{-}5)$$

式中，ω 为惯性权重；p_{id} 为所有粒子中适应度优于 p_{id}^k 且劣于所有其余粒子个体位置的平均值；c_3 为新的学习系数；r_3 为新的随机数。为了避免粒子陷入局部极小及后期出现震荡现象的问题，引入动量项 $\beta \Delta x_{id}(k)$，β 为动量系数，且 $|\beta| \in [0,1]$。由此可得 IPSO 的迭代公式为

$$x_{id}(k+1) = \omega x_{id}(k) + \Delta x_{id}(k) + \beta \Delta x_{id}(k) \qquad (7\text{-}6)$$

2. SVM

SVM 的基本原理是在数据集线性可分的情况下找出最优的分类面。对于二分类模型，最优分类面要求分类线不仅能够将数据准确分类，而且两类之间的间隔越大越好。推广到多分类模型，即为最优分类面。分类预测的方法有很多，结合实际数据分析及 SVM 具有唯一全局最优解的优点，选择用 IPSO 优化的 SVM 对数据进行预测分类。

其广义最优分类超平面为

$$\varphi(\omega, \xi) = \frac{1}{2} \|w\|^2 + C \sum_{i=1}^{n} \xi_i \qquad (7\text{-}7)$$

$$y_i ((w \cdot x_i) + b) - 1 + \xi_i \geqslant 0, \quad i = 1, 2, \cdots, n \qquad (7\text{-}8)$$

式中，ξ 为松弛变量；C 为惩罚因子。

根据监测数据的特点，要想得到精确度较高的模型，就要选择最适合的核函数，因为核函数的选择决定了其特征空间的结构。通过对常用核函数的特点分析发现，径向基函数具有可调参数少、适应度高等特点，因此选择径向基函数来建立分类预测模型。该核函数的一般公式为

$$K(x,x_i) = \exp\{-\frac{|x-x_i|^2}{\sigma^2}\}, \sigma > 0 \qquad (7\text{-}9)$$

式中，σ 为该核函数的半径大小。

相应的分类判别函数为

$$f(x) = \text{sgn}\left[\sum_{i=1}^{n} \alpha_i y_i K(x,x_i) + b\right] \qquad (7\text{-}10)$$

式中，a_i 为支持向量；b 为分类阈值。

参数组合 (C,σ) 的值决定了模型的学习状态，对 SVM 模型精度有很大影响。当惩罚因子 C 偏小或者 σ 偏大时，模型会出现欠学习状态；当 C 偏大或者 σ 偏小时，模型会出现过学习状态。因此，获得 (C,σ) 的最优参数组合至关重要。

3. 箱线图

箱线图（boxplot）又称为箱型图，是通过数据中的五个统计量——最小值、最大值、上四分位数、中位数、下四分位数来描述数据分布情况的一种方法，主要用于识别出一组数据中的异常值、判断数据的尾重和偏态、比较几组数据的分布情况等，如图 7-7 所示。通过 SVM 对数据进行预测分类后，再通过箱线图来进行异常数据识别，进一步对工况进行诊断、分析。

设 n 个样本观测值为 $X_1, X_2, \cdots, X_n$，$X_m(0 < m < 1)$ 为样本的 m 分位，其特点如下：

（1）至少有 $n \times m$ 个观察值小于或等于 X_m；

（2）至少有 $n \times (1-m)$ 个观察值大于或等于 X_m。

获得样本的 m 分位数方法如下：

将 $X_1, X_2, \cdots, X_n$ 按照从小到大的顺序排列为 $X_1 \leqslant X_2 \leqslant \cdots \leqslant X_n$。

若 $n \times m$ 不是整数，X_m 取大于 $n \times m$ 的最小整数，即 $[n \times m]+1$；若 $n \times m$ 是整数，则 X_m 取 $[n \times m]$ 和 $[n \times m]+1$ 的平均值，公式如下：

$$X_m = \begin{cases} X_{([n \times m]+1)}, & n \times m \text{不是整数} \\ \dfrac{1}{2}\left[X_{([n \times m]+1)} + X_{([n \times m])}\right], & n \times m \text{是整数} \end{cases} \qquad (7\text{-}11)$$

特别地，当 $m=0.5$ 时，$X_{0.5}$ 为中位数，记为 Q_2；当 $m=0.25$ 时，$X_{0.25}$ 为上四分位数，记为 Q_1；当 $m=0.75$ 时，$X_{0.75}$ 为下四分位数，记为 Q_3。上四分位数与下四分位数之间的距离称为四分位距 I_{QR}。箱线图中小于 $Q_1 - 1.5 \times I_{QR}$（记为 minimum）或大于 $Q_3 + 1.5 \times I_{QR}$（maximum）的数据，称为异常值，记为 outlier，其中倍数可以根据数据的实际情况进行调整。箱线图示意图如图 7-7 所示。

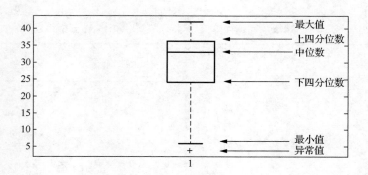

图 7-7　箱线图示意图

7.3.2　异常工况诊断模型的建立

1. 软测量模型的变量选择

由建立的三级能效指标可以看出，各个指标涉及的监测量个数都比较多，尤其是系统级指标，而对于软测量模型，各个指标对应的监测量为模型输入，指标为输出，为了保证模型的准确性和实时性，应该首先对模型的输入变量进行降维。依据投入产出的数据分析，选择设备级指标常压炉综合能耗、过程级指标减压蒸馏过程单位原料产品转化率、系统级指标常减压单位能耗产品加工量进行诊断分析。由各个指标的计算公式可以得到与各个指标相关的监测量。接下来从数据的角度分析，对各个指标与其对应的监测量之间的相关性进行分析，将与关键指标相关性比较强的监测量作为软测量模型的输入变量，用 IPSO 优化的 SVM 建立指标预测分类模型，将偏离指标正常范围的数据筛选出来，缩小异常识别范围，再进一步用箱线图对异常数据进行识别定位，准确找到异常监测点，以便于进行及时的处理。这样将机理分析与数据分析相结合来确定模型输入变量并建模，既能保证模型的科学性、准确性，又能达到实时性的要求。然后我们基于 SPSS 用皮尔逊相关系数法对数据进行相关性分析。各指标与其相关监测量的相关性绝对值统计结果如表 7-6～表 7-8 所示。

表 7-6　常压炉综合能耗相关性分析结果

相关监测量	常压炉综合能耗	相关监测量	常压炉综合能耗
F1 燃料油	0.705	初馏塔减压顶不凝气	0.528
F1 高压瓦斯	0.944	常压塔减压顶不凝气	0.504
F1 低压瓦斯	0.705	0.3MPa 汽提蒸汽	0.237
1.0MPa 雾化蒸汽	0.827		

表 7-7　减压蒸馏过程单位原料产品转化率相关性分析结果

相关监测量	减压蒸馏过程单位原料产品转化率	相关监测量	减压蒸馏过程单位原料产品转化率
减顶油	0.542	减五线	0.556
减一线	0.640	减六线	0.732
减二线	0.837	减压渣油	0.762
减三线	0.878	原油加工量	0.808
减四线	0.733		

表 7-8　系统单位能耗产品加工量相关性分析结果

相关监测量	系统单位能耗产品加工量	相关监测量	系统单位能耗产品加工量
F1 燃料油	0.648	初顶排水	0.224
F2 燃料油	0.657	常顶排水	0.326
F1 高压瓦斯	0.749	减顶排水	0.214
F2 高压瓦斯	0.722	初顶油	0.522
F1 低压瓦斯	0.662	常顶油	0.546
减顶不凝气	0.555	常一线	0.572
1.0MPa 蒸汽	0.531	常二线	0.516
常压雾化蒸汽	0.232	常三线	0.601
减压雾化蒸汽	0.226	减顶油	0.588
脱硫净化水	0.324	减一线	0.748
电脱盐注水	0.525	减二线	0.768
除氧水	0.582	减三线	0.876
循环水	0.218	减四线	0.544
初顶注水	0.312	减五线	0.791
常顶注水	0.331	减六线	0.686
电	0.851	减压渣油	0.642
电脱盐排水	0.322		

根据数据的相关性分析结果，选择与各个指标相关系数绝对值在 0.5 以上的监测点位作为模型的输入，各个指标模型对应的输入变量统计如下。

（1）常压炉综合能耗：F1 燃料油（Fco_{af}）、F1 高压瓦斯（Hpg_{af}）、F1 低压瓦斯（Lpg_{af}）、1.0MPa 常压雾化蒸汽（As_{ap}）、初馏塔减顶不凝气（Ptg）、常压塔减顶不凝气（Atg）。

（2）减压蒸馏过程单位原料产品转化率：减顶油（Dto）、减一线产品（Dfp）、减二线产品（Dsp）、减三线产品（Dtp）、减四线产品（Dop）、减五线产品（Dvp）、减六线产品（Dxp）、减压渣油（Dr）、原油加工量（Cop）。

（3）系统单位能耗产品加工量：F1 燃料油（Fco_{af}）、F2 燃料油（Fco_{vf}）、F1 高压瓦斯（Hpg_{af}）、F2 高压瓦斯（Hpg_{vf}）、F1 低压瓦斯（Lpg_{af}）、减压塔顶不凝气（Vtg）、1.0MPa 常压雾化蒸汽（As_{ap}）、电脱盐注水（Edw_f）、除氧水（Dw）、电（Pc_{ap}）、初顶油（Ito）、常顶油（Ato）、常一线产品（Afp）、常二线产品（Asp）、常三线产品（Atp）、减顶油（Dto）、减一线产品（Dfp）、减二线产品（Dsp）、减三线产品（Dtp）、减四线产品（Dfp）、减五线产品（Dvp）、减六线产品（Dxp）、减压渣油（Dr）。

2. 模型的参数优化及建立

根据工艺分析和数据分析相结合得到的模型输入变量，采用 IPSO 优化 SVM 得到最优参数组 (C, σ)，对各个指标进行分类预测。具体实验流程如下：

（1）初始化。为 IPSO 及 SVM 各参数赋初值，并设置最大迭代次数为 200，根据适应度函数确定种群规模，记为 $n = 20$。

（2）设置粒子位置。其中全局最优值是所有粒子的初始适应度值的最优值，个体最优值是每个粒子的初始适应度值。

（3）粒子位置更新。根据式（7-6）来更新粒子的位置信息，及其个体最优和全局最优。

（4）检查是否结束寻优。当达到最大迭代次数时结束寻优，返回最优的参数组合，否则，返回（2）继续寻优。

（5）建立分类模型。利用最优的参数组合建立 SVM 分类模型。

参数优化流程图如图 7-8 所示。

通过工艺分析及数据相关性分析确定模型输入变量并进行模型参数优化，针对关键指标建立异常工况诊断的软测量模型，并对仿真结果进行分析。实验步骤如下：

（1）首先制定工况标准。以高于或低于指标计划值 5% 作为正常工况范围，超出该范围为异常工况。

（2）数据处理。将采集的数据预处理后，基于 SPSS 进行相关性分析，结合工艺将与指标相关性较强的数据作为模型输入。

（3）模型参数优化、建立预测分类模型。利用 IPSO 对 SVM 模型参数组合寻优，得到最优的参数组合 $(C, \delta) = (0.897, 0.712)$。将 1000 个样本数据作为训练数据进行训练，得到该指标的预测分类模型。

（4）模型精度检验。用该模型对多组数据进行测试，统计其预测分类的精度。

（5）异常工况的诊断与分析。根据炼油厂的实际生产工况，将不满足指标要求的数据再用箱线图法识别异常数据，进行异常工况的诊断、分析。

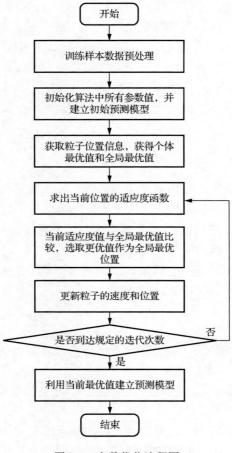

图 7-8　参数优化流程图

3. 诊断分析

从 2016 年 3 月至 12 月的数据中选择 1000 组数据作为模型的训练数据，剩下的分 10 组，每组 200 个数据作为测试数据。各个指标的分类预测及诊断结果如下。

1）常压炉综合能耗

常压炉综合能耗的分类预测精度对比如图 7-9 所示。

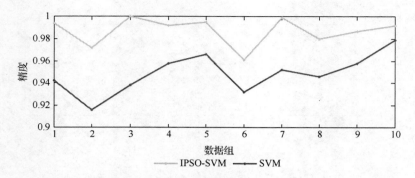

图 7-9　常压炉综合能耗分类预测精度对比

同时利用箱线图给出各变量异常情况，如图 7-10 所示。可以看出数据游标所指的数据值以及其在统计表中的位置，常顶不凝气的异常值大小为 4.2855t/h，位于数据表的第 45 行处，而常顶不凝气的正常值范围为 2.12～2.52t/h。对应到数据表中发现，该时间段的常顶不凝气高于正常范围，而该时间段的常压炉综合能耗却接近正常范围，经过对比同一时段的其他监测量发现，该时段的低压瓦斯及初顶不凝气低于正常值范围，由于三者的加和抵消作用，单从综合能耗上来看并不能发现异常，针对这种情况，要及时调整，保障生产的正常运行。

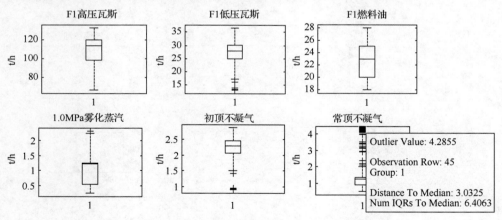

图 7-10　常压炉综合能耗相关量箱线图

选择 30 组测试数据，每组含 50 个样本，其中存在异常数据的有 18 组。检验模型异常识别的准确率，结果显示有 16 组异常数据被识别，10 组为正常数据，由此可得模型的准确率为 0.87。

2）减压蒸馏过程单位原料产品转化率

减压蒸馏过程单位原料产品转化率其中一组的分类预测精度如图 7-11 所示。

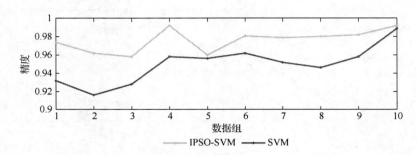

图 7-11　减压蒸馏过程单位原料产品转化率分类预测精度对比

由图 7-11 可以看出，IPSO-SVM 模型精度明显高于 SVM，且减压蒸馏过程单位原料产品转化率的预测精度保持在 0.95 以上。根据预测结果，将与该指标超出正常工况相对应的辅助变量通过箱线图进行进一步识别。仿真结果如图 7-12 所示。

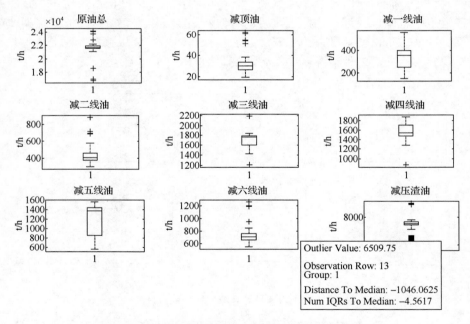

图 7-12　减压蒸馏过程单位原料产品转化率箱线图

由图 7-12 可以看出数据游标所指的数据值以及其在统计表中的位置，减压渣油的异常值为 6509.75t/h，位于数据表的第 13 行，而减压渣油的正常值范围为 6850～7620t/h。对应到数据表中发现，该时间段的减压渣油低于正常范围，而该时间段的减压蒸馏过程单位原料产品转化率低于正常水平，经过对比同一时段的其他监测量发现，该时段的原油量高于正常水平，而各侧线产品基本在正常值水平范围，因而导致该时间段的减压蒸馏过程单位原料产品转化率偏低。针对这种情况，要及时查看现场生产工况，及时调整原油输入，保证各侧线产品的正常产出。

选择 30 组测试数据，每组含 50 个样本，其中存在异常数据的有 16 组。检验模型异常识别的准确率，结果显示有 15 组异常数据被识别，13 组为正常数据，由此可得模型的准确率为 0.93。

3）系统单位能耗产品加工量

系统单位能耗产品加工量的分类预测精度如图 7-13 所示。

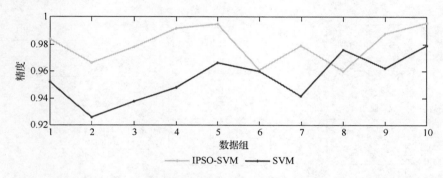

图 7-13　系统单位能耗产品加工量预测精度对比

由图 7-13 可以看出，IPSO-SVM 模型精度明显高于 SVM，且系统单位能耗产品加工量的预测精度保持在 0.95 以上。根据预测结果，将与该指标超出正常工况相对应的辅助变量通过箱线图进行进一步识别。仿真结果如图 7-14 所示。

由图 7-14 可以看出数据游标所指的数据值及其在统计表中的位置，减压渣油的异常值为 7885.125t/h，位于数据表的第 27 行，而减压渣油的正常值范围为 6850～7620t/h。对应到数据表中发现，该时间段的减压渣油高于正常范围，且其他各侧线产品大多也高于正常水平，而该时间段的系统单位能耗产品加工量却低于正常水平，经过对比同一时段的能源消耗监测量发现，该时段的燃料气及电耗高于正常水平，因而导致该时间段的系统单位能耗产品加工量偏低。针对这种情况，要及时查看现场生产工况，及时调整燃料油的输入，保证生产效益的正常水平。

选择 30 组测试数据，每组含 50 个样本，其中存在异常数据的有 15 组。检验模型异常识别的准确率，结果显示有 14 组异常数据被识别，13 组为正常数据，由此可得模型的准确率为 0.90。

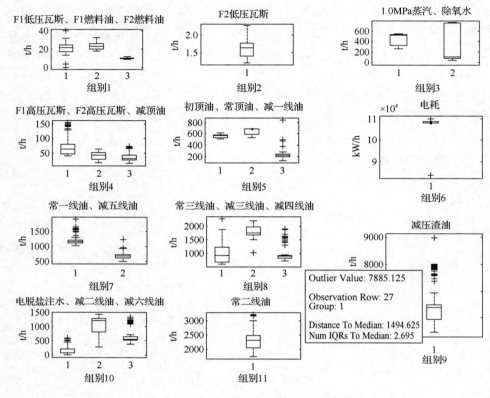

图 7-14　系统单位能耗产品加工量箱线图

7.4　本章小结

　　本章针对炼油常减压生产装置的能效评估、诊断问题开展了一系列研究。首先，建立了 PSO-SVM 双工况多分类能效诊断模型。根据原油处理量划分两种工况，利用皮尔逊方法筛选出相关性强的变量，以总拔出率的生产设计值作为指标运行状态的基准值，结合影响因素，确定了导致拔出率低的几种原因。建立了双工况 PSO-SVM 能效诊断模型与 SVM 诊断模型。利用实际生产数据仿真，验证了经过 PSO 优化的 SVM 多分类诊断模型准确率更高，诊断效果更令人满意。然后，将工艺分析与数据分析相结合选取软测量模型的输入变量，建立异常工况诊断模型。该模型能够准确识别异常数据，找到异常点，为进一步的异常处理提供可靠的依据，经过仿真验证，该模型的准确率可以达到企业要求。

第 8 章　常减压生产装置能效优化技术

8.1　常减压生产装置能效优化概述

在实际生产和生活中存在管理与发展的问题，人们总是希望用最小的成本实现产出成果的最大化，也就是花费较少的时间、较低的成本和较少的人力物力资源使目标达到最优，由此产生了最优化问题。对于石化工业生产，生产过程的工艺设备已经固定，操作人员也已定量分配好，常减压生产装置优化的目标变成了提升石油馏分的产量和质量、降低能源和原油消耗。也就是用较低的能源投入获得较高的目标产品。常减压生产装置作为炼油加工第一道工序的装置，其生产操作条件是否优化，对石油产品的质量、能源消耗和收率有着直接影响，与石化企业的生产效益也关系重大。在炼油实际生产过程中，受到外界扰动的影响，各个过程变量会随之产生变化，运行状态不能长时间维持在最佳位置，也就影响了装置能效的最优化。因此，对常减压生产装置的操作变量进行优化设计来挖掘系统的最大潜能以达到较好的经济效益的目标一直受到炼油企业的重视。

炼油过程的优化要由装置的操作运行因子、产品变量和能源输入量来建模，结合生产约束值进行优化求解，确定优化的目标再获得需要进行优化的操作变量，然后人为调整生产数据，以实现目标优化的过程。

炼油生产过程存在着各种各样需要优化的问题，每个问题通常都与企业的经济效益有着密不可分的关系。为解决这类问题，结合优化理论和数理分析，将生产过程的优化分为如下四步：分析问题选取输入变量、建立目标函数、确定约束条件和选用优化算法。到目前为止，对常减压生产装置产品质量和能源利用效率优化操作方面，许多国内外学者已经做了大量研究。张健中在常压塔产品质量的约束条件下，以常一线航煤的最大产量为目标，利用序贯二次规划算法实现对装置产品质量的离线寻优[141]。陶勇采用 ASPEN 软件对常减压生产装置进行流程模拟，运用非支配排序遗传算法Ⅱ对装置的工艺过程进行参数优化计算，在一定原油进料情况下达到装置能耗最小和收益最大的多目标优化结果[142]。López 等提出了非线性规划模型，同时对多个原油蒸馏装置系统的原油混合和操作条件进行优化研究，在最优的利润增量情形下取得 13% 的经济效益[143]。沈鑫等根据石化厂精馏塔的生产工艺，基于 ASPEN PLUS 化工模拟软件，获得需要优化调整的操作条件，在产品质量上取得了满意效果[144]。黄小侨等以经济效益和 CO_2 产量为目标，提出用遗传算法求解常减压生产装置多目标优化问题[145]。

结合国内外学者对常减压生产装置关于优化问题的研究可以看出对装置进行优化操作的意义和目标。一般情况下生产操作规程中对工艺点位限制的可波动范围太广，装置运行有时偏离最好的操作条件，影响炼油厂的能耗、收率，以及生产均衡性和经济效益，对工艺参数做相应调优能够缩小其对最好操作状态的偏离，最终取得更好的生产效益。

8.2　常减压生产装置综合能效优化策略

本节根据建立的三级能效评估系统，从评估指标出发对生产过程进行优化。由前述分析可知，常压炉不仅是主要能耗设备，而且对于后续生产至关重要，提高常压产品的产量对于整个系统的拔出率意义重大。因此，本章以常压炉单位能耗产品转化率为优化目标，建立炼油生产过程能效优化模型，并将优化后的结果与实际结果进行对比分析。

8.2.1　基于 IPSO 的常压炉能效优化模型的建立

在炼油生产过程中，常压炉是非常关键的设备，它的主要作用是将初底油加热至 365℃ 左右，再送入常压蒸馏塔进行组分分离。因此，其工作的稳定性对于后续工作流程的正常运行以及产品的拔出率等具有非常大的影响。同时，常压炉的能耗在炼油生产过程中也占有相当大的比例，我国的常压炉能耗为每炼制一吨原油需要消耗标准燃料油 12~13kg，占原油自身能量的 2%~3%，因此该部分的节能优化对整个生产过程的节能意义重大[146]。

炼油生产是一个连续化的生产过程，以常压炉单位能耗产品转化率为优化目标，当前操作工况的实际监测值为约束条件，寻求最合适的工艺参数组合。优化算法有直接优化和间接优化两种方法。其中直接优化方法是利用黄金分割法、随机搜索以及单纯形法，改变输入参数，通过观察输出结果来确定操作参数的调整方向。直接优化方法虽然不依赖过程模型，但是其鲁棒性差，而且耗时。间接优化方法是基于数学模型的优化方法，它通过性能指标与操作条件以及变量之间的关系，依据模型求极值等方法来计算系统的最优值，从而进行优化控制[146]。

由第 6 章的常压炉综合能耗指标计算结果可以看出，其波动很大，因此为了保证生产的稳定性，对加热炉综合能耗进行优化非常必要。优化的目标是求出指标达到最优时设备或过程的最优操作条件，使装置按照最优操作条件进行工作，使生产指标达到最优，同时控制量需要满足相应的约束条件。根据工艺生产过程可知，要以保证常压产品产量达到最大时常压炉的能耗最小为优化目标，得到常压炉工作的最优操作参数组合。

为了在降低常压炉综合能耗的基础上，保证常压产品的拔出率，提高系统的整体能效水平，选取常压总产品量（A_p）与常压炉综合能耗（C_{ecaf}）的比值为优化目标，定义为常压炉单位能耗产品转化率，目标函数为

$$\max f(t) = A_p / C_{ecaf} \tag{8-1}$$

常压炉综合能耗的预测模型输入变量有 F1 燃料油（Fco_{qf}）、F1 高压瓦斯（Hpg_{af}）、F1 低压瓦斯（Lpg_{af}）、1.0MPa 常压雾化蒸汽（As_{ap}）、初馏塔减顶不凝气（Ptg）、常压塔减顶不凝气（Atg）。常压产品主要有常顶油（Ato）、常一线产品（Afp）、常二线产品（Asp）、常三线产品（Atp）。

我们采用 IPSO 进行优化求解。该算法具有概念简单、容易实现、收敛速度快等特点，能够满足优化的实时性、准确性要求。经过数据验证，效果良好。

在所采集的生产数据中，选取 2016 年 1 月 1 日至 2017 年 12 月 31 日的数据，采用第 7 章的异常识别方法，将异常数据剔除以后，选取 500 组数据作为训练数据。根据某炼油厂监测数据情况，确定模型输入参数的约束条件为

$20\,t/h \leqslant Fco_{af} \leqslant 28\,t/h$，$100\,t/h \leqslant Hpg_{af} \leqslant 135\,t/h$，$19\,t/h \leqslant Lpg_{af} \leqslant 30\,t/h$，$1.35\,t/h \leqslant As_{ap} \leqslant 2.35\,t/h$，$2.16\,t/h \leqslant Ptg \leqslant 3.25\,t/h$，$1.25\,t/h \leqslant Atg \leqslant 8.76\,t/h$，$590\,t/h \leqslant Ato \leqslant 680\,t/h$，$1580\,t/h \leqslant Afp \leqslant 1820\,t/h$，$2655\,t/h \leqslant Asp \leqslant 3165\,t/h$，$1873\,t/h \leqslant Atp \leqslant 2135\,t/h$

优化目标函数来自第 7 章中 IPSO 优化的 SVM 预测模型，对于给定的 t 时刻的粒子 $f(t)=$（Fco_{af}, Hpg_{af}, Lpg_{af}, As_{ap}, Ptg, Atg, Ato, Afp, Asp, Atp），用粒子群优化算法按照公式（8-1）计算其适应度值，找出该时刻的 f_{best}，更新 $f(t)$，在关于 Fco_{af}，Hpg_{af}，Lpg_{af}，As_{ap}，Ptg，Atg，Ato，Afp，Asp，Atp 的约束条件下迭代，得到最优参数组合（Fco_{af}, Hpg_{af}, Lpg_{af}, As_{ap}, Ptg, Atg, Ato, Afp, Asp, Atp），使适应度值达到最大，即常压产品与常压炉综合能耗的比值达到最大。优化计算过程如下：

（1）参数初始化。为 IPSO 各参数 c_1, c_2, c_3, ω, β 赋初值，设置最大迭代次数 $K_{max} = 100$，种群规模为 $n = 30$。

（2）粒子位置初始化。所有粒子的初始适应度最优值为全局最优值，个体最优值为每个粒子的初始适应度值。

（3）粒子位置更新。对每个粒子，将其适应度值与其经过的最优位置 P_{id} 及群

体经过的最优位置 P_{gd} 进行最优值比较，如果较好，将其作为该粒子当前的最优位置 P_{id} 及群体当前最优位置 P_{gd}。

（4）记录目标函数的最优参数组合。

（5）检查是否寻优结束。当迭代次数达到最大时，寻优结束，否则返回（2）继续寻优。

（6）根据最优参数组合计算目标函数。

参数优化流程图如图 8-1 所示。

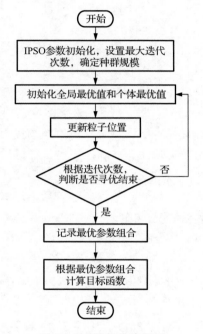

图 8-1　参数优化流程图

8.2.2　优化结果及分析

最优参数组合为（Fco_{af}, Hpg_{af}, Lpg_{af}, As_{ap}, Ptg, Atg, Ato, Afp, Asp, Atp）=（22.12t/h, 114.92t/h, 22.76t/h, 1.78t/h, 2.68t/h, 4.62t/h, 658t/h, 1787t/h, 2986t/h, 2019t/h）。

在剩余数据组中选取 100 组数据作为验证数据，得到采用 IPSO 的常压炉单位能耗产品转化率优化前后的对比结果，如图 8-2 所示。

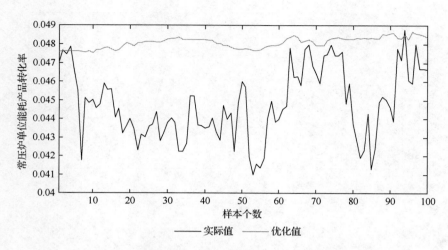

图 8-2 IPSO 优化的常压炉单位能耗产品转化率

由图 8-2 可以看出该优化模型能够在保证产量达标的情况下，使常压炉综合
能耗指标达到较小值，从而实现常压炉工作稳定、节能降耗的目的。常压过程总
产量对比结果及常压炉综合能耗的对比结果如图 8-3、图 8-4 所示。由图 8-3 可以
看出，IPSO 优化后的常压过程总产量不仅有所提高，也较优化前更稳定。由
图 8-4 可以看出，IPSO 优化后的常压过程综合能耗较优化前有所降低，而且明显
较优化前更加稳定。

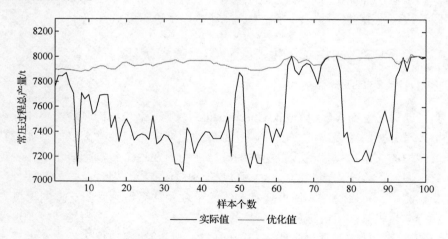

图 8-3 IPSO 优化的常压过程总产量

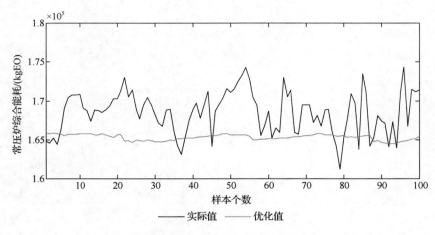

图 8-4　IPSO 优化的常压过程综合能耗

8.3　基于工况划分的常减压生产装置能效优化

炼油企业作为传统的能源消耗巨大的行业，对其核心设备常减压生产装置的生产条件进行优化操作，获得更多有效的石油产品，提高能源利用效率，才是企业提高竞争力的关键。为此，本节首先对常减压生产装置拔出率建立软测量模型，然后，利用粒子群优化算法对装置的操作参数进行优化，以实现整个装置的产品收率即总拔出率最大为目标，再对单位能耗拔出率进行能效优化。

8.3.1　基于 PSO 的常减压生产装置能效建模优化

1. 最小二乘支持向量机

支持向量机是在 VC（Vapnik-Chervonenkis）维理论和结构风险最小化原则的前提下针对分类问题提出的方法，通过少量的数据样本能够平衡好模型的复杂性与学习能力的关系，以期望获得更好的推广能力，在理论和实际应用中都表现出了优势。通过引入损失函数的概念，可以把 SVM 推广应用到函数的非线性回归估计和预测中，可以控制其逼近任意非线性函数，从而得到回归支持向量机。

支持向量机虽然很好地解决了过学习、局部极值、非线性与维数灾难这些问题，但是作为统计学习理论中比较年轻的内容，目前也存在局限性，需要进一步完善。当支持向量机进行训练时存在模糊信息或噪声，它的性能会受到很大影响。为此出现了改进的算法 LS-SVM[147,148]，它是 SVM 在二次损失函数下的一种形式，将原来 SVM 的二次规划问题转变成了求解线性方程，利用等式约束替换不等式约束条件，使得算法复杂度降低，加快了运算求解速度，在函数逼近和估计中得到广泛应用。

下面对 LSSVM 的算法原理进行数学描述。

假设有 l 个样本数据，每个样本为 n 维向量，样本集表示为 $X = \{(x_i, y_i), i = 1, \cdots, l\}$，$x_i \in \mathbb{R}^n$，$y_i \in \mathbb{R}$，其中 x_i 为样本输入数据，y_i 为输出数据。对于非线性问题，LSSVM 可以利用映射 $\varphi(x)$ 实现空间的转换。把样本数据通过非线性变换从原来输入空间映射到高维特征空间 $\varphi(x) = (\varphi(x_1), \varphi(x_2), \cdots, \varphi(x_i))$。然后根据结构风险最小化原则实现最优决策函数的构造。在进行高维空间运算时，只要选取适当的核函数，即可把非线性估计问题转换成高维空间的线性估计问题。在高维特征空间的最优目标函数为

$$y(x) = w^{\mathrm{T}} \cdot \varphi(x) + b \tag{8-2}$$

式中，w 为 LSSVM 的权重系数，b 是阈值。根据结构风险最小化原则，寻求两个参数的最优值，将优化问题转化为

$$\min J = \frac{1}{2} \|w\|^2 + c \cdot R_{\mathrm{emp}} \tag{8-3}$$

式中，$\|w\|^2$ 可以用来控制模型的复杂度；c 为正规化参数；R_{emp} 是误差控制函数，即 ε 不敏感损失函数。损失函数的选择不同，最终构造的 SVM 会呈现不同的形式。在 LSSVM 中，目标函数中的损失函数是误差 ξ_i 的二次项。故 LSSVM 的优化问题为

$$\min J = \frac{1}{2} w^{\mathrm{T}} w + c \sum_{i=1}^{n} \xi_i^2 \tag{8-4}$$
$$\text{s.t. } y_i = \varphi(x_i) \cdot w + b + \xi_i; \ i = 1, 2, \cdots, l$$

对公式（8-4）的求解通常转化为求其对偶问题的解，通过引入拉格朗日函数

$$L(w, b, \xi, \alpha, \gamma) = \frac{1}{2} w^{\mathrm{T}} w + c \sum_{i=1}^{n} \xi_i^2 - \sum_{i=1}^{l} \alpha_i (\varphi(x_i) \cdot w + b + \xi_i - y_i) \tag{8-5}$$

又根据优化的约束条件，对上式求偏导可得到

$$\begin{cases} \dfrac{\partial L}{\partial w} = 0 \Rightarrow w = \sum_{i=1}^{l} \alpha_i \varphi(x_i) \\[3mm] \dfrac{\partial L}{\partial b} = 0 \Rightarrow \sum_{i=1}^{l} \alpha_i = 0 \\[3mm] \dfrac{\partial L}{\partial \xi_i} = 0 \Rightarrow \alpha_i = c\xi \\[3mm] \dfrac{\partial L}{\partial \alpha_i} = 0 \Rightarrow \varphi(x_i) \cdot w + b + \xi_i - y_i = 0 \end{cases} \tag{8-6}$$

利用 $K(x_i, x_j) = \varphi(x_i) \cdot \varphi(x_j)$ 把高维特征空间的内积运算转换成低维空间的核函数简化计算。由式（8-6），可把优化问题转换为求解线性方程

$$\begin{bmatrix} 0 & 1 & \cdots & 1 \\ 1 & K(x_1, x_1) + 1/c & \cdots & K(x_1, x_n) \\ \vdots & \vdots & \ddots & \vdots \\ 1 & K(x_n, x_1) & \cdots & K(x_n, x_n) + 1/c \end{bmatrix} \begin{bmatrix} b \\ \alpha_1 \\ \vdots \\ \alpha_n \end{bmatrix} = \begin{bmatrix} 0 \\ y_1 \\ \vdots \\ y_n \end{bmatrix} \qquad (8-7)$$

最终求解出 α_i 和 b，即获得 LSSVM 软测量回归函数模型为

$$f(x) = \sum_{i=1}^{n} \alpha_i K(x, x_i) + b \qquad (8-8)$$

2. 基于 LSSVM 的能效软测量建模

依然选择能综合反映炼油常减压生产装置能效水平的指标总拔出率进行 LSSVM 软测量建模。软测量模型通过对整个装置总拔出率准确预测，方便我们了解常减压生产装置的物料平衡和能源消耗的动态变化，也能帮助企业通过调节原料投入和使用分配情况，有效地优化操作条件，提高能效水平。

实验仿真数据来源于某炼油厂现场实际生产数据，本次软测量建模选取日处理量大于 2.2 万 t 的工况 1 数据，总共筛选得到 213 组。模型的输入经过皮尔逊系数法筛选仍为表 7-1 中诊断模型的 13 个变量，输出为常减压生产装置总拔出率。然后对数据进行尺度变换归一化处理，利用 LSSVM 建模。由于不同的核函数对预测模型精度有较大影响，通过实际比较分析，选用高斯径向基核函数，因此最终准确建模需要找到最优的两个参数——惩罚因子和核参数，通过 PSO 可寻找到其最优值。采用 LSSVM 对常减压生产装置总拔出率进行软测量建模的步骤如下：

（1）分析常减压生产装置炼油过程日原油处理量数据，选择工况，结合工艺机理，用皮尔逊分析法确定总拔出率软测量模型的输入变量。

（2）然后筛选某炼油厂常减压生产装置现场实际生产数据 213 组，其中 150 组做训练集，剩余 63 组为测试集。

（3）选取 LSSVM 的核函数为 RBF，确定模型的核参数集和惩罚因子集。

（4）从两个参数集当中分别选择参数并随机组合，通过样本数据对 LSSVM 软测量模型的参数组合进行训练和验证。

（5）最后，用 PSO 算法经过多次迭代寻优，找到惩罚因子和核参数的最佳组合，利用训练集数据对 LSSVM 软测量模型进行训练，求得最终的目标函数：

$$f(x) = \sum_{i=1}^{n} \alpha_i K(x, x_i) + b \qquad (8-9)$$

最终的拔出率软测量模型仿真结果和误差图如图 8-5 和图 8-6 所示。

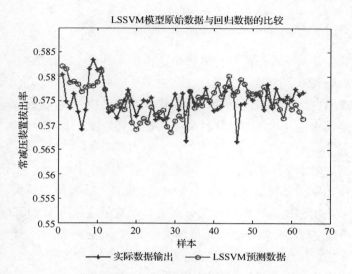

图 8-5 拔出率的 LSSVM 软测量模型仿真图

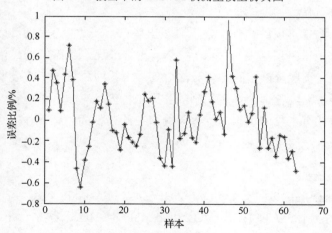

图 8-6 拔出率的软测量模型误差图

由图 8-5 的 LSSVM 建模仿真结果可知，最小二乘支持向量机在处理小样本、非线性回归预测问题上显示出一定优势，预测值对实际输出跟踪效果较好，软测量模型有良好的网络泛化能力。从图 8-6 的预测误差图可以看出，经过 150 组数据训练软测量模型，在 63 组测试样本中，有 60 组样本误差的比例保持在 0.6%以内，模型的精度为 60/63=95.23%，预测模型的精度满足 95%以上的要求，验证了模型的有效性，能准确预测炼油生产过程中常减压生产装置的拔出率变化趋势。

3. 常减压生产装置能效优化模型建立

采用 LSSVM 对总拔出率进行软测量建模，只是实现了对常减压生产装置产品收率的较准确预测和跟踪。在炼油实际生产过程中，如何在约束条件下对生产操作进行合理调度，优化生产以期达到以较少的物料能源投入获得最高的有效产品收率，才是炼化企业体现节能降耗原则、提高能效水平、获得最大经济效益的最根本目标。

为了提高能效水平，仍然选择常减压生产装置的拔出率指标进行优化。而提高原油的总拔出率主要是提升原油的切割深度或者提高减压塔的拔出率[149]。由第 7 章 7.2 节拔出率的主要影响因素分析可知，减压塔顶的真空度直接影响全塔的气相负荷，真空度较低时，油气分压增大会导致油品沸点升高，使气化率下降，不利于减压深拔。塔顶温度变化同样也会使减压塔的真空度不稳定，进而影响蒸馏过程的总拔出率。因此通过优化减压塔顶的温度和真空度这两个工艺参数可提高装置的总拔出率。

在前文软测量建模的基础上，以总拔出率 y_{TPOR} 最大为优化目标，利用粒子群优化算法对减压塔顶温度 T_{dt} 和真空度 V_{vt} 进行寻优，从而得到最优的减压塔顶温度和真空度，实现蒸馏出的各馏分油达到最大，即总拔出率的最大化。

由于实际炼油厂管理部都有明确的公用工程表，对生产调度制订排产计划，对能源物质消耗有定量的规定，优化问题即在此条件的约束下，解决优化调度问题。以常减压生产装置总拔出率最大为能效优化目标的优化模型建立如下：

$$
\begin{aligned}
&\max y_{TPOR} \\
&\text{s.t.} \ \ 43t/d \leqslant W_{ds} \leqslant 96t/d, \ 283t/d \leqslant S \leqslant 361t/d \\
&\quad\quad 105t/d \leqslant HG_{F2101} \leqslant 127t/d, \ 48t/d \leqslant HG_{F2102} \leqslant 67t/d \\
&\quad\quad 19.3t/d \leqslant F \leqslant 24.7t/d, \ 654t/d \leqslant W_{dp} \leqslant 721t/d \\
&\quad\quad 2.2t/d \leqslant LG_{F2102} \leqslant 3.2t/d, \ 367℃ \leqslant T_{F1} \leqslant 377℃ \\
&\quad\quad 41\% \leqslant L_{apb} \leqslant 70\%, \ 65kPa \leqslant P_{ct} \leqslant 92kPa \\
&\quad\quad 380℃ \leqslant T_{F2} \leqslant 390℃, \ 65℃ \leqslant T_{dt} \leqslant 95℃ \\
&\quad\quad 96kPa \leqslant V_{vt} \leqslant 100kPa
\end{aligned}
\tag{8-10}
$$

式中，y_{TPOR} 代表常减压生产装置拔出率预测模型的输出；W_{ds} 为脱盐水；S 为 1.0Mpa 蒸汽；HG_{F2101} 和 HG_{F2102} 分别为高压瓦斯 F2101 与 F2102；F 为燃料；W_{dp} 是脱硫净化水；LG_{F2102} 是低压瓦斯 F2102；T_{F1} 和 T_{F2} 分别为常压炉和减压炉出口

温度；L_{apb} 是常压塔底液位；P_{ct} 是常顶压力。T_{dt} 和 V_{vt} 是要经过 PSO 寻优的两个重点参数。上述约束条件是根据公用工程和炼油装置实际生产运行数据所得。

4. PSO 优化操作参数的流程

通过对常减压生产装置优化问题的分析，能否实现能效水平的最优控制，使总拔出率达到最大，最主要问题是对减压塔顶温度和真空度的合理操作以达到平衡。粒子群优化算法作为一种利用群体粒子之间的共同合作和竞争产生的智能进化搜索方法，能够有效解决目标函数的优化问题，其收敛速度比较快且有较强的鲁棒性[150]。仍然采用 PSO 对两个参数进行寻优，从给定约束条件内进行多次迭代搜索到全局最佳参数解，使总拔出率最大，从而提高能效水平。利用 PSO 算法对常减压生产装置的能效即总拔出率指标进行优化的具体流程如下：

（1）开始对 PSO 的参数种群数目、最大迭代次数、两个学习因子，还有粒子的初始速度与位置等进行初始化。

（2）根据建立的常减压生产装置总拔出率预测模型，带入一组相关变量，对总拔出率预测输出。

（3）进行粒子的多轮迭代，适应度函数选用要优化的式（8-10）目标函数，不断计算各个粒子的适应度值判断其好坏。

（4）通过控制减压塔顶温度 T_{dt} 和真空度 V_{vt} 两个参数使得总拔出率的目标函数值最大，这样找出各个粒子自身经历过的最优位置，然后将它和种群的最优位置相比较，如果更佳，就把该粒子的位置作为种群的最优位置。

（5）继续更新粒子的速度和位置，判断粒子群是否达到给定的最大迭代次数，如果满足就输出此时最优解 T_{dt} 和 V_{vt}，否则返回步骤（3），继续进行下一次搜索。

为了验证 PSO 算法的优化效果，选用上文中常减压生产装置实际炼油生产过程中的 63 组测试数据进行仿真验证，利用 PSO 对减压塔的两个关键参数进行迭代寻优。寻优过程的目的是避免出现局部最优的情况，并使得收敛时间尽量短。实际上同时满足两者存在矛盾，增加种群数目能适当避免出现局部最优，但会随之延长收敛时间。通过不断实验尝试，最终确定最大进化次数为 100，种群规模为 30，两个学习因子都为 1.2，粒子的初始位置和速度随机生成。需要优化的减压塔顶温度和真空度的范围分别是 $65℃≤T_{dt}≤95℃$，$96kPa≤V_{vt}≤100kPa$。

图 8-7 和图 8-8 是经过 PSO 优化后的最优减压塔顶温度和真空度的仿真图，对应的 PSO 算法优化前后的常减压生产装置总拔出率对比如图 8-9 所示。

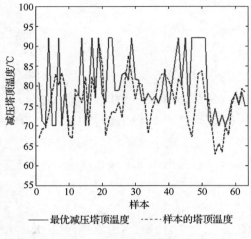

图 8-7　PSO 优化前后的减压塔顶温度

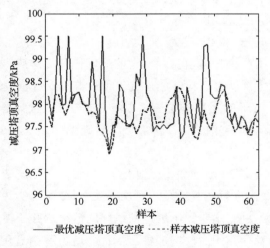

图 8-8　PSO 优化前后的减压塔顶真空度

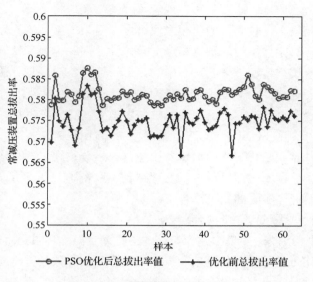

图 8-9　PSO 优化前后的总拔出率

从图 8-7 和图 8-8 可以看出，经过粒子群优化算法优化后的减压塔顶温度和真空度，在约束值的范围内不断寻优，找到了各个样本数据的最优塔顶温度和真空度值。由图 8-9 可知，优化后的常减压生产装置总拔出率在相应值附近都有一定程度的提高，且普遍高于工况 1 下的基准值 0.5751，说明优化效果十分显著。由运行数据可知，优化前后常减压生产装置的平均总拔出率分别为 0.574 和 0.581，经过优化总拔出率平均提高了 0.7%，且能效指标运行状态比较平稳，说明粒子群优化后的拔出率目标比优化前有较大幅度的提升，实现了能效水平的优化，表明该能效优化模型十分有效。

8.3.2　基于 IPSO 的常减压生产装置能效建模优化

通过分析炼油常压过程的工艺机理和工艺流程，发现常压塔出口温度、常顶温度、常压塔底液位等参数对于能效有很大的影响，这种工况的变化直接影响了模型的精度。因此，我们提出通过多模型建模方法来解决工况变化的问题。

1. 算法介绍

1）多模型建模

多模型建模于 1969 年由 Bates 等[151]首次提出，该方法主要是想解决复杂建模模型精度低的问题。多模型建模的核心思想是结合化工过程机理和工艺对生产过程进行合理地划分，将一个复杂的建模过程分解成若干个子模型，针对每一个子模型分别建模，通过"加权求和"或者"开关切换"将子模型合并，最终验证合并后模型的精度。这种多模型建模方法可以将复杂的工艺流程划分成多个简单的流程，可以提高整体模型的预测精度与鲁棒性，同时也很好地降低了生产过程条件大幅波动给模型精度带来的负面影响。Cho 等[152]将模糊划分的思想与鲁棒分类方法相结合，提出通过模糊组合的方式将多个神经网络模型相结合。高林等[153]在炼油催化装置含氧量软测量模型研究中先用聚类算法分类，再利用"加权组合"方式将各个 RBF 神经网络子模型进行组合，结果表明该方法提高了模型的预测精度。可见，近几年我国化工行业对于多模型建模十分重视，并且进行了大量的深入研究，多模型建模与生产过程进行合理结合，取得了一些有意义的研究和应用成果，是理论研究与实际的完美结合。

多模型建模过程包含如下内容：

（1）子模型的划分。多模型建模最基本也是最重要的环节是合理划分子模型，通过详细了解化工过程的工艺机理和人工经验，并运用数学方法对生产过程划分是如今常用的手段，目前并没有严格的划分标准。其中，常用的方法有模糊聚类算法、最邻近聚类算法和层次分析法等。研究人员也需要通过多次实验来判断适合的聚类数目，由于最佳的聚类数目是无法确定的，因此聚类数量是当今研究的重点。

（2）子模型建模。将一个复杂的工艺过程进行划分后，每个子模型具有相似性，同时子模型也相对简单，找到合适的建模方法对子模型分别建模即可。如今，在建模方法中运用最广的算法有神经网络、支持向量机等。

（3）模型的输出。多模型建模的最后一步是将子模型连接得到最终的输出模型，子模型连接方式有"加权求和"和"开关切换"两种。"加权求和"是通过某种方式确定每个子模型的权值，将所有子模型加权求和即可得到最终的输出。因此，如何确定每个子模型的权值是决定预测输出精确度的重要因素，通常情况下是运用粒子群等算法迭代找寻一组使预期输出和原始输出之间的误差最小的加权值，或者是求出每个采样点对应每个子工况的隶属度值，将隶属度作为该采样点的加权系数。但是"加权求和"的弊端在于模型的计算量过大，时间较长。"开关切换"是将输入向量分类后直接进入所对应的子模型中进行预测输出，并且所得到的输出值就是最终多模型的输出。因此，对输入向量的精准分类是决定预测输出精确度的重要因素，如果数据分类错误，将降低多模型输出的有效性，同时该方法对子模型的样本数量有要求，如果数量过少，模型精度低泛化能力不足。

多模型建模流程如图 8-10 所示。

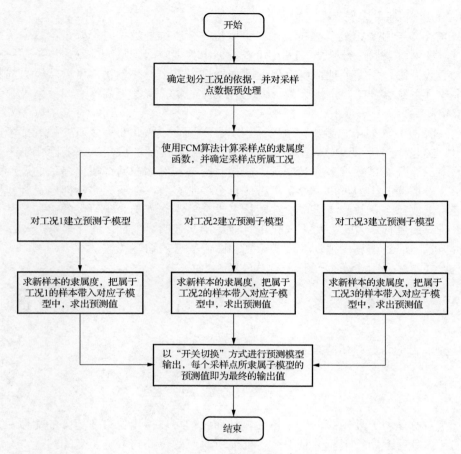

图 8-10 多模型建模流程图

多模型建模流程说明如下：

（1）首先分析炼油常压过程的工艺机理和工艺流程，确定如何划分子模型。通过研究分析发现，出口温度、常顶温度、常压塔底液位等参数对于单位能耗拔出率有很大的影响，最终确定该三个参数作为划分工况的依据。利用 FCM 算法将常压过程生产数据划分成三种工况，并计算出每个采样点的隶属度和每一类的模糊聚类中心，比较每个采样点所对应工况的隶属度 $u_i(i=1,2,\cdots,c)$，以隶属度最大为划分标准确定每个采样点所处的工况。

（2）将 300 组采样点进行工况划分后，分别对每类工况建立子模型。由于每类采样点数量不多，采用 IPSO 优化的 LSSVM 算法建立模型。

（3）采集新的样本并对其进行预处理，计算出新样本的模糊隶属度函数。

（4）选择"开关切换"的方式进行预测模型输出，即每个采样点以隶属度最大为标准划分到子模型中建模，得到的预测值即为最终的输出值。

2）PCA 基本原理

PCA 是一种数据处理分析技术，可以将复杂高维的数据进行降维，除去数据噪声，可以对数据进行简化。PCA 可以发掘出数据之间隐藏的关联，将关联程度较大的数据进行压缩处理，可以保证数据信息损失小、简单化，可以从巨大的数据中找到影响事物的决定性因素，因此，PCA 的实质就是将高维空间数据投影到低维空间。

PCA 没有其他未知参数，可以适用于各种场合，因此在许多研究领域都可以运用。20 世纪中后期 PCA 在化学研究领域得到了广泛的应用，在实际化工生产过程中，控制变量数量多并且变量之间相互影响，例如在精馏塔内塔顶的温度时刻影响着塔顶的压力，每个设备都有成百个控制参数，在研究实际问题进行建模时，不需要每个参数都考虑，参数数量多也会给工作人员带来巨大的工作量，不利于研究的进行。因此，PCA 在化工行业运用次数明显增加。近几十年，PCA 技术也大量运用到计算机视觉、模式识别和图像信息压缩等领域。

设样本 X 是一个 $m \times n$ 的矩阵，可以表示为

$$X = \begin{pmatrix} x_{11} & \cdots & x_{1n} \\ \vdots & \ddots & \vdots \\ x_{m1} & \cdots & x_{mn} \end{pmatrix} \tag{8-11}$$

样本 X 的协方差矩阵表示为

$$\mathrm{cov}(X,Y) = \frac{\sum_{i=1}^{n}(X_i - \bar{X})(Y_i - \bar{Y})}{n-1} \tag{8-12}$$

实对称是协方差矩阵的一个特性，从而我们可以得出协方差矩阵的相似对角阵的元素就是其特征值，并且每个特征值所对应的特征向量是正交的。

我们可以得到 n 个 X 的特征向量，并且满足

$$E^{\mathrm{T}}CE = \begin{pmatrix} \lambda_1 & & \\ & \ddots & \\ & & \lambda_n \end{pmatrix} \tag{8-13}$$

样本 X 的降维矩阵的每个特征向量都是正交向量，即协方差为 0，设降维矩阵为 Z，可以得出降维矩阵 Z 的协方差矩阵为

$$D = \frac{1}{m}Z^{\mathrm{T}}Z = \begin{pmatrix} \frac{1}{m}\sum_{i=1}^{m}(z_{m1})^2 & & \\ & \ddots & \\ & & \frac{1}{m}\sum_{i=1}^{m}(z_{mn})^2 \end{pmatrix} \tag{8-14}$$

降维理想转换公式为 $Z=XU$，将其代入式（8-14），得

$$D = \frac{1}{m} Z^{\mathrm{T}} Z$$

$$= \frac{1}{m} (XU)^{\mathrm{T}} (XU)$$

$$= U^{\mathrm{T}} \left(\frac{1}{m} X^{\mathrm{T}} X \right) U$$

$$= U^{\mathrm{T}} C U \tag{8-15}$$

式中，U 为样本 X 降维得到的降维转换矩阵；Z 为最终样本 X 的降维矩阵。

3）最小二乘支持向量机的基本原理

支持向量机在处理小样本高维非线性的模式识别方面优于神经网络等算法[154]，神经网络需要巨大的样本数据量支持才能保证模型的精度，支持向量机可以很好地弥补数据量不足的缺陷，可以推广到数据分类回归等方面。

支持向量机的实质是将简单的向量通过某种方式映射到复杂空间中，向量在高维空间中则变成了超平面，映射结果为两个相互平行的超平面，超平面之间的距离决定了分类的精度，两者距离越近则分类的精度越低。因此，我们希望样本向量与映射后的超平面的距离越远越好。

为了更好地提高支持向量机分类和回归的精度及算法训练速度，最小二乘支持向量机随之产生。

Suykens 等[148]提出了一种改进的支持向量机算法——最小二乘支持向量机[155]。该方法采用最小二乘线性系统作为损失函数，代替传统支持向量机所采用的二次规划方法，原来 SVM 中的不等式约束条件用等式约束条件进行替换。与支持向量机相比，LSSVM 在计算程度上进行简化，可以提高训练速度。因此，在软测量等预测回归研究领域 LSSVM 算法受到了广泛的关注。LSSVM 的算法描述如下：设样本数据为 $D = \{(x_i, y_i) \mid i = 1, 2, \cdots, n\}, x_i \in \mathbb{R}^n, y_i \in \mathbb{R}$，其中输入为 x_i，输出为 y_i。LSSVM 的优化问题可以描述为

$$\min J(w, e) = \frac{1}{2} w^{\mathrm{T}} w + \frac{1}{2} \gamma \sum_{i=1}^{n} e_i^2 \tag{8-16}$$

$$\text{s.t.} \quad y_i = w^{\mathrm{T}} \varphi(x_i) + b + e_i$$

式中，J 为损失函数；$w \in \mathbb{R}^{n_A}$ 为权值系数；γ 为惩罚系数；$e_i \in \mathbb{R}$ 为误差变量；$\varphi(x)$ 是 LSSVM 实现空间转换的映射函数；b 是阈值。定义拉格朗日函数为

$$L(w, b, e, a) = J(w, e) - \sum_{i=1}^{n} a_i \left[w^{\mathrm{T}} \varphi(x_i) + b + e_i - y_i \right] \tag{8-17}$$

求偏导可得

$$\begin{cases} \dfrac{\partial L}{\partial \omega} = 0 \Rightarrow \omega = \sum_{i=1}^{n} \alpha_i \varphi(x_i) \\[2mm] \dfrac{\partial L}{\partial b} = 0 \Rightarrow \sum_{i=1}^{n} \alpha_i = 0 \\[2mm] \dfrac{\partial L}{\partial e_i} = 0 \Rightarrow \alpha_i = Ce_i, \quad i = 1, \cdots, n \\[2mm] \dfrac{\partial L}{\partial \alpha_i} = 0 \Rightarrow \omega^{\mathrm{T}} \varphi(x_i) + b + e_i - y_i = 0, \quad i = 1, \cdots, n \end{cases} \tag{8-18}$$

消去变量 w, e，得

$$\begin{bmatrix} 0 & h^{\mathrm{T}} \\ h & \varOmega + \dfrac{1}{\gamma} I \end{bmatrix} \begin{bmatrix} b \\ a \end{bmatrix} = \begin{bmatrix} 0 \\ y \end{bmatrix} \tag{8-19}$$

式中，$h = [1, 1, \cdots, 1]^{\mathrm{T}} \in \mathbb{R}^{n}$；$\varOmega_{ij} = \varphi(x_i)^{\mathrm{T}} \varphi(x_j)$。映射函数 φ 和核函数 K 满足 $K(x_i, x_j) = \varphi(x_i)^{\mathrm{T}} \varphi(x_j)$，最终得到 LSSVM 的回归模型为

$$y(x) = \sum_{i=1}^{n} a_i K(x, x_i) + b \tag{8-20}$$

核函数 K 主要类型如下。

（1）线性核函数：$K(x, x_i) = x^{\mathrm{T}} x_i$。

（2）多项式核函数：$K(x, x_i) = (\gamma x^{\mathrm{T}} x_i + r)^{P}, \gamma > 0$。

（3）高斯径向基核函数：$K(x, x_i) = \exp\left(-\|x - x_i\|^{2} / \delta^{2}\right)$。

由于高斯径向基核函数善于处理非线性问题，因此选取高斯径向基核函数进行求解。预测模型的精度与惩罚因子 γ 和核参数 δ 有很大的关系，为了可以快速准确找到最优的两个参数值，选用 IPSO 算法对 LSSVM 中参数进行优化。

4）PSO 算法原理

PSO 算法是 20 世纪 90 年代提出来的一种智能优化算法，有学者从鸟群寻找食物过程的规律中得到启发，建立了一种简化模型[156]。PSO 算法的思想是源于人工生命和复杂适应系统理论。在鸟群中每一只鸟是一个运动的个体，它们在寻找食物的过程中不断运动，与其他个体进行相互交流和信息传送，每个个体依据自己实际接收到的信息进行学习，不断调整自身的速度等行为方式，最后整个鸟群会朝着食物的方向偏移。因此，研究者寻找问题最优的可解性可以用鸟类不断运动找寻食物的过程来模拟。

在 PSO 算法中，鸟群觅食相当于求解优化问题，整个鸟群相当于需要进行搜索的元素的集合，统称为"粒子"，设定这群粒子初始状态会有一定的初始速度和

初始位置，粒子在搜索的过程中不断地进行信息交流来时刻更新自己的速度、调整自己的位置[56]，目的是朝着所要到达的地点运动。在不停的迭代过程中，计算出每个粒子的适应度值，利用适应度值来判断离目标地点的远近，然后选取离目标较近区域，最终找到全过程的最优解。PSO 算法涉及的参数有惯性权重因子、学习因子、种群规模等，这些参数直接影响到 PSO 算法优化结果的准确性和计算速度，因此需要对算法进行改进从而提升其性能。

设 d 维空间中含有 n 个粒子，粒子群表示为 $S = \{X_1, X_2, \cdots, X_i\}$。第 i 个粒子的位置为 $X_i = (x_{i1}, x_{i2}, \cdots, x_{id})$，第 i 个粒子的速度为 $V_i = (v_{i1}, v_{i2}, \cdots, v_{id})$，第 i 个粒子当前最优位置为 p_{id}，当前种群全局最优位置为 p_{gd}。每次迭代的 k 时刻，粒子速度和位置更新公式为

$$v_{id}(k+1) = v_{id}(k) + c_1 r_1 (p_{id} - x_{id}(k)) + c_2 r_2 (p_{gd} - x_{id}(k)) \tag{8-21}$$

$$x_{id}(k+1) = x_{id}(k) + v_{id}(k+1) \tag{8-22}$$

式中，ω 为惯性权重，c_1, c_2 为学习因子，$c_1 > 0, c_2 > 0$；r_1, r_2 是 $[0,1]$ 的随机数，$v_{\max}$ 是粒子的最大更新速度，$v_{id} \in (-v_{\max}, v_{\max})$。

通过添加极值扰动算子，提高算法的收敛速度，改进后粒子位置更新公式为

$$x_{id}(k+1) = \omega x_{id}(k) + c_1 r_1 (p_{id} - x_{id}(k)) + c_2 r_2 (p_{gd} - x_{id}(k)) \tag{8-23}$$

在此基础上，粒子获取的位置信息通过自身的运动状态和周围其他粒子运动状态来确定，将此改进的优化算法称为 IPSO 优化算法[139]。改进后粒子位置更新公式为

$$\begin{aligned} x_{id}(k+1) = {}& \omega x_{id}(k) + c_1 r_1 (p_{id} - x_{id}(k)) \\ & + c_2 r_2 (p_{gd} - x_{id}(k)) + c_3 r_3 (p_{gd} - x_{id}(k)) \end{aligned} \tag{8-24}$$

$$\Delta x_{id}(k) = c_1 r_1 (p_{id}(k) - x_{id}(k)) + c_2 r_2 (p_{gd} - x_{id}(k)) + c_3 r_3 (p_{gd} - x_{id}(k)) \tag{8-25}$$

式中，c_3 为新增的学习因子；r_3 是 $[0,1]$ 的随机数。为了避免后期迭代求解容易陷入局部最优的问题，在速度和位置的公式中引入了动量系数 β，且 $|\beta| \in [0,1]$，增加动量项为 $\beta \Delta x_{id}(k)$，则最终将公式（8-22）整理为

$$x_{id}(k+1) = \omega x_{id}(k) + \Delta x_{id}(k) + \beta \Delta x_{id}(k) \tag{8-26}$$

2. 基于 IPSO-LSSVM 的单位能耗拔出率建模

选取出口温度、常顶温度、常压塔底液位作为聚类属性，并用 FCM 算法对常压过程生产数据进行工况划分，接下来确定每个预测模型的输入变量。从工厂采集到的常压过程运行数据有近 50 个点位，通过 PCA 降维筛选出出口温度、常

顶温度、常压塔底温度以及进料温度为输入变量。此外，各个出口的馏出温度对于常压过程的拔出率也有一定的影响，故加入常一线馏出温度、常二线馏出温度、常三线馏出温度三个输入变量。再结合常压过程稳态机理模型，最终确定 12 个输入变量，如表 8-1 所示，输出变量为常压过程单位能耗拔出率。

表 8-1　输入变量名称表

变量名	符号	单位	变量名	符号	单位
出口温度	T_1	℃	常压塔底液位	M	%
常顶温度	T_c	℃	高压瓦斯流量	Q	t/h
常压塔底温度	T_d	℃	原料进料流量	F	t/h
进料温度	T_j	℃	常一线馏出温度	T_{L1}	℃
常顶回流液控	L	%	常二线馏出温度	T_{L2}	℃
常顶回流界控	G	%	常三线馏出温度	T_{L3}	℃

　　输入数据由 DCS 每一个小时采集一次，输出数据是通过常压过程原油投入量、综合能耗以及侧线产品产出量计算得来，侧线产品产出量由分析仪每八小时测量获得。最终选取某炼化厂 2016 年 1 月至 6 月生产数据，经过整理和预处理，除了上文已经使用的 300 组训练数据，再随机选取 170 组数据用于检验模型的泛化能力。

　　基于 IPSO-LSSVM 预测模型建模流程图如图 8-11 所示。

　　基于 IPSO-LSSVM 预测模型建模的具体流程如下：

　　（1）确定输入输出变量，将划分好三种工况的数据作为训练样本，并选择高斯径向基核函数。

　　（2）初始化 IPSO 和 LSSVM 两个算法中所涉及的所有参数的值，最大迭代次数为 100，种群规模为 20，建立初始预测模型。

　　（3）通过公式（8-26）获取粒子的位置信息，并获得个体最优和全局最优值。

　　（4）将位置信息代入到（2）中的初始预测模型中，求出适应度函数。

　　（5）将适应度函数值与种群全局最优位置进行比较，如果当前的适应度函数值比全局最优位置更佳，则全局最优位置更新成当前的适应度函数。

　　（6）再次更新粒子的速度和位置。

　　（7）根据迭代次数，决定是否结束寻优。若达到迭代次数，最后更新的粒子速度和位置为最优值；否则，返回到（4），重复步骤。

　　（8）利用获取的最优值建立最终单位能耗拔出率预测子模型。

　　工况 1 的训练样本量为 137，工况 2 的训练样本量为 86，工况 3 的训练样本量为 77，各工况的训练数据预测模型如图 8-12～图 8-14 所示。

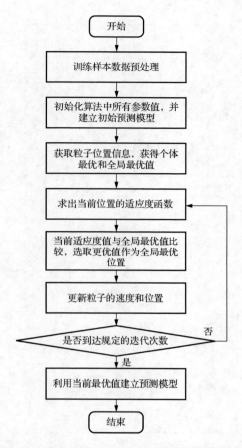

图 8-11　基于 IPSO-LSSVM 预测模型建模流程图

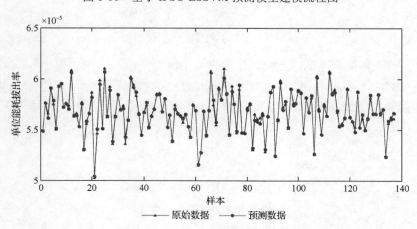

图 8-12　工况 1 的训练数据预测模型

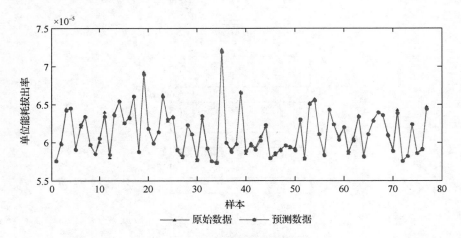

图 8-13　工况 2 的训练数据预测模

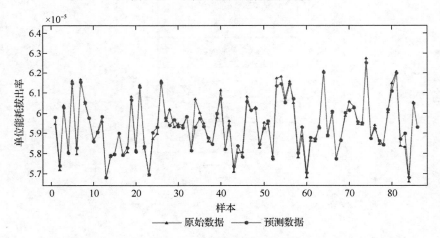

图 8-14　工况 3 的训练数据预测模

为了验证预测模型的有效性，计算每种工况预测模型的平方误差 MSE、平均相对误差绝对值 MAPE 指标，这两个指标值越大，说明预测模型的预测值与实际值的差值越大，预测结果越不精确。平方误差和平均相对误差绝对值计算公式如下：

$$\mathrm{MSE} = \frac{1}{n}\sum_{i=1}^{n}\left(\hat{y}_i - y_i\right)^2 \tag{8-27}$$

$$\mathrm{MAPE} = \frac{1}{n}\sum_{i=1}^{n}\left|\frac{\hat{y}_i - y_i}{y_i}\right| \tag{8-28}$$

式中，y_i 为模型的实际值；$\hat{y}_i$ 为模型预测值；n 为数据样本的个数。

表 8-2 给出了每个工况的惩罚因子、核参数以及每个工况的误差值。

表 8-2 每种工况的参数值

工况	工况训练样本/组	γ	σ	MSE	MAPE
工况 1	127	30.85	10.61	5.29×10^{-4}	1.03×10^{-4}
工况 2	77	35.78	12.06	4.41×10^{-4}	4.51×10^{-5}
工况 3	86	25.35	15.28	7.28×10^{-4}	1.01×10^{-6}

为了检测模型的泛化能力，需要将检验样本带入所建立的模型中，并对仿真结果进行分析。具体步骤如下：

（1）对工厂提供的数据进行预处理，随机选取 170 组数据作为检验样本。

（2）计算每个检验样本与各工况的隶属度，并以隶属度最大为准则确定每个样本的工况归属。

（3）每个检验样本被划分到对应的工况中，带入子模型中求出预测输出值。

（4）将预测值与实际值进行比较分析，计算出误差值，说明预测模型的有效性。

图 8-15 为检验样本隶属度图。与 5.4.2 节所采用的 FCM 相同工况划分方法，计算 170 组检验样本与各工况的隶属度。图中，"△"表示检验样本与工况 1 的隶属度，"*"表示检验样本与工况 2 的隶属度，"○"表示检验样本与工况 3 的隶属度。

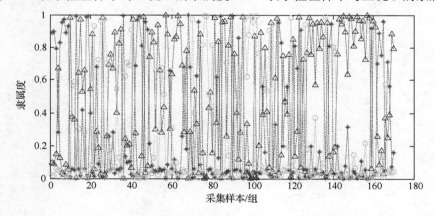

图 8-15 检验样本隶属度

图 8-16 为检验样本所属工况图，以隶属度最大为准则确定每个样本的工况归属。

图 8-17 为基于 FCM-IPSO-LSSVM 的单位能耗拔出率预测值。可以看出，检验样本数据的预测值与原始值几乎重合，采用 FCM-IPSO-LSSVM 算法所建立的软测量模型与实际值很好地拟合。所以，本节提出的软测量模型具有良好的预测精度和泛化能力。

为了说明算法的优越性，分别采用 BP 神经网络算法、IPSO-SVM 算法、IPSO-LSSVM 算法建立单位能耗拔出率预测模型。图 8-18 为基于 BP 算法与基于IPSO-SVM 算法单位能耗拔出率预测值的对比图，图 8-19 为基于 IPSO-LSSVM 算法单位能耗拔出率预测值，图 8-20 为四种不同算法误差对比图。

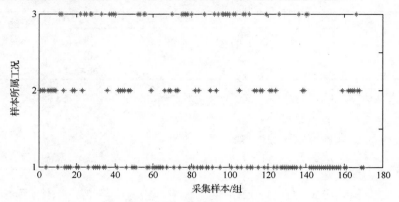

图 8-16　检验样本所属工况

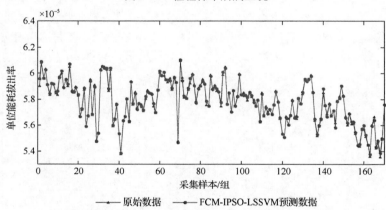

图 8-17　基于 FCM-IPSO-LSSVM 单位能耗拔出率预测值

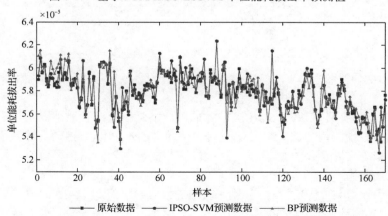

图 8-18　基于 BP 与 IPSO-SVM 单位能耗拔出率预测值对比图

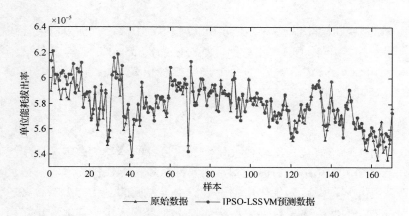

图 8-19　基于 IPSO-LSSVM 单位能耗拔出率预测值

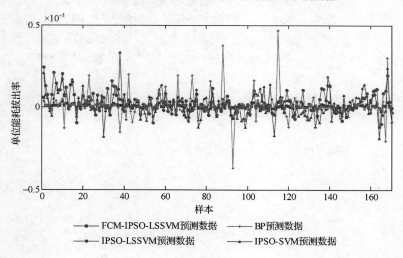

图 8-20　误差对比图

由图 8-20 所示，基于 FCM-IPSO-LSSVM 单位能耗拔出率的误差中，每个采样点的误差在零附近波动，误差数值明显比其他三种算法小。不同算法的 MSE 和 MAPE 的误差值如表 8-3 所示。

表 8-3　误差对比

算法	样本/组	MSE	MAPE
BP 神经网络算法	170	1.2207×10^{-3}	1.31×10^{-2}
IPSO-SVM 算法	170	6.9014×10^{-4}	8.4×10^{-3}
IPSO-LSSVM 算法	170	4.5000×10^{-4}	5.4254×10^{-5}
FCM-IPSO-LSSVM 算法	170	1.9054×10^{-4}	8.8550×10^{-6}

从表 8-3 中可以看出，基于 FCM-IPSO-LSSVM 算法预测单位能耗拔出率模型的均方误差为 1.9054×10^{-4}，相对误差绝对值为 8.855×10^{-6}，与其他三个算法相比较，FCM-IPSO-LSSVM 算法的两个误差指标值是最小的，说明 FCM-IPSO-LSSVM 算法预测效果最好。

3. 优化模型确定

建立以常压单位能耗拔出率最大化为优化目标的模型。由常减压生产装置生产过程分析可知，常压塔出口温度和常顶温度对单位能耗拔出率影响最大，因此选取出口温度和常顶温度为优化控制参数。由于温度的变化会影响设备的使用安全及使用寿命，因此，需要根据工厂实际设备要求和常压工艺原理设定出口温度和常顶温度的优化范围。按照生产设备所能承受的极限温度值确定理想的出口温度优化范围为 $374℃ < T_1 < 384℃$，常顶温度范围为 $110℃ < T_c < 120℃$，按照生产设备可以安全稳定长期运行所确定的出口温度优化范围为 $376℃ < T_1 < 382℃$，常顶温度范围为 $112℃ < T_c < 118℃$。再根据常压过程生产所必须满足的其他条件，规定常压塔底液位范围为 $20\% < L < 70\%$，常压塔底温度范围为 $355℃ < T_d < 375℃$。则优化问题可以分别表示如下。

1）温度范围为 $\pm5℃$ 的优化模型

$$\max Y_{et} = f\left(T_1, T_c, M, L, G, T_{L1}, T_{L2}, T_{L3}, T_j, T_d, F, Q\right)$$

$$\text{s.t.} \quad 374℃ < T_1 < 384℃$$
$$110℃ < T_c < 120℃$$
$$20\% < L < 70\%$$
$$355℃ < T_d < 375℃$$

（8-29）

2）温度范围为 $\pm3℃$ 的优化模型

$$\max Y_{et} = f\left(T_1, T_c, M, L, G, T_{L1}, T_{L2}, T_{L3}, T_j, T_d, F, Q\right)$$

$$\text{s.t.} \quad 376℃ < T_1 < 382℃$$
$$112℃ < T_c < 118℃$$
$$20\% < L < 70\%$$
$$355℃ < T_d < 375℃$$

（8-30）

式中，目标函数由 8.3 节建立的预测模型给出。

优化模型具体的求解流程图如图 8-21 所示。

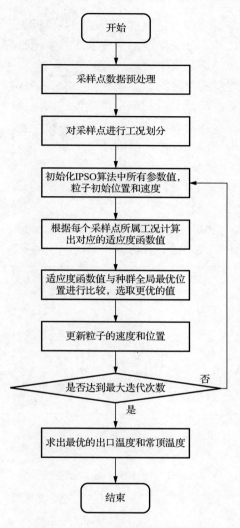

图 8-21 优化模型求解流程图

对于所建立的优化模型，选取 IPSO 算法对出口温度和常顶温度进行寻优。计算步骤如下：

（1）选取需要优化的采样点，并对相关变量进行数据处理和计算。

（2）计算每个采样点与各工况的隶属度，并以隶属度最大为准则确定每个样本的工况归属。

（3）初始化 IPSO 算法中涉及的所有参数的值、粒子的初始位置和速度等。

（4）根据每个采样点所属工况选择对应的目标函数子模型，按照公式（8-29）计算出每个采样点的适应度函数。

（5）通过控制出口温度和常顶温度使目标函数值最大，将适应度函数值与种群全局最优位置进行比较，如果当前的适应度函数值比全局最优位置更佳，则全局最优位置更新成当前的适应度函数。

（6）更新粒子的速度和位置。

（7）根据迭代次数，决定是否结束寻优，若达到迭代次数，最后更新的粒子速度和位置为最优值；否则，返回到（4），重复步骤。

（8）求出最优的出口温度和常顶温度。

3）温度范围为±5℃的优化结果分析

为了验证该优化策略的有效性，根据上文所建立的常压单位能耗拔出率优化模型，利用采集的 170 组检验样本数据进行仿真，以出口温度为 $374℃ < T_1 < 384℃$、常顶温度为 $110℃ < T_c < 120℃$ 进行优化，图 8-22 和图 8-23 显示了优化前后的出口温度和常顶温度值。通过 IPSO 算法，根据实时情况，在允许范围内得到最佳温度。

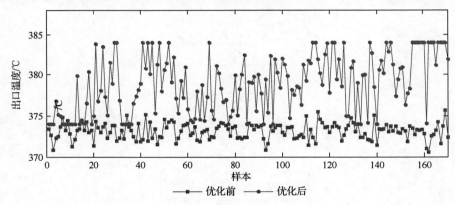

图 8-22　优化前后出口温度值

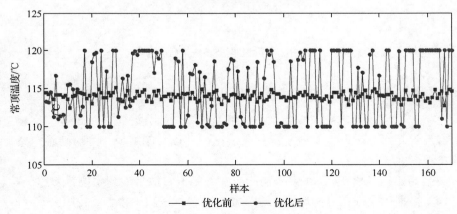

图 8-23　优化前后常顶温度值

可以看出，优化前出口温度设定值为 373℃，是一个固定值，温度传感器对数据采集导致温度值在 373℃上下浮动。同理，常顶温度优化前温度设置定值为 114℃。图像的横坐标为采样点而非连续的时间轴，每个采样点至少有一个小时的采样时间差，优化后的出口温度和常顶温度在允许的范围内波动明显，但是在高温条件运作，温度的波动对设备有一定的损害，不利于生产过程长期稳定高效的运行。DCS 系统采集到的生产过程参数频率为一小时一次，在实际优化时，我们可以选择每四小时对采集到的样本数据进行优化，并对温度进行控制，从而避免温度频繁波动对生产设备的损害。同时，±5℃的优化范围是理想的范围，实际优化范围有改进的空间。

图 8-24 为优化前后单位能耗拔出率的对比图，可以看出优化后的单位能耗拔出率基本均高于优化前。图 8-25 为优化前后单位能耗拔出率的差值，几乎所有采样点经过优化后单位能耗拔出率均得到了提高。

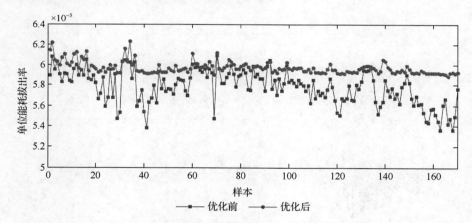

图 8-24　优化前后单位能耗拔出率对比图

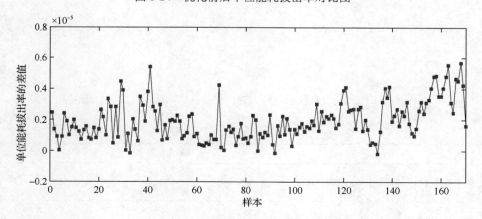

图 8-25　单位能耗拔出率优化前后差值

根据公式（8-31），可以计算出优化后的拔出率：

$$P_r = Y_{et} \times E \qquad\qquad (8\text{-}31)$$

以单位能耗拔出率最大为优化目标，优化前后的拔出率比较图如图 8-26 所示。以常压过程拔出率最大为优化目标，优化前后的拔出率比较图如图 8-27 所示。表 8-4 为优化前后平均拔出率对比值。

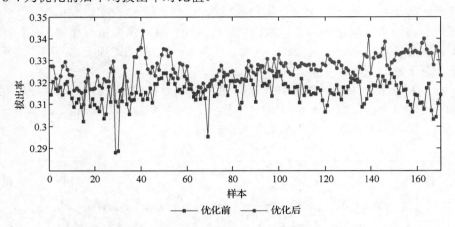

图 8-26　以单位能耗拔出率最大为优化目标优化前后拔出率对比图

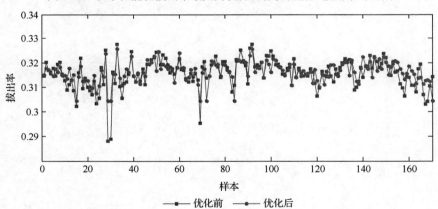

图 8-27　以常压过程拔出率最大为优化目标优化前后拔出率对比图

表 8-4　优化前后平均拔出率对比

优化目标	能效指标平均值	数值/%
以单位能耗拔出率最大为优化目标	优化前平均拔出率	31.56
	优化后平均拔出率	32.53
以常压过程拔出率最大为优化目标	优化前平均拔出率	31.56
	优化后平均拔出率	31.72

由表 8-4 可以看出，以单位能耗拔出率最大为优化目标，优化后的平均拔出率比优化前提高了 3.07%，以常压过程拔出率最大为优化目标，优化后的平均拔出率比优化前提高了 0.51%。因此所提出的优化控制策略使拔出率显著提高，说明了该策略的有效性。

接下来，通过以下公式做进一步比较：

$$P_{rh} = Y_{et} \times E \tag{8-32}$$

$$\Delta F_T = \Delta Y_{et} \times C_{ot} \times E = \left(Y_{eth} - Y_{etq}\right) \times C_{ot} \times E \tag{8-33}$$

$$\Delta E_T = \Delta F_T \times U_p \tag{8-34}$$

式中，P_{rh} 是优化后的拔出率；ΔF_T 是相对产量增幅，该指标反映了在消耗相同数量的能源和原油条件下优化后比优化前产量提高的情况；ΔE_T 是相对经济增幅；U_p 是原油单价，Y_{eth} 是优化后的单位能耗拔出率；Y_{etq} 是优化前的单位能耗拔出率；C_{ot} 是原油投入；E 是常压过程的综合能耗。通过公式（8-34）计算出每个采样点的相对产量增幅，如图 8-28 所示。

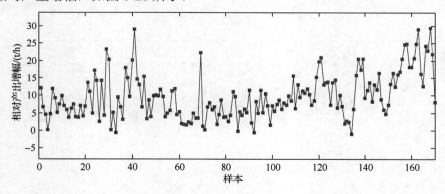

图 8-28　相对产量增幅

计算出 170 组样本的平均相对产量增幅为 9.714t/h。换言之，投入单位数量的原油和消耗单位能耗，优化后的常压侧线产品产量比优化前高 9.714t/h。企业年生产作业时间 8400h，年侧线产品增产 81597.6t，企业年经济效益将增加约 2 亿元。

4）温度范围为 ±3℃ 的优化结果分析

由于以温度范围为 ±5℃ 的优化后的出口温度和常顶温度波动幅度较大，结合生产工艺参数以及工厂实际生产设备运行状态，在保证设备安全性和寿命的前提下，将温度范围缩小至出口温度为 $376℃ < T_1 < 382℃$、常顶温度为 $112℃ < T_c < 118℃$，并进行新的优化计算。

图 8-29 和图 8-30 显示了优化前后的出口温度和常顶温度值。从图中可知，优化前出口温度设定值在 373℃，常顶温度设定在 114℃，优化后出口温度和常顶

温度在允许的范围内小幅度波动，均比优化前略微高一些，而且优化后的出口温度大部分位于 376℃和 382℃，优化后的常顶温度大部分位于 112℃和 118℃。这样，在实际优化过程中，减少温度调节的次数，避免了温度频繁波动对生产设备的损害。

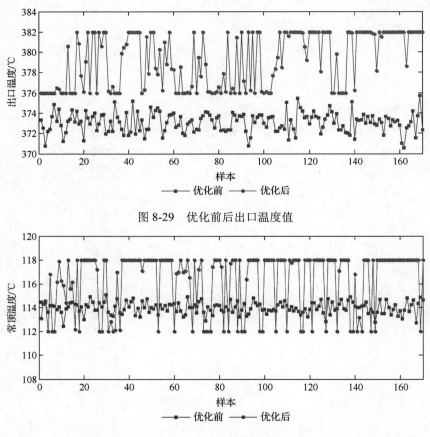

图 8-29 优化前后出口温度值

图 8-30 优化前后常顶温度值

图 8-31 为优化前后单位能耗拔出率。可以看出，优化后的单位能耗拔出率比优化前高，通过 170 组样本的数值，计算出平均相对产量增幅为 8.632t/h。换言之，在投入单位数量的原油和消耗单位能耗，优化后的常压侧线产品产量比优化前高 8.632t/h。与上文的优化结果相比较，由于温度的范围缩小了，最优的温度值受到了限制，导致单位能耗拔出率的优化结果降低了 11%。因此，出口温度和常顶温度的限制范围需要考虑实际生产过程设备的使用情况来确定，以保证优化控制策略的可行性和有效性。

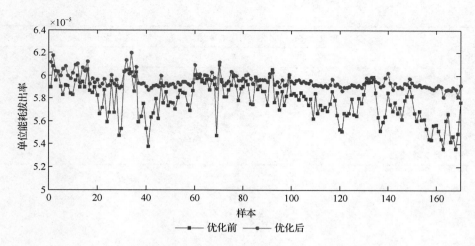

图 8-31　优化前后单位能耗拔出率对比图

从 170 组数据中选择 163 组数据进行详细分析，更具体地显示优化结果。表 8-5 给出了最佳运行参数的结果。以单位能耗拔出率为优化目标，优化后单位能耗拔出率为 5.93×10^{-5}，比优化前提高了 10.63%，优化后拔出率为 34.07%，比优化前提高了 10.65%，相对产量增幅为 29.76 t/h，相对经济增幅为 89280 元。以常压过程拔出率最大为优化目标，优化后单位能耗拔出率为 5.48×10^{-5}，比优化前提高了 2.24%，拔出率为 31.50%，比优化前提高了 2.3%，相对产量增幅为 6.44 t/h，相对经济增幅为 19320 元。由此可以看出，所提出的优化控制策略可以提高能源利用效率，增加产品产出同时带来了巨大的经济效益。

IPSO 优化控制参数的平均时间约为 20s，企业设备每小时采集一次数据。为了避免对预设温度值的频繁调整，建议每四小时对温度控制参数进行优化，减少温度频繁波动，并且为工厂工作人员提供足够操作时间，使控制策略在实际工程中可行。

表 8-5　运行参数结果

指标变量	以单位能耗拔出率最大为优化目标		以常压过程拔出率最大为优化目标	
	优化前	优化后	优化前	优化后
出口温度/℃	372.53	382.85	372.53	375.42
常顶温度/℃	114.78	107.21	114.78	113.76
常压塔底液位/%	70.36	70.27	70.36	70.38
常压塔底温度/℃	370.30	370.89	370.30	371.29
拔出率/%	30.79	34.07	30.79	31.50

续表

指标变量	以单位能耗拔出率最大为优化目标		以常压过程拔出率最大为优化目标	
	优化前	优化后	优化前	优化后
单位能耗拔出率/（$\times 10^{-5}$ kgEO）	5.36	5.93	5.36	5.48
原油投入量/t	907.08	907.08	907.08	907.08
相对产量增幅/（t/h）	29.76		6.44	
相对经济增幅/元	89280		19320	

8.4 本 章 小 结

为了实现常减压生产装置能效水平的提高，本章首先开展基于总拔出率的常减压能效优化操作。利用 LSSVM 进行常减压生产装置的总拔出率的软测量建模预测，在此基础上，以总拔出率最大为优化目标，利用 PSO 对直接影响总拔出率的减压塔顶温度和真空度同时进行寻优，实现了能效水平的整体性提高。然后，通过对工艺过程和监测数据的分析，以常压炉单位能耗产品转化率为优化目标，通过粒子群优化算法对常压产品的产出量和常压炉综合能耗同时进行优化，在保证产品产出量有所提高且稳定性更强的情况下，使常压炉综合能耗有所降低且稳定性更好。最后，本章通过提出炼油常压过程的单位能耗拔出率指标，并以此为优化的目标函数模型，采用 IPSO 算法对出口温度和常压塔顶温度进行优化，找到使单位能耗拔出率最大的最优温度值，从而提高了炼油常压过程的能源利用效率。

第四篇

应用

第 9 章　能效监测与评估系统

乙烯工业和炼油工业作为石油化工行业的重要基础产业和能耗大户，因其涉及多能源介质和多物料流传递及转化，流程长、工艺原理复杂，成为节能减排工作的重点和难点。作为能源管理的基础，能源利用效率的有效监测与评估十分重要。目前，众多企业仍采用人工统计的方法进行能耗盘点，准确性与时效性很难保证，也无法为生产调度提供在线支持。因此，设计开发乙烯和炼油生产过程能效监测与评估系统，对于生产企业提高能源的使用效率，实现节能减排，建立以能效分析为基础的大数据能效管理平台具有重要的实际意义。

9.1　乙烯生产能效监测与评估系统

乙烯生产过程工艺流程长，所涉及的环节与设备众多，具有很强的关联性与时滞性。因此，本章利用前述各章建立的能效评估指标体系和评估方法，采用多维度、分层次的乙烯能效评估系统结构，建立乙烯生产过程能效监测与评估平台。为此，在乙烯生产过程能效监测与评估系统的设计中，必须考虑乙烯过程的复杂性、监测计量点位繁多、数据的统一协调和真实有效，同时还要兼顾系统的易用性与实用性、便捷性和敏捷性，为企业实现以能效优化为目标的优化操作、优化运行，以及能源调度、管理与优化控制提供技术支持，所以系统的总体设计十分关键。通过对乙烯生产能效监测与评估需求的详细分析，在综合现场硬件设备条件以及系统配置的条件下，依照需求分析、功能设计、结构设计、模块设计等详细步骤，逐步进行合理规划与方案调配，完成乙烯生产能效监测与评估系统的方案设计。下面对每一部分设计进行详细介绍。

9.1.1　企业需求分析

乙烯生产过程的厂区覆盖面积很大，监测点位众多，能效统计工作十分繁复。以往的能效盘点工作都是以日作为最小单位进行统计，存在着严重的滞后性，无法进行生产干预与指导，很难通过控制生产条件改善能源使用情况。因而针对能效监测问题研发设计的乙烯生产能效监测与评估系统，必须能快速实时地处理当前的现场监测数据，通过指标、算法、模型等一系列工具快速而有效地判断当前的能效情况，并给出合理的建议，以指导现场操作与控制，有效提高能效水平。

同时，考虑到能效监测与评估工作并不直接通过计算机干预生产设备的具体操作，其安全性与稳定性的要求主要集中在数据层面，等级略低于生产操作。而能效问题关注人群众多，从具体设备的操作工人，到车间负责人，以至厂区及集团领导，均关注生产能效问题，因而系统的使用应具有较强的便捷性以及多样性。综合各方面的考虑，本书采用 B/S 的开发结构，利用 Java Web 技术配合 Oracle 数据库技术进行系统开发，很好地满足了上述需求。

在乙烯生产企业所代表的流程制造业的信息化建设中，采用三层企业信息架构。这三层分别为处于企业上层的 ERP、处于底层车间的 PCS 和处于前两者之间的 MES。MES 面向制造企业车间执行层，提供包括计划排程管理、库存管理、质量管理、人力资源管理、工具工装管理等信息，为企业打造制造协同管理平台。但 MES 中缺少能效管理模块，缺乏对能源信息的掌控与决策。乙烯生产能效监测与评估系统正填补了这一空白。通过获取采集设备、仪表的状态数据，经过各种模型、算法的分析、计算与处理，将能效信息整合，进行反馈，从而发挥其节能减排的作用。因而乙烯生产能效监测与评估系统从能效角度连接了企业的生产控制与调度计划，属于 MES 系统的一部分。如图 9-1 所示。

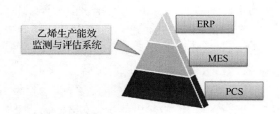

图 9-1　流程工业企业信息化系统架构

通过乙烯生产能效监测与评估系统的能效监测模块，获得乙烯生产过程中的能效实时数据。在进行一系列的评估、诊断之后，结合操作人员的生产经验，得到操作控制与生产调度方案，施加于控制与调度系统，对乙烯生产过程进行调节，以期降低能源消耗，提升生产效率。通过乙烯生产能效监测与评估系统，对生产的控制调度可以实时获得生产过程的能效情况，并据此采取相应措施，真正达到实时控制的目的。如图 9-2 所示。

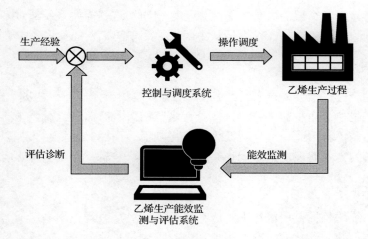

图 9-2　系统作业回路

综合分析，企业运用乙烯生产能效监测与评估平台的主要需求与实现要点集中在以下几个方面。

1. 时效性

过去的能效统计工作周期长、时滞大，往往只能反映几天之前的能效情况。所以企业急需能及时反映当前生产能效状态的监测评估手段，来及时修正生产中的不当操作，优化能效水平，实现企业利益的最大化。

2. 准确性

乙烯的生产过程具有长时滞、流程复杂等特点，从现场采集的数据需要经过进一步处理，才能准确反映出生产过程中的当前能效状况。这要求能效的监测与评估不能对数据拿来即用，需要进行可用性判断与处理，保证系统的准确性。同时，系统的准确性是系统的最基本特征，保证计算准确是系统有效的首要条件。

3. 便捷性

在系统应用过程中，为了确保企业人员能够随时随地获取到能效水平分析的结果，必须保证系统使用的便捷性。操作人员只有能够及时查看当前的能效分析，才能够及时做出相应调整，保证运行的优良结果。

4. 多样性

石化企业往往人员密集，分布层次广。而能源利用效率是大家共同关注的话题。小到车间班组之间的竞争比较，大到集团发展战略的制定，都离不开对能效水平的参考。但各个层面人员的关注点不尽相同。这就需要系统通过多个角度展示能效检测与评估的结果，以满足从集团领导到车间工人的使用需求。

5. 易用性

乙烯生产过程十分复杂，因而对其进行能效检测与评估需要从多个角度进行。这个过程产生多个角度的结果，直接查看这些结果不够清晰直观，很难快速得出所需的评估结论。因此，如何化繁为简，将众多的指标等评估结果加以综合，以直观而有效的方式展现出来，增强系统的易用性，是需要重点考虑的问题之一。

6. 安全性

在本系统的目标使用群体中，成分复杂、人员众多，使用易造成管理混乱的问题。且本系统所涉及的生产过程能效数据，也是企业所关心的机密数据。功能安全与数据安全这两个方面的需求，要求系统的设计一定要注重安全性能，保证系统平稳，且数据不轻易外泄。

7. 可扩展性

所设计的系统应当是一个能效监测与评估的平台。在此平台上，不应当形成封闭的打包产品，而应当为使用者提供强大的扩展性。可以预见，在未来的使用过程中，随着能效监测与评估算法的不断改进和完善，以及评估模型与先进算法的不断加入，本系统能发挥更强大的作用。因此，提高系统可扩展性是本系统的重要考虑方面之一。

9.1.2 系统功能设计

本节根据 9.1.1 节中所述的关注重点，提出对应解决策略，如表 9-1 所示。

表 9-1 系统关注需求及解决策略

关注需求	解决策略
时效性	精准定时任务的执行、快速反馈
准确性	数据综合与预处理
便捷性	B/S 开发结构
多样性	丰富的图表展示
易用性	专家系统、辅助功能设计
安全性	多权限用户管理
可扩展性	模块化设计、功能分离

对于时效性要求，系统采用精确的定时任务执行模式，并且尽快将采集与运算结果反馈给使用者。为了保证监测与评估的准确性，需要对各个渠道来源的数据进行综合，以及必要的预处理，达到去伪存真、提炼有用数据的目的。整个系统采用 B/S 的开发结构，轻量化客户端的程序量，以增强系统的便捷性。在系统中提供丰富的图表展示，将监测与评估结果以多种形式呈现出来，供不同需求的用户各取所需，获得最佳的用户体验。系统集成专家系统以及报表与计划等辅助功能，使得系统的易用性得到提升，不仅能效监测与评估更加直观，而且提供众多方便的功能。在安全性方面，御用多层用户权限管理系统为不同用户提供不同的服务，以保证数据与使用的安全。系统采用模块化的设计与开发，尽量减少各模块间的耦合，达到功能分离的目的，为今后的系统拓展提供方便，大大增强系统的可扩展性。

乙烯能效监测与评估系统的两大重要功能在于监测与评估，它们是企业洞悉自身生产状况的基础，也是本系统的核心。因此，系统中各功能集群可归纳为三个部分，如图 9-3 所示。其中，能效监测与能效评估是两个主要功能集群。能效监测主要负责采集工业现场的数据，并进行数据的预处理，将实施数据进行趋势呈现，对能效评估涉及的工艺参数进行参数设定，以及监测评估结果的归档存储等。能效评估包括能效指标的计算和历史记录的查询，结合先进算法进行评估统计，以及提供能效优化决策支持等。除此之外，系统还提供了帮助改进生产的多个辅助功能，包括工艺流程概览，报表的自动生成与交付、生产计划管理、用户管理系统以及操作日志等功能。

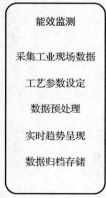

图 9-3　系统功能设计

9.1.3 系统结构设计

1. 硬件结构设计

乙烯生产过程涉及的设备工艺众多，因而所使用的底层仪表及控制器种类繁多，这些仪表的规格也不尽相同。因此，如何统一使用规格，获取不同设备所产生的多样化的数据，是应当着重考虑的问题之一。另外，由于乙烯生产能效监测与评估系统的使用便捷性要求，此系统应当满足轻量化客户端的需求。如何保证用户不用预设安装，随时随地访问系统的需求，也是一个重要的问题。为了处理以上两个问题，本节提出了以下硬件结构设计方案，如图9-4所示。

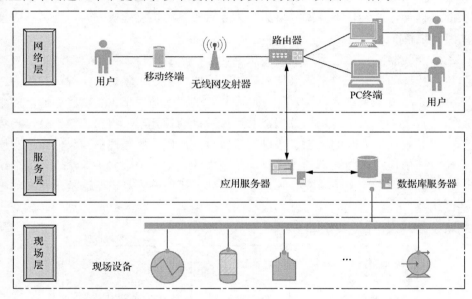

图9-4　硬件结构设计

在现场层，各种现场监测以及控制设备的实时数据通过企业的信息网与系统的数据库服务器连接。

在服务层，服务器按一定周期定时从信息网的数据流中抓取数据进行归档存储，形成系统的初始数据。应用服务器中的数据处理模块、指标计算模块、模型诊断模块等协同工作，对数据库服务器中的数据进行处理，完成一系列的监测与评估工作。与此同时，应用服务器接收从网络层传递来的各个用户发送的请求信息，并对其进行分析处理，与数据库服务器协同工作，共同完成用户的请求，交付给前端。服务层是整个系统的核心部件。

在网络层，用户通过局域网与应用服务器相连。其中，使用无线终端的用户也可以通过路由器与无线网发射器并入企业内部的局域网络。用户通过浏览器直接对应用服务器进行访问，而不需要进行任何其他软件的安装。

通过本节的硬件结构设计，系统可以满足用户随时随地便捷使用系统的需求。只要用户手边有手机或 PC 等智能终端，并连接了企业的局域网络，就可以通过浏览器轻松访问系统，获得最新最及时的能效监测评估结果，用于生产调整与优化。同时，由于采用工业以太网以及企业的信息网络，不同类型与制式的底层仪表与设备的数据得以统一传输与访问，为能效评估监测工作提供了最新的一手数据，同时保证不会改写具体控制设备参数，有效地保证了系统的安全性。

2. 软件结构设计

由系统的硬件结构设计分析，可知系统的主要功能分为以下三个方面。

1）与用户交互

这部分负责与用户进行互动，接收用户提出的请求，处理并转发给对应业务处理模块。在得到处理结果后，加工打包，以合理高效的方式呈现给用户，使用户得到舒适清晰的使用体验。这部分的工作由表现层完成。

2）处理详细业务

处理具体的业务逻辑。包括数据处理、计算统计、优化诊断等业务模块，以及调动这些模块的控制逻辑。通过各个模块清晰的分工，以及自动匹配的合理调用与协调，相互配合工作，完成一系列复杂的业务处理工作。这部分工作由业务层完成。

3）数据库部分的交互

数据库部分将各种底层仪表的数据统一获取至外部数据库中，并设立本地数据库，用于存储乙烯生产能效监测与评估系统所产生的数据。二者通过数据接口与业务层进行交互。保证业务层可以对数据库进行高效、准确的增删改查工作。这部分由数据层完成。

综上可以设计得到系统的软件结构，如图 9-5 所示。

用户通过浏览器与系统的表现层（前台）进行交互。系统的前台主要通过 html 页面向用户进行展示。获得用户的使用请求后，前台对其进行封装，通过 Ajax 的方式将其发送至业务层（后台）。后台对请求处理后，通过 Ajax 方式返回前台。前台收到处理结果后，动态生成 html 网页，通过浏览器以合理的方式向用户反馈。

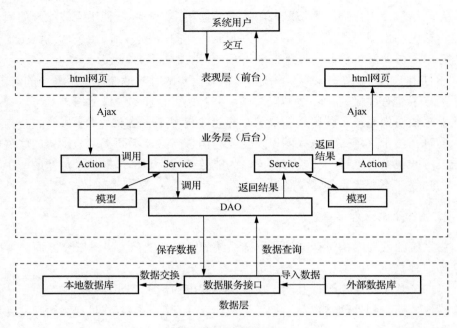

图 9-5　软件结构设计

后台通过一系列 Action 接收前台请求，对其进行拆包。通过反射机制，匹配对应的 Service 对具体请求进行处理。Service 负责对后台整个处理过程进行统筹调度。根据具体请求的内容，调用实现封装的模型进行处理。这些模型包括能效监测、指标计算、优化诊断、专家系统等多种内容，Service 调度这些模型完成工作。在需要具体数据时，Service 通过通用的 DAO 接口向数据层请求数据。经过一系列的操作运行，Service 将获得的程序结果打包返回给 Action。Action 得到结果并确认无错误后，再通过 Ajax 发送向前台。

数据层用于处理后台对数据的新增、删除、修改、查找等工作。同时，利用合理的存储机制，保证数据请求的高效准确完成，以及外部数据库与本地数据库的协调工作。

通过这样的软件结构设计，尽可能保证了系统的模块化与通用性。各部分的分工十分明确，在系统需要扩展或升级时，可通过较小的代码量完成任务，有效地增强了系统的可扩展性。

9.1.4　系统使用流程设计

乙烯生产能效监测与评估系统采用模块化开发模式，减少各模块间的相互影响，保证各模块的独立。因此，本系统采用 OOP 模式，以对象所具有的属性及其可能行为代替事件完成流程，对独立行为进行设计。这样的设计具有利于思考、开发独立等优势。

　　面向对象的设计模式通过对象间的相互作用完成工作，依靠相互之间的消息进行程序流转。严格意义上来讲，OOP 程序并不具备统一、清晰的程序流程。下面是用户使用本系统典型流程的一个演示和说明，用户在使用中可以参照此流程。如图 9-6 所示。

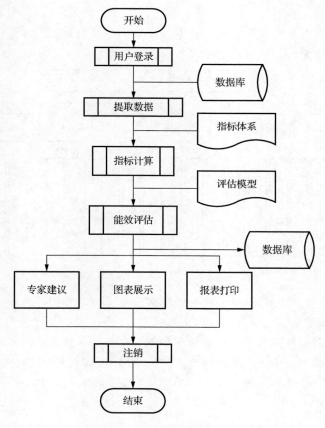

图 9-6　典型应用流程

　　用户在应用本系统时，首先需利用所分配的用户授权通过用户名和密码进行登录确认。系统会根据用户信息自动分配用户权限，以便各项功能的使用。从数据库中提取到的实时生产数据，参照指标体系中的内容，进行各项能效指标计算。再根据不同评估模型进行能效评估与诊断。以上分析所得的各种结果，通过图表实时向用户进行展示。另外，用户还可以查看专家建议以及进行报表打印等工作。这些计算与分析的结果也会存入数据库进行归档，以便以后查看使用。当用户点击注销或者长时间不进行任何操作时，系统自动退出登录，结束使用过程。

值得注意的是，本系统不提供游客访问模式。因为本系统的使用是在乙烯生产企业内部局域网中进行，对外是封闭状态。为了保证生产数据不会外泄，以及评估参数的准确性，使用者必须通过身份（ID）认证确认自身权限，以便日志追踪和责任审查。因此，使用本系统必须进行登录操作，而且为了保证安全性，在某用户长时间不进行任何操作时，系统会自动退出登录，以防他人操作。

9.1.5　系统模块设计

为了便于开发和管理，同时方便系统未来的扩展与升级，本设计方案将功能分割为多个模块进行独立设计及研发，如图 9-7 所示。

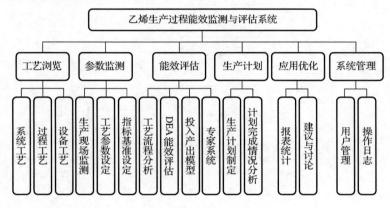

图 9-7　系统模块设计

乙烯生产能效监测与评估系统分为工艺浏览、参数监测等 6 个板块。工艺浏览部分通过直观的工艺流程简图准确反映当前生产状况；参数监测部分以表格形式集中监控当前点位数据和指标计算参数等；能效评估板块通过计算指标的实时值并记录变化趋势，协同多种能效评估模型，多角度评价当前生产过程能效情况。其他功能如生产计划、应用优化、系统管理等功能也加入设计，使系统更加完善。具体设计介绍如下。

1. 工艺浏览

乙烯生产能效监测与评估系统的使用者包括生产一线的工艺负责人。对于这些工作人员，现场生产工艺图最为清晰直观，能够及时反映能效情况。为了方便工艺人员使用，本系统提供了系统、过程、设备等不同层级工艺流程概览图，采用一线工艺工人最为熟悉的 PCS 上位机监控流程图的方式，并在图上对关乎能效的重点数据进行监测，以便使用者快速分析能源利用情况。部分工艺（裂解炉工艺）如图 9-8 所示。

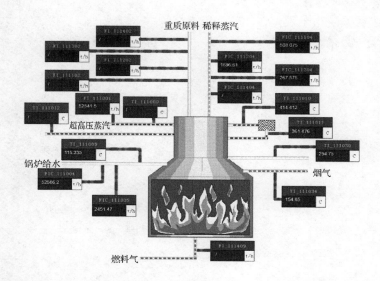

重质原料 稀释蒸汽

超高压蒸汽

锅炉给水

烟气

燃料气

图 9-8　裂解炉工艺浏览

2. 参数监测

参数检测包括生产现场监测、工艺参数设定、指标基准设定几个子功能。

生产现场监测以表格的形式将乙烯生产过程中各设备、流程所关注的能效相关点位按照能源流与物质流的分类罗列出来，集中统一，适合于仪表车间人员进行实时观测，如图 9-9 所示。

裂解区能量流

能源名称	位号	实时值	单位	时间
BFW（锅炉给水）进口温度	TI_111009	115.335	C	2017-05-26 16:25:00
BFW（锅炉给水）进口温度	TI_111030	/	C	/
燃料气AQ	FI_19002	/	t/h	/
燃料气（LPG）AM	FIQ_19007	20.1098	t/h	2017-05-26 16:25:00
天然气（NG）AN	FI_19006	7.9668	t/h	2017-05-26 16:25:00
燃料气（FG）AO	FIQ_19001	/	t/h	/
1.0Mpa蒸汽AS	FI_19103	49.125	t/h	2017-05-25 16:25:00
0.4Mpa蒸汽AT	FIC_19105	/	t/h	/
1.0Mpa蒸汽AH	FIQ_19120	/	t/h	/
3.5Mpa蒸汽AG	FI_19102	/	t/h	/
0.4Mpa蒸汽AI	FIQ_19122	/	t/h	/
烟气排烟温度	TI_111034	/	C	/
BFW（锅炉给水）流量	DG_LJQ_001	55234	kg/n	2017-05-25 16:25:00
稀释蒸汽量	DG_LJQ_002	2429.45	kg/n	2017-05-25 16:25:00

裂解区物质流

产品名称	位号	实时值	单位	时间
加氢裂化尾油	FIQ_110001	73.375	t/h	2017-05-25 16:25:00
轻经油料	FIQ_110002	/	t/h	/
石脑油	FIQ_110003	184.25	t/h	2017-05-25 16:25:00
稀饮丙烯	FIQ_110004	/	t/h	/
加氢原油（拔头油）	FIQ_110006	0.4218	t/h	2017-05-25 16:25:00
蒸一减混油	FIQ_110007	60.8128	t/h	2017-05-25 16:25:00
DPG	FIQ_15026	/	t/h	/

图 9-9　生产现场监测数据

工艺参数设定用于设定在能效计算指标体系中涉及的一些工艺参数，通过这些参数与现场数据结合，可准确计算能效实时值，如图 9-10 所示。

序号	名称	值	单位	基本操作
1	工业水AC折能系数	2	kgeo/t	搜索
2	循环水AD折能系数	0.1	kgeo/t	搜索
3	脱盐水AE折能系数	2.3	kgeo/t	搜索
4	生活水AF折能系数	0.17	kgeo/t	搜索
5	3.5Mpa蒸汽AG折能系数	88	kgeo/t	搜索
6	仪表风AJ折能系数	0.038	kgeo/t	搜索
7	工厂风AK折能系数	0.026	kgeo/t	搜索
8	氮气AL折能系数	0.15	kgeo/t	搜索
9	热水AP折能系数	1	kgeo/t	搜索
10	污水AR折能系数	-1	kgeo/t	搜索

从 1 到 10/共 20 条数据　　　　　　　　　　首页　前一页　1　2　后一页　尾页

图 9-10　工艺参数设定

指标基准设定模块提供使用者自行设定指标基准值的功能，用户可根据统计结果以及生产经验，对能效指标设定参考值。此参考值可与实时值进行比较，或作为能效优化的目标等。

3. 能效评估

能效评估模块包括工艺流程分析、DEA 能效评估、投入产出模型、专家系统几个模块。

工艺流程分析以表格的形式向用户展示系统级、过程级、设备级能效评估指标的实时计算值，用户还可以查看指标的计算时间和单位，如图 9-11 所示。对于每个指标，点击详情，可查看此指标的计算公式与意义，以及指标的变化趋势。通过查看不同时间跨度的历史变化趋势与设定值，可以轻松直观地获得指标的变化情况，如图 9-12 所示。

σξ 系统级工艺流程分析

指标名称	计算时间	计算值	单位	点击详情
系统级综合能耗	2017-05-25 16:25:00	46626.9046	kgeo	详情
乙烯收率	2017-05-25 16:25:00	33.1823	%	详情
单位乙烯综合能耗	2017-05-25 16:25:00	455.7394	kgeo/t	详情
单位乙烯原料消耗	2017-05-25 16:25:00	444.8907	kgeo/t	详情
单位乙烯水消耗	2017-05-25 16:25:00	43.0421	kgeo/t	详情
单位乙烯蒸汽消耗	2017-05-25 16:25:00	-36.1766	kgeo/t	详情
单位乙烯气体消耗	2017-05-25 16:25:00	5.6578	kgeo/t	详情
单位乙烯电耗	2017-05-25 16:25:00	12.224	kgeo/t	详情

图 9-11　系统级能效指标

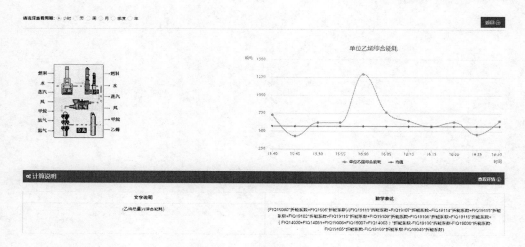

图 9-12 指标历史详情

DEA 能效评估与投入产出模型均属于具有先进算法的模拟预测优化模型，这些模型需要通过 MATLAB 等第三方工具对现场数据进行计算，得到模拟的结果，从而起到预测、优化等效果。通过对乙烯生产过程的建模，利用乙烯生产的实时数据进行运算，获得乙烯生产的能效状况。设计方案如图 9-13 所示。

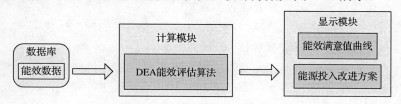

图 9-13 DEA 能效评估设计方案

通过之前的能效指标计算与先进模型的计算分析，利用系统内置的专家系统，对乙烯生产过程的能效实时情况进行整合分析，给出生产操作中存在的问题以及对应的解决方案，以辅助操作人员进行工艺调度修正。

4. 生产计划

能效状况与产能情况有一个共同点，即在企业的生产计划与盘点统计工作中，都是重要的考核项目。因此，有必要在乙烯生产能效监测与评估系统中集成关于生产计划的功能模块。此模块包括生产计划制订与计划完成情况分析。在生产周期开始前进行生产与能效计划的制订，在生产过程中可实时对计划完成情况进行查看与分析，如图 9-14 所示。

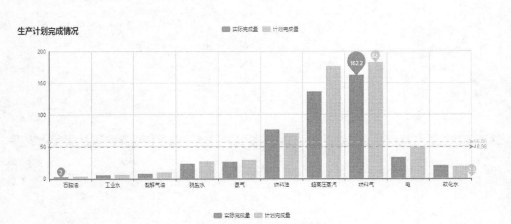

图 9-14　生产计划完成情况

5. 应用优化

应用优化功能定义为一些辅助用户的功能，以帮助用户完成一些便捷优化的工作。此部分包括报表统计以及建议与讨论。

报表统计功能将系统中的能效评估结果，按照用户的标准报表格式，自动填充表格，并导出与打印，如图 9-15 所示。

建议与讨论功能类似于网站 BBS，利用企业局域网的优势，加强不同用户间的交流合作。通过发帖、回帖、点赞等功能，共同发现生产问题，并集众之智给予解决，如图 9-16 所示。

乙烯生产装置能耗测算【月】
2016.5.30~2015.6.30

序号	能源名称	计量单位	对比折算系数/千克标油(吨、kWh)	设计值（1AT级）		乙烯产量	裂解装置	压缩分离装置
				小时耗量	吨乙烯消耗			
一	燃料合计	Nm3/h						
1	低压瓦斯流量	Nm3/h	1000					
2	高压瓦斯流量	Nm3/h	1000			2182.703	976.778	756.11
3	氢气流量	Nm3/h	1000			2182.703	0	0
4	燃料流控	t/h	3000			2182.703		
5	F2燃料油流量	t/h	500			2182.703		1122.2
二	水合计	吨				2182.703	0	453.25
1	脱盐水	吨	0.17	20	0.2	2182.703	4	5
2	循环水	吨	0.17	1	0.01	2182.703	55	211
3	标氧水流量	t/h	0.25			2182.703		
4	冷却水流量	t/h	2.3	307.26	3.07	2182.703	2026	545
5	电脱盐排水流量	t/h	0.1	40009	400.01	2182.703	680640	54545
6	Y2104排污流量	t/h	9.2	-50	-0.5	2182.703	-187	-545
三	电	kWh	0.2338	15994	159.94	2182.703	148000	45432
四	蒸汽合计					2182.703	0	0
	合计						1142722	5454545

图 9-15　报表统计

最新动态

乙烯裂解炉区出口温度过高

#3炉的出口温度过高，已经开启降温阀，请说明原因

急冷水塔水压的调节与控制原则

急冷水塔的作用为冷却裂解区的裂解气，以便压缩区使用…

乙烯产品合格率监测

乙烯产品的合格率应从多个角度考虑，包括分子量…

图 9-16　建议与讨论

6. 系统管理

权限管理部分包括用户管理与操作日志。用户管理部分存储用户的用户名与密码，以及所属部门和权限等级。将用户按权限分为多个等级组，不同等级组具有不同操作权限，以保证系统的功能安全。高等级权限用户可以在此进行用户信息的增删改查等不同操作，如图 9-17 所示。具体的权限设计如表 9-2 所示。

序号	用户名	部门名称	权限	最后登录时间	基本操作
1	dutzjh	大连理工大学	超级管理员	2017-05-25 11:57:16	搜索　删除
241	yuxiaoyu	XX石化	系统管理员	2017-01-09 19:40:46	搜索　删除
361	shaoyanshuo	大连理工大学	普通用户	2016-11-21 10:39:11	搜索　删除
381	kuyanhui	大连理工大学	数据管理员	2016-11-23 16:56:26	搜索　删除
641	dut	XX石化	普通用户	2016-06-11 09:16:17	搜索　删除

图 9-17　用户管理页面

表 9-2　系统用户权限

权限角色	具有权限			
	能效监控	能效评估	系统操作管理	数据操作
超级管理员	√	√	√	√
系统管理员	√	√	√	
数据管理员	√	√		√
普通用户	√	√		

操作日志主要记录不同用户在使用系统时所执行过的重要操作，以便追踪查询，如图 9-18 所示。

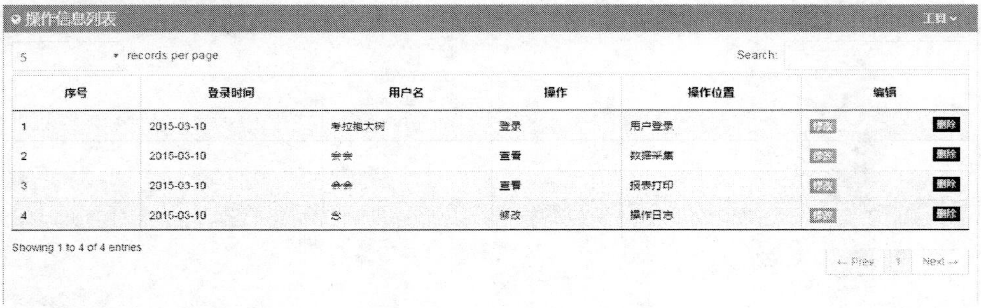

图 9-18　操作日志

9.1.6　实验室内的测试与运行

乙烯生产过程能效监测与评估系统采用了模块化的开发手段，各个模块之间相对独立。因此，在完成一个模块的开发之后，会立即对此模块进行单元测试。

单元测试采用的是 JUnit 技术。JUnit 是一个回归测试框架，由 Erich Gamma 和 Kent Beck 编写。JUnit 框架主要在项目中用于白盒测试，可以在不启动服务器的情况下，对单独的类或方法进行测试，并通过控制台或日志文件输出测试结果。在 JUnit 的帮助下，系统实现过程中的大部分 bug（隐错）都在开发阶段进行了有效修复。

但系统各个模块之间的协调工作仍然有一定概率出现问题。为了解决这些问题，防止模块联合工作带来 bug，缩短工业现场投运调试时间，系统在投运前进行了实验室内的测试与运行。另外，由于工业现场的系统硬件结构与底层控制及监测仪表先连接，虽然采用信息网进行通信，风险性很低，但仍不能完全保证不会对生产系统产生影响。因此，减少现场运行调试版本的 bug，防止非预计状态的产生，也是工业现场安全性的考虑之一。除此之外，进行实验室内的测试与运行，可以对系统的运行性能有更好的了解，对系统的实用性考察更加全面。

乙烯生产过程能效监测与评估系统的测试在辽宁省工业装备先进控制系统重点实验室中进行。以实验室中的局域网为载体，搭建测试的硬件环境，如图 9-19 所示。

在测试中，将应用服务器与数据服务器合并，用一台测试服务器替代。通过手机、笔记本以及 PC 通过局域网络访问部署在服务器中的系统，模拟现场应用环境。所用设备的参数如表 9-3 所示。

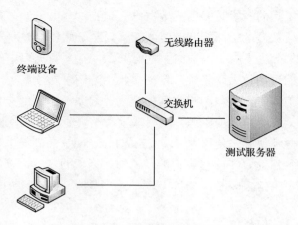

图 9-19　测试环境硬件结构

表 9-3　测试硬件参数

硬件类型	名称	配置信息
测试服务器	型号	IBM System x3500 M5
	CPU	Intel® Xeon® CPU E5-2620 v3 @2.40GHz（2 块）
	内存	64.0GB
	硬盘	550GB
交换机	型号	TP-Link TL-SF 1024
	传输速率	10MB/s 或 100MB/s
	传输模式	全双工/半双工自适应
路由器	型号	Mercury MW300R
	网络协议	CSMA/CA,CSMA/CD
	无线标准	IEEE 802

　　硬件配置方面的配置原则是保证等于或弱于工业现场，尤其是在服务器方面。因为在保证了实验室中较弱的硬件配置下系统仍能平稳运行，就能确保不会因为硬件限制导致工业现场无法投运。

　　而在系统模拟现场环境的过程中，如何模拟生产现场产生的实时工业数据，不断更新数据库信息，驱动系统的运行，则是软件部分重点突破的方向。为了解决这一问题，本节提出利用工业现场提取的过往数据模拟新数据的解决方案。具体方案如下：

　　（1）获取工业现场的过往实时数据，并考察数据的丰满程度，选出时间跨度较长、数据较为丰满的一段时间内的数据。

（2）利用这段数据，按照相同的时间间隔，从开始测试时获取对应数据。

（3）在获取的数据上打上当前时刻的时间戳，存入数据库中。

（4）当选取的过往数据读完时，自动从起始时刻重新读。

由于以上方案并未产生与用户之间的交互，与系统本体部分相对独立，因此将这一部分封装为一个单独的工程，即测试驱动模块。为了减轻服务器的 Web 服务容器的压力，此模块并未使用 SSH 框架或 Java Web 的其他框架，而是作为一个单独的线程进行启动。在此模块中涉及了与数据库的交互，以及定时任务的执行，因此单独使用 Hibernate 框架以及 Quartz 框架，测试驱动模块工程结构如图 9-20 所示。

图 9-20　测试驱动模块工程结构

eneity 包与 point 包主要起到与数据库映射的关系，配合 hibernate.cfg.xml 这一配置文件，完成 Hibernate 的关系-对象映射配置。在 test 类中定义了 Quartz 框架所需的 Scheduler 以及 Trigger，将主要的业务逻辑实现于 task 包的 JobMinutely 中。业务逻辑流程图如图 9-21 所示。

JobMinutely 的任务主要包括建立数据库连接、读取并存入数据、关闭数据库连接三个阶段，具体做法与前述的方案设计相同。需要注意的是，考虑到大量数据读写的速度与占用资源问题，设立了数据缓冲区，保证数据库连接部分运行顺畅。经测试，测试驱动模块运行正常，如图 9-22 所示。

除了测试驱动模块之外，系统的其他运行软件环境应当尽量模拟工业现场环境。系统的软件环境如表 9-4 所示。

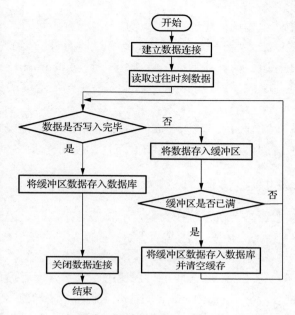

图 9-21　JobMinutely 流程图

图 9-22　测试驱动模块运行情况

表 9-4　测试软件环境

软件类别	使用版本
服务器系统	Windows Server 2012 Standard
数据库	Oracle Database 10g Enterprise Edition Release 10.2.0.1.0
Web 应用服务器	Apache Tomcat 7.0.73.0
客户端系统	Windows 10 专业版、Windows 7、Android 4.2、iOS 10.3.1 等
浏览器	Internet Explorer 10、Chrome 55.0.2883.75、Firefox 52.0.2 等

在保证服务器的 Oracle 相关服务运行的情况下，利用 Windows 的批处理命令 bat 文件，启动测试驱动模块，之后启动 Tomcat 服务器，即可通过连接统一局域网的各种设备的浏览器访问系统。

系统实验室中连续试运行超过三个月，并未出现大的问题，运行良好。

为了对乙烯生产能效监测与评估系统的运行性能有进一步了解，本系统在实验室测试阶段还进行了负荷性能测试。测试主要通过 Loadrunner 录制操作脚本，模拟用户操作。通过多并发用户的测试以及此条件下响应速度的测试，验证系统负荷性能。

通过测试，系统在并发用户数为 300 的点没有崩溃，可以流畅运行，且在 CPU 运转高峰期时响应时间仍然在 5s 以内，符合工厂的使用需求。

9.1.7　工业现场的系统投运

乙烯生产能效监测与评估系统在实验室中长期运行良好，达到了工业现场的系统投运需求。在将系统工程以及所需组件进行打包后，系统进入现场投运阶段。

由于系统采用模块化开发的特点，系统的投运流程十分简单。在进行数据库配置以及局域网络配置之后，系统即可投入使用。但系统投运仍存在两个问题，导致系统响应速度较慢。一个是 Tomcat 中加载工程较多，导致启动缓慢，且用户请求响应时间过长；另一个是数据库采集点位过多，集中在采集数据表中使得数据查询速度达不到要求。

第一个问题是由于在现场的应用服务器中，存在很多已有工程。这些工程同时运行，经常导致 Tomcat 启动超时，或启动后内存溢出，系统崩溃。针对这一问题，发现系统中各个工程依赖 jar 包数量繁多，各自使用，且重复较多。因此，建立共享目录并绑定 Tomcat，启动后使各个工程共享目录中依赖 jar 包。这种方法使得 Tomcat 启动不再存在问题，运行也更加流畅。

第二个问题产生的主要原因是现场的数据库获取数据能力较弱，对于大量数据采集的任务完成比较吃力，在这种情况下乙烯生产能效监测与评估系统对原始数据表的操作就会受到阻碍，使得整个系统运行被拖慢，使用不够流畅。

针对这种问题，下面给出了分表存储与查询的解决方案。

（1）将数据点位按照点位的 ID 划分成多个部分，每个部分建立一张数据库表进行存储。之后在数据库的点位信息表中添加"所属数据表"这一字段并填充每个点位的数据。

（2）在业务层的对象-关系映射包 Entity 中，建立点位数据表的原型 Point。之后通过继承原型，派生多张表的对应类 PointN，并将其配置信息一一对应，如图 9-23 所示。

（3）在业务层的 DAO 包中，添加专门的访问逻辑，封装成固定的方法。在业务层原有的访问数据点位的方法中，率先调用此方法，以保证点位的正常访问。

通过这一系列的措施，数据库获取数据的能力获得了较大提升，在要求的时间频率下，能够完成需求的数据获取任务。同时，对于系统的业务层，增加的访问时间几乎可以忽略不计，并未对系统的运行流畅度产生影响。

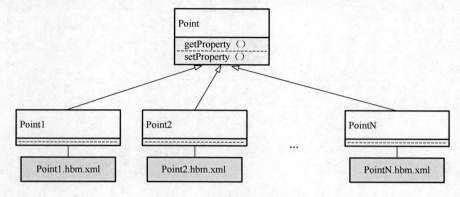

图 9-23　点位映射类继承关系

这一问题的解决，也说明底层模块的巨大变化并未对上层的业务逻辑产生实质性的影响，而这种低耦合高聚合的模块化开发思想，进一步证明了 Java Web 技术的强大性，以及 SSH 框架的便利性。

乙烯生产能效监测与评估系统在经过简单的适配工作以及上述问题的解决之后，投入工业现场的正式应用中。经过不断调整和版本升级之后，性能不断加强，功能逐渐完善。自 2016 年 6 月投入使用以来，系统运行稳定，积累了大量的数据，发挥了其准确评价企业用能状况、提升能效的功能，获得了企业的肯定。

9.1.8　运行结果与分析

在乙烯生产能效监测与评估系统投入运行后，能效的监测评估工作更加便捷与快速。在辅助决策方面，也为企业的节能降耗提供了有力支持。结合其他有效的节能降耗措施，使得企业的能效水平大大提高。以下就几个关键性指标所取得的成果进行分析。

在乙烯生产企业中，气温对能耗的影响是巨大的，一年四季气候的变化会影响能效的高低。因此，选取能效监测与评估平台投运后的 2016 年 7 月、8 月数据与投运前的 2015 年 7 月、8 月数据进行对比。

1. 综合能耗

如图 9-24 所示，系统在 2016 年 7 月、8 月的综合能耗整体保持平稳，平均值为 57018.27kgEO/h。2015 年 7、8 月综合能耗为 51000kgEO/h。故能耗相较于投运前能源消耗有所上升。其中 8 月 1 日 11 时出现较大波动，为燃料消耗增加 10% 所致。可见控制燃料消耗对于减小综合能耗、保持能耗稳定有较大的作用。

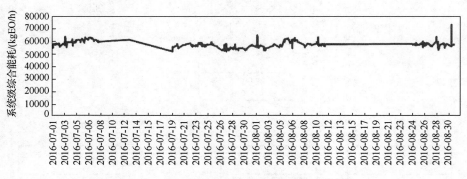

图 9-24　2016 年 7 月、8 月系统级综合能耗

2. 乙烯收率

该指标表示原料利用率的高低程度。乙烯收率越高说明原料利用率越高。其分子为乙烯的产量，分母为消耗原料的多少。

从图 9-25 中可以看出，除了少数异常点，乙烯收率稳定在 30%左右，平均值为 30.255%，2015 年的水平为 26.1%。因而相比较而言，生产水平达到了新的水准，有了大幅提高，且生产效率波动较小，生产状况稳定。

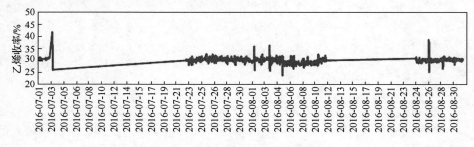

图 9-25　2016 年 7 月、8 月乙烯收率

3. 单位乙烯综合能耗

该指标指生产单位乙烯所消耗的能源。单位乙烯综合能耗越大说明乙烯生产消耗的能耗越多。分母为生产乙烯的量，分子为系统的综合能耗，因此本指标在逻辑上与产品能效呈倒数关系。2016 年 7 月、8 月的单位乙烯综合能耗指标变化见图 9-26，该段时间内的单位乙烯综合能耗平均值为 566.87kgEO/t，而 2015 年同时期该指标平均值为 615.48kgEO/t。由此可知，乙烯综合能耗水平有较大下降。虽然根据综合能耗数据，整个乙烯生产系统的能源消耗有所增加，但由于乙烯产量与乙烯收率明显增加，生产单位乙烯所消耗的能源量较小，能效水平有较大提升。

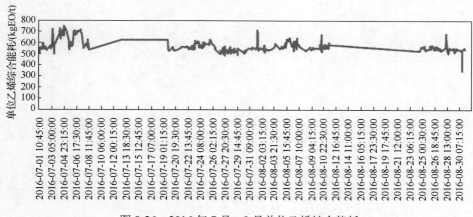

图 9-26　2016 年 7 月、8 月单位乙烯综合能耗

4. 系统级各工质的能耗占比情况

图 9-27 中，图（a）为系统中各种能耗工质在 2015 年 7 月、8 月的能耗占比，图（b）为 2016 年 7 月、8 月的能耗占比。燃料消耗占比最大，其次为蒸汽和水。减小这三部分的能源消耗，将会对提升生产能效具有巨大帮助。相比较而言，实测值的水耗量和蒸汽消耗量有明显下降，其他部分相应比例提升。表明生产过程中水和蒸汽的消耗可以得到有效改善。

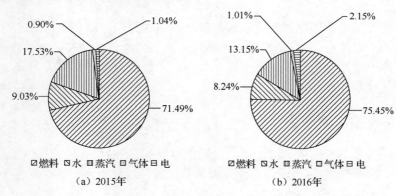

图 9-27　2016 年 7 月、8 月能耗占比

经过多个指标比较，可以看出乙烯生产能效监测与评估系统的投入使用，在一定程度上提升了乙烯生产过程的整体能源利用水平，对节能降耗工作产生了较大的作用。对比系统投运的 2016 年 7 月到 2017 年 3 月和投运以前的 2015 年 7 月到 2016 年 3 月的能效，乙烯生产过程的能效水平整体上升，如图 9-28 所示。

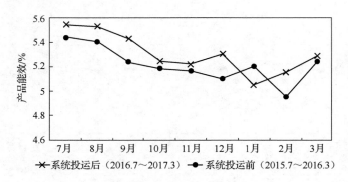

图 9-28　投运前后能效对比图

　　系统投运后的产品能效整体强于系统投运前，因此乙烯生产能效监测与评估系统的使用带来了能效水平的提升。

　　乙烯生产能效监测与评估系统在某乙烯生产企业投运以来，现场运行稳定，信息发布及时，使用有效，为企业能源管理与能效提高带来很大帮助，降低了波动引起的能耗，单位乙烯综合能耗从 585.8kgEO/t 降低至 572.4kgEO/t，实际降幅为 2.28%，为企业带来了巨大的经济效益。

9.2　炼油生产能效监测与评估系统

　　根据前面对常减压生产装置能效监测与评估的研究，以及建立的进行能效监测与评估的指标体系，本节继续进行常减压生产装置能效监测与评估系统的设计。该系统可用于常减压生产装置能源管理部门，进行能源管理与用能评估，并给出能源利用问题和建议。

9.2.1　系统工作原理

　　该系统基于 B/S 结构进行设计，能够连接数据网络的计算机就可以访问系统。用户可在 PC、便携电脑等设备上通过浏览器输入网址进入系统，不必进行任何软件的安装，维护和升级方式简单。

　　该系统采用请求-响应的模式和"三层计算"的结构，"三层"包括表现层、业务逻辑层和数据库层。

　　表现层的典型应用就是各种浏览器。用户键入命令请求，如常压或减压过程的流程监测、各个等级的能效评估、生产计划的提交等。这些命令键入通过界面菜单、按钮等实现。通过业务逻辑层和数据库层的处理，返回的信息通过图、表格等进行界面展示。

业务逻辑层的功能是用程序处理各种请求。用户通过浏览器采取如上操作之后，系统会发出相关的数据请求。数据服务器返回数据之后，系统完成相关数据的处理以及更新，以便提供数据信息在浏览器上显示。

数据库层主要是负责数据的存储、根据指令查找用户所需的数据并返回给业务逻辑层等。数据库服务器用来存储现场采集一次指标、能源介质的折能系数等相关数据。

系统具体工作原理图如图 9-29 所示。

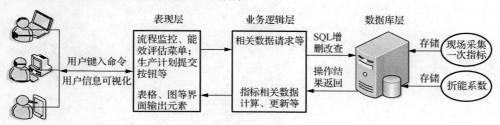

图 9-29　系统工作原理图

9.2.2　系统功能设计

该系统要完成的最主要目标是对常减压生产装置进行能效监测与评估，其所需具备的主要功能如下。

1. 数据存储

工业现场会对各点位的数据（即一次指标）进行实时采集，可以实时测量的数据由传感器等进行实时采集，不能实时测量的数据则通过软测量等方式进行测量。所有数据通过数据库进行存储。同时，存入数据库的还包括各个能源介质的折能系数以及其他一些使用参数等。

2. 能效监测与评估指标计算

通过从数据库中获取相关数据，编程实现各能效相关指标的计算。每个指标的计算方法和数据要求都会有所不同，所以数据库中应该有每种指标的计算模型，或者通过程序实现。

3. 能效监测与评估结果展示

从数据库返回的数据，经过业务逻辑层的处理，在浏览器通过表格、图、表单等友好的人机界面，提供多种形式的分析结果输出，进行能效监测与评估结果的展示。

9.2.3 系统结构设计

构建该系统的目的是满足企业能效监测与评估业务的需求，使系统具有实时性、适用性和可操作性。常减压生产装置能效监测与评估系统包括两个主要功能，即能效监测与能效评估。能效监测包括流程监测和参数监测，流程监测是结合工艺流程，对能效相关量进行实时监测，参数监测是对能效相关参数的实时统计与监测。能效评估包括对系统级、过程级和设备级的评估，每个层级的能效评估包括工艺过程分析和能源介质分析。工艺过程分析是对各层级的能效指标进行相关计算和展示，能源介质分析是对各层级的能源介质消耗情况进行统计分析。

除此之外，为方便企业工作人员的使用，该系统还设计了生产计划制订、计划完成情况统计、报表打印等模块。为保证系统的安全可靠，设计了严格的登录界面和用户管理及操作日志功能。具体的系统设计框图如图 9-30 所示。

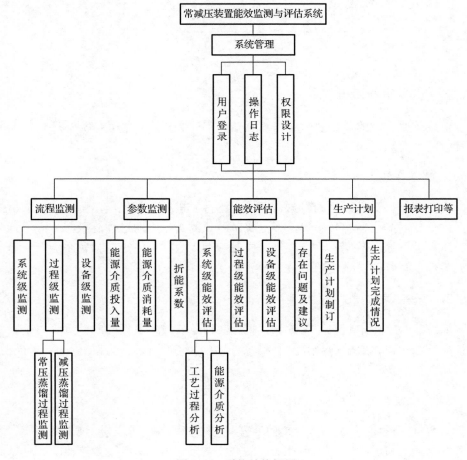

图 9-30 系统结构框图

9.2.4　系统模块设计

1. 系统管理模块

系统管理模块主要实现用户登录、权限设计和记录操作日志三个方面的功能。整个系统管理模块的工作流程如图 9-31 所示。

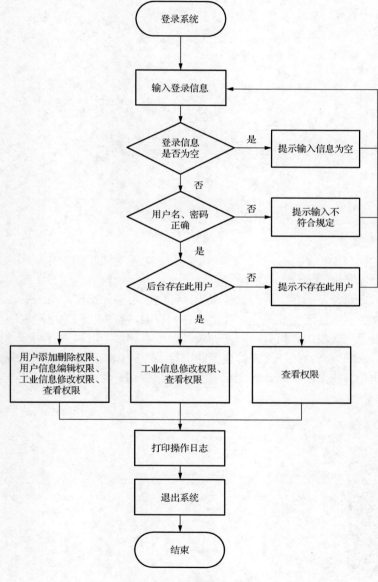

图 9-31　系统管理流程图

用户登录系统时要先输入用户名和密码进行验证：首先进行前台页面级的验证，一方面用户名和密码不能为空，另一方面输入的用户名和密码必须符合预先制定的规定。然后用户点击登录后进行后台数据库的验证，当系统中没有该用户的信息时在页面上提示用户登录出错原因。若用户忘记登录密码，可联系超级管理员找回密码，同时，联系超级管理员可实现密码的修改。用户登录页面如图9-32所示。

图9-32　用户登录

用户管理页面的主要功能是添加或删除用户、编辑用户的操作权限等。在系统中，对用户有等级的划分，包括超级管理员、普通管理员、普通员工三类，进入系统后根据用户等级，拥有不同的操作权限，可执行不同的操作。系统主要包括查看权限，修改工业数据（主要是生产计划制订）权限，添加、删除用户权限，编辑用户信息权限等几类权限。只有超级管理员具备所有权限，可以进行用户的添加、删除和用户信息的编辑，即在用户管理界面进行编辑操作。普通管理员具备修改工业数据权限和查看权限，而普通员工只有查看权限。用户管理页面如图9-33所示。

图9-33　用户管理

操作日志部分主要实现的是：在用户使用系统时对重要操作的时间节点以及操作内容（操作类型、操作位置等）进行归档保存，以便事故排查及系统安全确认。操作日志界面如图 9-34 所示。

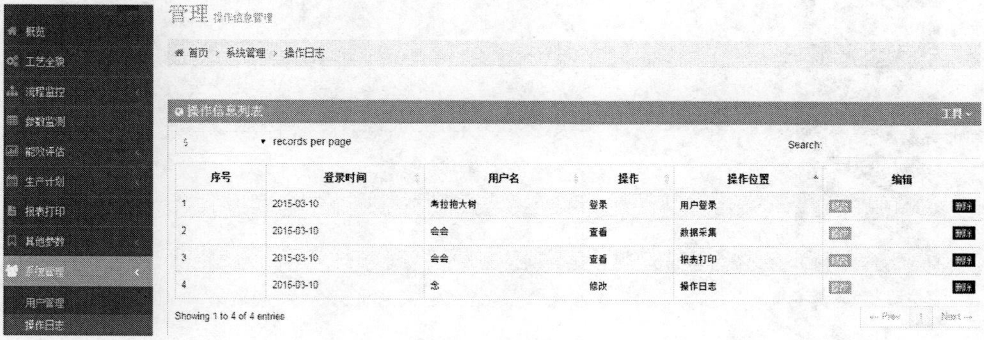

图 9-34 操作日志

2. 流程监测模块

流程监测模块提供系统级、过程级、装置级各个层级的流程示意图，并实现对各个层级的能效实时监测。在第 3 章中我们已经建立了各个层级与能效相关的监测指标，主要是各个能源介质的投入量、原料处理量、产品产出量等工业现场一次或二次指标。将所有与能效有关的采集点所对应的能效监测指标，形式直观地展现在流程中，便于现场操作人员使用。所监测数据随工业现场数据变化随时更新。常压蒸馏过程和减压蒸馏过程的流程监测分别如图 9-35 和图 9-36 所示。

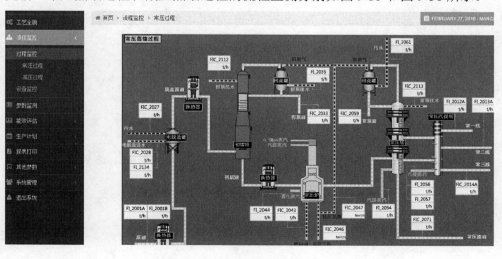

图 9-35 常压蒸馏过程流程监测

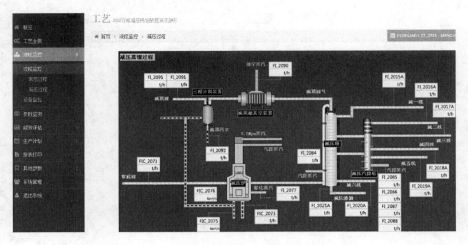

图 9-36　减压蒸馏过程流程监测

3. 参数监测模块

对于要进行监测的能效指标，在参数监测模块进行汇总。通过下拉菜单可以选择系统级、过程级、设备级中不同对象的监测指标。汇总指标中，包括消耗的能源介质和产出的产品。减压蒸馏过程的参数监测如图 9-37 和图 9-38 所示。统计表格中，显示各监测点的监测指标名称、对应位号、实时值以及采集时间。

图 9-37　减压蒸馏过程消耗能源介质监测

产品名称	位号	实时值	单位	时间
减一线	FI_2015A		t	
减二线	FI_2016A		t	
减三线	FI_2017A		t	
减四线	FI_2018A		t	
减五线	FI_2019A		t	
减六线	FI_2020A		t	
减压渣油	FI_2021A		t	

图 9-38　减压蒸馏过程产出产品监测

4. 能效评估模块

该模块实现对不同层级的能效评估。通过菜单选择，可以进入不同对象的能效评估界面。每个层级的能效评估，包含工艺过程分析和能源介质分析两个方面。在工艺过程分析中，有与该对象相关的能效评估指标，点击进入详情，即可查看该指标的实时变化值，并能看到与之相关的工艺流程图和工艺变量等。

以系统级能效评估为例。点击表格中的查看详情，即可进行对应的能效评估指标界面。通过时间尺度的选取，该界面显示对应时间尺度内，该指标的对应值以及该指标的最近一段时间的变化情况折线图，如图 9-39 和图 9-40 所示。

图 9-39　能效评估

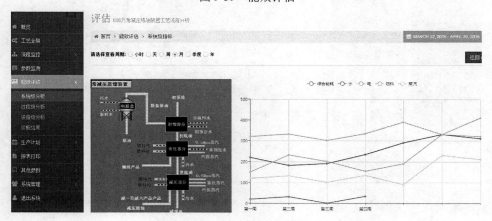

图 9-40　减压蒸馏过程参数监测

点击能源介质分析查看详情，即进入如图 9-41 所示的页面。该页面显示所选对象的各能源介质消耗量及消耗占比情况。

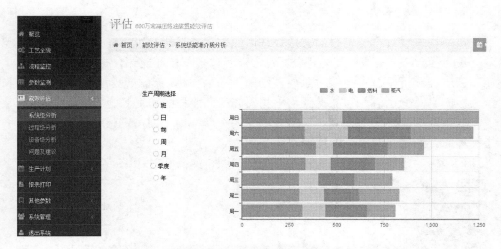

图 9-41　系统级能源介质分析

通过对各个层级的能效评估，会发现一些用能问题，所有存在的问题如某种能源介质的利用率高低、产品产量的波动大小等，会在诊断结果页面集中展示，如图 9-42 所示。

图 9-42　诊断结果

5. 生产计划模块

该模块提供两个功能，一个是用户根据企业生产需求进行生产计划的制订，以便于进行实绩评估，但是只有管理员或超级管理员才拥有生产计划的制订权限，普通管理员只具备查看制订生产计划的权限。制订之后的生产计划会保存到数据库，如制订有误或后期需要修改，则可以按修改按钮重新编辑。生产计划制订页面如图 9-43 所示。

图 9-43　生产计划制订

另一个是生产计划的完成情况的统计。通过特定统计期对数据的采集和统计，对统计期内的生产与计划进行对比，将对比情况进行展示，如图 9-44 所示。

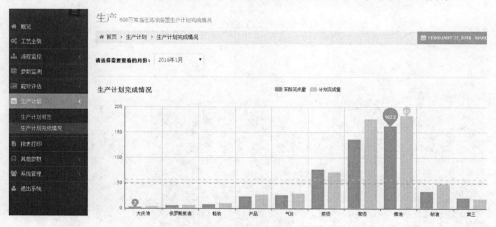

图 9-44　生产计划完成情况

6. 其他功能模块

1）报表打印

报表打印模块如图 9-45 所示，提供常减压生产装置生产及用能评估过程中涉及的不同类型的生产表格的打印，包括：生产计划表、生产计划执行表、能耗盘点表、装置运行记录等。通过筛选功能，使用户自主选择报表类型、时间，利用归档数据自动生成报表。报表可打印输出，减轻人工负担，同时提高数据准确性。

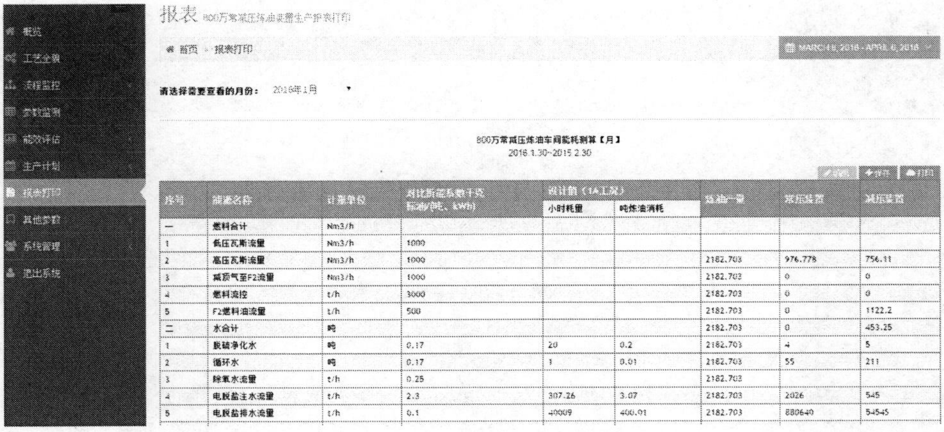

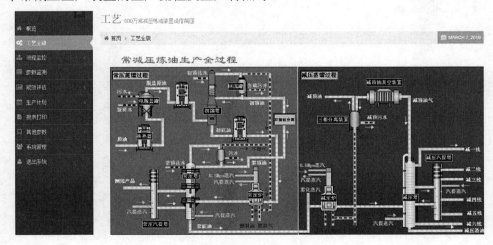

图 9-45 报表打印

2）工艺全貌

工艺全貌集中概括了整个常减压生产装置的生产过程，如图 9-46 所示。它展现了常减压生产中从原料进入装置到最终生成产品的全部过程，其中包括物料流、能源介质的变化以及工艺流程和使用的重点设备等。通过该模块，可迅速了解整个常减压生产装置的生产流程及生产特点等。

图 9-46 工艺全貌

3）概览

概览页面如图 9-47 所示，是用户登录成功后默认跳转到的页面。该页面显示当前常减压生产装置相关信息，包括综合能耗、监测点数目、计划完成情况、系统的访问次数等。

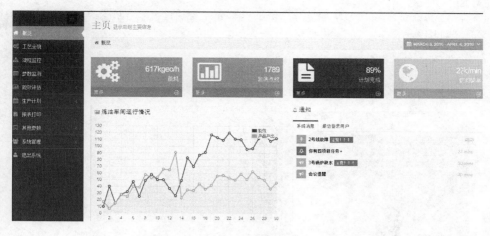

图 9-47 概览

9.2.5 工程应用情况

该框架已应用于常减压生产装置能效监测与评估系统平台的开发，与现场工作人员沟通交流后已经确认框架的合理性。该平台已进行现场调试，以图 9-48 所示常压蒸馏过程的流程监测为例，监测模块运行稳定，数据可实时更新，并且数据精准。表明能效监测模块运行安全稳定，达到了对生产过程实时监测的要求。

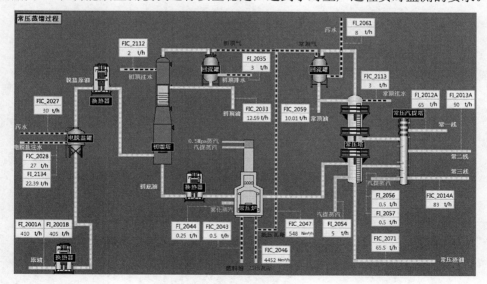

图 9-48 常压蒸馏过程流程监测图（例）

能效评估模块能够对评估指标进行统计计算，对常减压生产装置用能进行全面、合理的评估。以 2015 年 12 月份的能效综合评估为例，如图 9-49 和图 9-50 所示，对用能情况进行评估并展示。

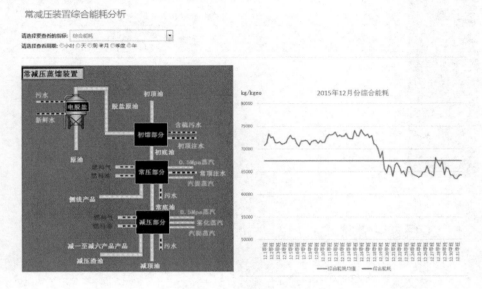

图 9-49 系统级综合能耗分析

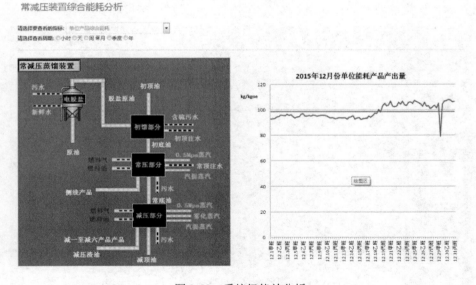

图 9-50 系统级能效分析

该系统实现了企业能源管理的系统化、实时化，对企业的节能降耗起到了至关重要的作用。本书所设计开发的炼化企业能效监控管理平台已经于 2016 年 11

月底，在某石化公司炼油厂服务器上测试运行。经过几个月的调试，对网站不断进行修补优化，提高网站性能，系统基本上可以稳定运行，并且能够实时反映生产数据变化情况，也可以帮助该厂有效地进行能源管理。该平台通过对常减压生产装置能效指标监控情况进行分析，有效地提高了炼化企业能源综合利用效率，保证了用能质量，在提供能源综合决策与企业分布式管理方面起到了关键作用。

由于研究时限等原因，平台依然存在着优化空间。所用数据源来自某厂的实际生产数据，具有真实性，但数据存在着不完整的情况，一些变量的数据在某段时间可能由于仪表损坏的原因而没有被记录，软测量模型还有待获得更多的实验数据及寻找更优的算法对模型进行离线校正来评价用能水平。另外，平台的缓存机制有待改善，以便提高网站的响应速度，减轻服务器负荷。还应该考虑更多地丰富监控管理平台功能接口，使其进一步满足企业各方面需求。

9.3　本 章 小 结

为了解决石化企业、生产企业能效监测与评估复杂的问题，本章设计并实现了针对乙烯和炼油两个生产过程的能效监测与评估系统。该系统采用了 SSH、Quartz、Oracle 等 Java Web 技术，并以生产过程的三级能效评估体系作为核心理论方法，从能效评估体系的建立、监测与评估系统的方案设计、系统开发以及系统调试与投运多个方面，说明了系统的设计与实现过程。所开发的两个生产能效监测与评估系统具有时效性、准确性、便捷性、多样性、易用性、安全性与可扩展性等良好的性能，在使用中及时获取当前生产状况下的能效情况，为企业的工艺控制与生产调度提供决策支持。

第 10 章　乙烯生产能效监测与评估移动端系统

乙烯生产企业节能减排工作的重点是对乙烯生产过程进行实时准确的监测和对整个过程的能效指标进行评估，为工艺操作的改进和生产调度提供准确的数据与决策支持。传统方法中，乙烯生产过程的监测数据都是上传到电脑上，各级相关人员都只能在固定的电脑上获取相应的生产信息。这种方式限制了各级人员的办公地点，不能随时随地地获取乙烯生产过程与能效相关的实时数据和运行状态，这种局限性很大程度上降低了乙烯生产企业节能降耗的工作效率。

随着无线宽带技术和移动端技术的快速发展，越来越多的人通过移动互联网来获取信息。移动互联网是指用户使用智能手机、平板电脑或者其他无线终端设备，通过移动通信网络或者无线网络来获取网络服务的移动网络[157]。随着技术的成熟，移动互联网技术被广泛应用于企业的发展中。企业利用移动电话等智能移动设备不断利用和开发互联网，从而进一步提高企业的生产效率。据工信部统计，到 2018 年 3 月末，我国的移动互联网用户总数为 13.2 亿户，其中，手机上网的用户为 12.2 亿户[158]。由此可见，手机已经是所有上网终端中运用最多的设备。目前，手机端的操作系统以苹果公司的 IOS 操作系统和 Google 公司的 Android 操作系统最为流行。Android 操作系统凭着系统的开放性的独特优势占据了移动设备市场。

为了充分应用移动互联网技术和普及的智能移动终端设备，让石化企业的各级相关管理人员能够方便地查看乙烯生产过程中上传到服务器上的与能效评估相关的数据，本章开发了用户移动端应用平台，将乙烯生产能效监测与评估系统平台上的相关功能和参数转移到智能移动终端设备上，增强工作人员查看数据的灵活性，以便企业管理人员能随时随地掌握乙烯生产过程的能效状态。

本章通过介绍系统需求分析、功能设计、结构设计以及服务器端设计和 Android 客户端的设计来详细说明本系统的整个设计过程。在系统的需求分析中阐述了乙烯生产能效监测与评估系统移动端技术发展趋势和移动端系统的主要需求；在系统的功能设计中，详细叙述了本系统的核心功能，并把这些核心功能划分为功能集群逐一介绍；在系统的结构设计中，主要从硬件和软件两个方面来加以阐述；在服务器端设计中，主要针对不同功能需求进行论述，在服务端设计出不同的 Servlet 来响应这些需求，并把相应的数据传送给客户端；在 Android 客户端的设计中，按功能模块来详细介绍 Android 客户端功能设计内容，并展示了最后完成的 Android 界面。

10.1　系统需求分析

在乙烯的生产过程中，工艺流程长，涉及的生产设备非常多，且设备之间都有着很强的关联性，生产过程监测的点位众多。为了方便数据的实时监测和统一协调，本书第 9 章设计并实现了多维度、分层次的乙烯生产能效监测平台，来对乙烯的生产过程进行参数监测和能效评估。目前该平台已经成为某化工厂乙烯生产过程综合监控系统的一部分，在计算机终端已经能稳定运行。随着智能移动终端设备的快速发展和移动互联网技术的不断突破，越来越多的软件从计算机终端走向智能终端。所以，设计乙烯生产能效监测平台的移动智能终端系统技术可行、企业需要。下面对移动端系统的需求做出以下分析。

本系统最核心的需求就是设计并实现以原乙烯生产能效监测平台为基础的、基于 Android 操作系统的移动终端应用程序。该应用程序可以让企业管理人员随时随地关注和了解乙烯生产全过程的能效情况；可以对乙烯生产过程相关点位的能效值进行实时监测，并对能效评估结果进行实时显示；可以对能效监控数据进行归档保存和对历史数据进行查看；可以对能效评估的相关参数值进行查看和修改并同步到服务器端的数据库中，为企业实现实时能效管理带来极大的便利。为了保密性和专业性，开发人员需要对该应用程序的系统用户设计出不同的访问权限，比如修改相关参数就只能由相关的技术专家进行管理，企业的最高领导拥有最高的权限，可以对所有的用户进行管理等。

其次是设计出针对本应用程序的服务器。该服务器的主要功能就是和 Android 客户端通信，进行数据传输。该服务器首先把平台存储在 Oracle 数据库中的数据取出来，并将这些数据处理成 Android 系统能够接收的格式，发送给 Android 客户端。同时把 Android 客户端传过来的数据存储在 Oracle 数据库中。还可以完成一些复杂的数据处理过程。这样，就完成了与 Android 客户端的数据交互，并且还把数据处理放在服务器端。这既能保证 Android 客户端的访问速度，又能简化 Android 客户端的数据处理工作。

最后就是要保证 Android 应用程序的安全性。由于 Android 系统本身就具有开放的特点，所以保证 Android 程序的安全尤为重要。首先，要想登录该系统，必须先成为系统用户。只有在平台或者应用程序中的有效用户，才可以登录该应用程序。没有账户的用户先注册一个账户，按注册要求正确填写注册信息以后就可以注册成功。并且为了保护厂里的机密和数据安全，整个系统不设计游客模式。

其次，要为厂里领导、技术专家、普通生产线工人等不同的员工设置不同的权限，来限定他们浏览的范围。最后，要对 Android 程序的 APK 文件进行数字签名并利用一些加壳工具对 APK 文件进行加壳处理。这样，可以在一定程度上防止 Android 程序的 APK 文件被反编译和恶意破坏。

10.2　系统功能设计

经过对乙烯生产能效监测与评估系统平台的学习和分析可知，该平台的两大核心功能是对相关参数的监测和能效指标的评估。所以在移动端应用程序的设计当中，也以这两个功能为核心，在此基础之上再添加一些其他辅助功能。本系统的主要功能集群为数据浏览、参数监测、能效评估、辅助功能等，如图 10-1 所示。

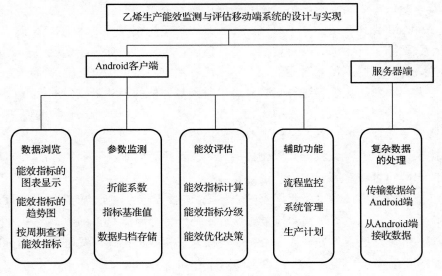

图 10-1　系统功能设计

数据浏览、参数监测和能效评估是三个重要的功能集群。数据浏览功能集群主要是对乙烯生产整个过程的相关指标进行实时显示，也可以通过选择不同的查看周期来观察这些指标在过去一段时间的变化趋势。参数监测功能集群主要功能有：把折能系数、指标基准值通过服务器从 Oracle 数据库中读取出来，传送到 Android 客户端，客户端对这些数据进行显示，同时，Android 客户端可以直接对折能系数和指标基准值进行修改，修改以后的数据和服务器要同步；把乙烯生产过程相关点位的数据进行预处理，再把这些数据进行存储和归档，最后 Android

客户端对这些数据实时显示出来。能效评估功能集群主要是把平台中计算好的能效评估指标在 Android 客户端进行显示和对新提出的能效评估指标在 Android 客户端进行计算，并把这些指标的计算值存放在 Android 系统中的 SQLite 数据库中，Android 客户端可以对这些能效指标的物理含义和计算公式进行查看。整个移动端应用程序为辅助生产还提供了多个辅助功能，包括浏览工艺全貌、浏览工艺流程、系统用户管理和制订生产计划等。

　　服务器的主要作用就是作为连接 Android 客户端和 Oracle 数据库服务器的桥梁。服务器端先从 Android 客户端接收数据请求，接着对该请求数据进行解析；然后根据这些数据请求，服务器从数据库中取出数据，并将这些数据处理成 Android 能够接收的数据类型；最后再传给 Android 客户端。这样就把 Android 客户端和 Oracle 数据连接起来了。

10.3　系统结构设计

　　系统结构主要从硬件结构和软件结构这两个方面来进行设计。在硬件结构设计中，从对平台的分析可以得出，平台主要是从现场层、服务层和网络层三个层面上来详细介绍原系统的硬件结构。以原平台为基础，对本系统的硬件结构进行分层设计，分别是现场层、服务层和网络层。具体结构如图 10-2 所示。

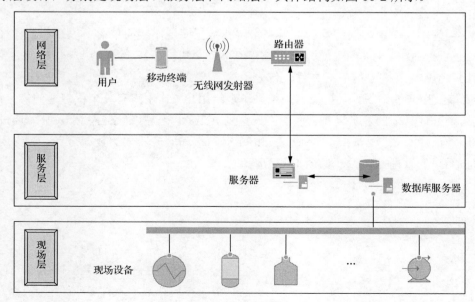

图 10-2　硬件结构设计

在现场层中，主要是监测各个控制设备的实时数据，并把这些数据通过企业的信息网和原系统的数据库连接起来,把现场的数据实时传送到 Oracle 数据库中。在服务层中，原平台会按照一定的周期对现场层中的数据进行抓取并归档存储。得到整个系统的原始数据后，平台会对这些原始数据进行处理，完成能效评估指标的计算工作，并把最后计算的结果和需要实时监控点位的数据存在 Oracle 数据库中。本系统中的服务器通过和数据库服务器协同工作，对数据库中处理好的数据进行实时读取。然后传给 Android 客户端，同时也能把从 Android 客户端传过来的数据进行解析处理。最后把解析结果保存在 Oracle 数据库中。在网络层中，移动设备通过局域网和服务器相连，从而保证该应用程序能在移动设备上正常运行。因为只有当移动设备和服务器处于同一局域网时，该移动端应用程序才能正常工作。

根据系统的硬件结构设计，本系统的软件结构可以分为 Android 客户端应用层、服务器的业务逻辑层和数据库层三部分。Android 客户端应用层运行在操作系统为 Android 系统的智能移动终端设备上。服务器的业务逻辑层程序主要是一系列部署在 Tomcat 服务器上面的 Servlet,动态地与 Android 客户端、数据库服务端进行交互，完成数据的传输功能。数据库层主要提供一些数据访问接口。将现场各种仪器设备中的数据统一获取，然后存入外部数据库中。把服务器对外部数据处理完以后的数据存储在数据库的本地数据库中。通过数据库的接口，可以保证服务器对数据库中的数据进行准确、高效的操作。

因为本系统中的服务器的业务逻辑层和数据库层比较简单，所以在此处详细介绍 Android 客户端应用层。在此处有两个主要功能：其一是与用户交互。主要是用 XML 编写的一些布局文件，作为手机 APP 的显示桌面，负责与用户进行交互，接收用户的请求，并把请求的结果呈现给用户，让用户有一个很舒适的体验；其二是处理具体的业务逻辑，主要由一系列 Activity 来完成。在 Activity 中，通过网络通信库与服务器相连，完成 Android 客户端和服务器端的数据交互。综上所得，系统的软件结构设计如图 10-3 所示。

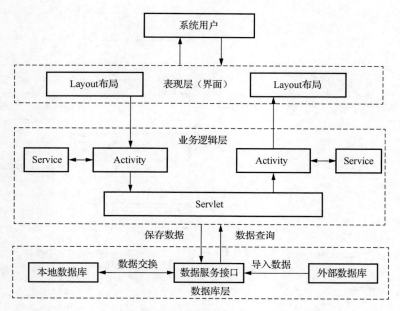

图 10-3　软件结构设计

10.4　服务器设计

　　由于现有的乙烯生产能效监测本地计算机平台没有预留给移动端可以直接使用的接口，为了获取经过原平台存储在 Oracle 数据库中的数据，移动端系统通过在服务器端使用 Servlet 技术来获取 Oracle 数据库中的数据。Servlet 就是运行在服务端的 Java 小程序，其本质是一个 Java 对象，该对象拥有一系列的方法来处理 HTTP 请求。Servlet 的工作流程如下：首先，Android 客户端发送数据请求至服务端，服务器在接收到 Android 客户端发来的 HTTP 请求以后，Tomcat 服务器将会分配特定的 Servlet 来处理这些 HTTP 请求，在 Tomcat 服务器中会部署多个 Servlet，Servlet 接收请求信息后，Servlet 通过 Tomcat 网页服务器在一个网页上会动态生成响应请求的内容；最后，在 Android 客户端对该网页的 URL 进行解析处理，就可以得到该网页中的内容。具体的过程图如图 10-4 所示。

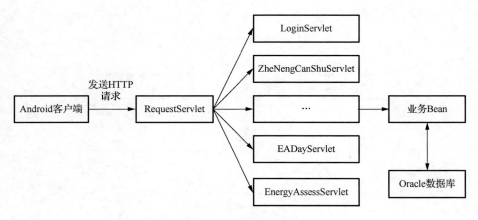

图 10-4　Servlet 结构图

　　服务器接收到的请求可以分为以下三种：第一种请求是关于用户相关的请求。首先接收 Android 客户端传来需要获取用户信息、修改用户信息、注册用户信息和删除用户信息的请求，通过这些请求来完成用户的注册、登录以及对系统用户的管理等功能。第二种请求是与关键参数相关的请求。关键参数主要是折能系数和能效评估指标的基准值，这些参数是整个生产过程的所有指标的参考值，对整个生产过程很重要，有时候因为原料来源的不同或者其他的一些生产过程中公用工程的调整，都会对这些参考值进行相应的修改，在 Android 客户端修改以后需要同步到数据库中。第三种请求是与请求历史数据相关的请求。以能效指标为例详细说明，在 Oracle 数据库中会保留经过服务器处理以后的数据。当 Android 客户端需要这些数据时，Android 客户端往服务器发送查看数据周期的请求。服务器会将这些请求发送给 Servlet，Servlet 会按照相应的周期把数据返回给客户端。这样就可以在 Android 客户端完成查看历史数据的功能。

10.5　Android 客户端设计

　　为了方便整个系统的开发和管理，同时兼顾系统以后的拓展和升级。Android 客户端的设计将分割为多个模块进行，每个模块之间进行独立的设计和开发。具体的系统模块设计如图 10-5 所示。

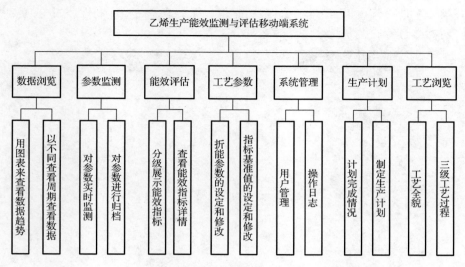

图 10-5　系统模块设计

乙烯生产能效监测与评估系统 Android 客户端分为数据浏览、参数监测等七个模块。下面对这七个模块做出详细的介绍。

1. 数据浏览

该功能主要的作用是对乙烯生产过程中能效指标的查看。其中最重要的两个指标就是乙烯收率和单位乙烯综合能耗，所以把两个指标的变化趋势放在首页。通过对单位乙烯综合能耗和乙烯收率的观察，可以及时的调节原料的投入和使用。根据实际的需求，可以按照一定的周期查看这些参数的历史趋势变化。可以根据需要选择查看的周期，可以选择按小时、天、周、月、季度和年来查看这些参数。如图 10-6 所示。

2. 参数监测

参数监测的主要功能是对参数进行实时监测和对参数进行归档存储。对参数的实时监测是每隔五分钟对数据采集一次，以表格的形式将乙烯在生产过程的各个设备和各流程所关注的与能效评估有关的点位按照物质流和能源流的分类展示出来。车间人员在厂里局域网分布

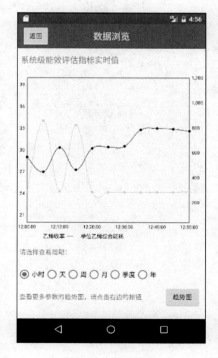

图 10-6　数据浏览

的任何一个地方都可以查看这些参数实时值，极大地提高了便利性。如图 10-7 所示。对参数进行归档是把这些参数数据分类存储在 Oracle 数据库中。

乙烯装置能量流				
能源名称	位号	实时值	单位	时间
工业水AD	FIQ_19113	0.3516	t/h	2018-12-06 14:23:10
循环水AD	FI_19107	44456.5	t/h	2018-12-06 14:23:10
脱盐水AE	FI_19114	183.912	t/h	2018-12-06 14:23:10
生活水AF	FI_19115	/	t/h	2018-12-06 14:23:10
3.5Mpa蒸汽AG	FI_19102	124.457	t/h	2018-12-06 14:23:10
仪表风AJ	FI_19110	1660.24	Nm3/h	2018-12-06 14:23:10
工厂风AK	FI_19109	1608.46	Nm3/h	2018-12-06 14:23:10
氮气AL	FI_19108	3260.39	Nm3/h	2018-12-06 14:23:10
热水AP	FIQ_19116	/	t/h	2018-12-06 14:23:10
燃料气(LPG)AM	FIQ_19007	/	t/h	2018-12-06 14:23:10
天然气(NG)AN	FI_19006	9.4743	t/h	2018-12-06 14:23:10
甲烷(C1410)	FI_14030	29.4301	t/h	2018-12-06 14:23:10
甲烷M(V1421)	FI_14081	10.1366	t/h	2018-12-06 14:23:10
氢气(14065)AX	FIQ_14065	2.115	t/h	2018-12-06 14:23:10
氢气(含氢燃料)	FI_14063	2393.81	kg/h	2018-12-06 14:23:10

乙烯装置物质流				
能源名称	位号	实时值	单位	时间
加氢裂化尾油	FIQ_19113	75.375	t/h	2018-12-06 14:30:53
减一减顶油	FI_19107	50.625	t/h	2018-12-06 14:30:53
石脑油	FI_19114	163.875	t/h	2018-12-06 14:30:53
轻烃进料	FI_19115	/	t/h	2018-12-06 14:30:53
加氢硬五	FI_19102	/	t/h	2018-12-06 14:30:53
LPG进料	FI_19110	19.8754	t/h	2018-12-06 14:30:53
液相乙烯T	FI_19109	/	t/h	2018-12-06 14:30:53
气相乙烯AW	FI_19108	75	t/h	2018-12-06 14:30:53
丙烯	FIQ_19116	/	t/h	2018-12-06 14:30:53
原料总量	FIQ_19007	309.75	t/h	2018-12-06 14:30:53
乙烯总量	FI_19006	75	t/h	2018-12-06 14:30:53

图 10-7　生产现场数据监测

3. 能效评估

在原平台上，利用监测到的各点位的实时值，运用一系列特有的评估方法，比如 DEA 能效评估模型和投入产出模型等，对当前的产品能耗水平和能源介质的利用水平进行评估分析[159]。把得到的能效指标的结果保存在 Oracle 数据库中。为了保证原平台的完整性，对于之后提出的能效评估直接集成在 Android 客户端即可。比如新加的能效指标单位能耗乙烯产量。对该指标的计算在 Android 客户端进行，并把计算结果保存在 Android 系统的 SQLite 数据库中，这样在读取该值时不用和服务端进行网络通信，能加快数据的读取速度。

在应用程序的能效评估模块中，主要包括展示系统级、过程级和设备级三级能效评估指标的实时计算值。分级展示的能效指标如图 10-8 所示。对于每级的每个指标，点击详情，可以查看该指标的计算公式和相关的意义说明，如图 10-9 所示。对于每个指标的变化趋势在数据浏览模块中有详细说明。

4. 工艺参数

在这个模块当中，主要针对与能效指标计算相关的工艺参数进行设定和修改。将现场数据和这些工艺参数相结合，可以准确计算出能效指标的值。工艺参数设

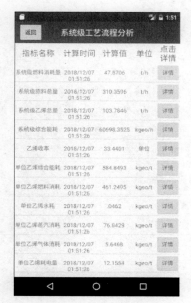

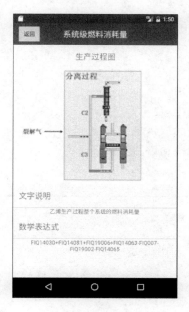

图 10-8　系统级能效指标　　　　　　　　　图 10-9　指标详情

定如图 10-10 所示。这些工艺参数主要包括折能系数和能效指标基准值。折能系数是各种能源介质的统一量纲，指标基准值是能效评估指标的参考值。用户可以把这些参考值与计算值进行比较，作为能效优化的一种依据。

图 10-10　工艺参数设定

5. 系统管理

系统管理功能模块包括用户信息管理和操作日志。在用户信息管理部分，Android 客户端只呈现用户的用户号和姓名，用户的其他详细信息保存在后台的数据库中。在后台的程序中根据用户的权限等级将用户进行分组，不同组具有不同的操作权限。具体如表 10-1 所示。以此来保证系统的安全。因为厂里每个人都有唯一的用户号。所以根据用户号和姓名就可以唯一确定一个员工。可以对员工进行注销和修改密码等操作。如图 10-11 所示。

表 10-1　系统移动用户权限

权限角色	具有权限			
	参数监测	能效评估	系统操作管理	数据操作
超级管理员	√	√	√	√
系统管理员	√	√	√	
普通管理员	√	√		√
普通用户	√	√		

系统管理模块中的另一个功能是操作日志。操作日志主要是记录登录用户在移动端应用程序上所执行过的所有操作，如图 10-12 所示。操作日志的数据是存在 Android 系统中的 SQLite 数据库中的。

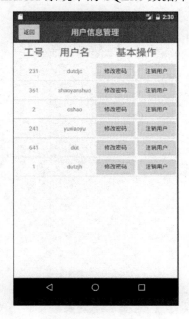

图 10-11　用户管理界面

图 10-12　操作日志

6. 生产计划

因为能效和产能都是石化企业在盘点统计和生产计划中的重要考核项目。所以在原平台上集成了生产计划的模块，在移动端应用程序中，生产计划模块的功能是查看制订的生产计划以及计划的完成情况。可以很方便地根据计划的完成情况来分析和修正制订下一轮的计划。查看生产计划如图 10-13 所示，生产计划的完成情况如图 10-14 所示。

图 10-13　查看生产计划　　　　　　图 10-14　生产计划完成情况

7. 工艺浏览

工艺浏览的主要功能是查看工艺全貌和查看分级工艺过程。查看工艺全貌是对整个乙烯的生产过程进行查看。首先用上位机画出乙烯生产过程的流程监控图，接着把这些流程监控图在 Android 客户端进行显示，如图 10-15 所示。查看分级工艺过程的功能是把乙烯生产的整个过程分为系统级、过程级和设备级，然后分别对每个过程的相关点位的数据进行实时监测。这样便于一线操作工人查看，能清晰直观地知道每个设备的值是多少，如图 10-16 所示。

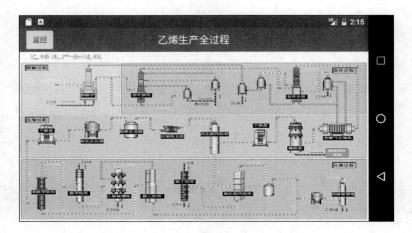

图 10-15　乙烯生产全过程

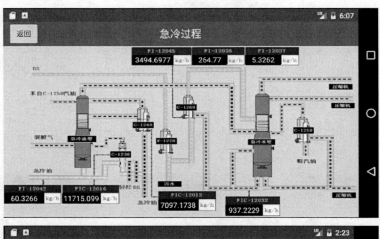

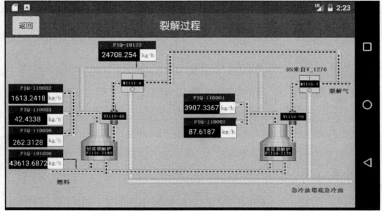

图 10-16　分级工艺过程

10.6　本　章　小　结

本章主要完成了基于 Android 操作系统的乙烯生产能效监测与评估系统平台移动端的设计和实现，使得乙烯生产能效监测与评估系统平台从 PC 端走向了移动端。在很大程度上，方便了公司高层了解乙烯的生产状态，提高了乙烯生产过程能效监测与评估的工作效率，也使公司员工的工作更便利。

第 11 章　基于大数据平台的乙烯生产 能效监测与评估系统

在工业生产中，随着互联网技术在工业领域的渗入，工业企业数据量呈指数级增长，更为重要的是，工业数据来源多样，包括分布在生产一线以及设备中的传感器、服务器等，以及工作站中的工业过程数据、设备参数、操作日志等，包含大量结构化和非结构化的数据。传统分析方法在面对如此大规模且多源异构的数据时存在比较大的缺陷，迫切需要相对应的大数据分析平台对数据进行分析处理。以工业互联网为基础的工业大数据分析技术及应用将成为推动智能制造、提升制造业生产效率与竞争力的关键要素，是实施生产过程智能化、流程管控智能化、制造模式智能化的重要基础。

在"十二五"期间，针对我国人均资源占有率低、能源利用水平不高等问题，国家提出单位产品能源消耗量较上一年降低 16%，并且能源利用率提高 38%的目标；而在"十三五"期间，再一次强调了提升能源利用效率，努力构建现代化产业体系的目标，反映了国家对能源利用效率的高度重视。

为了深层次地掌握企业能耗情况，并以此制定节能方针以及实施技术改造，从而有效地提升能源利用效率，众多企业意识到实行能源管理是一种重要手段。但众多企业都是以能耗为指标来评估用能水平，而没有全面地考虑到能源消耗与产品收益之间的关系，这种评估手段是不全面的，而通过这种不全面的方法来节能降耗是不科学的。因为能耗量的下降，可能会导致产量的降低。企业需要评估的用能水平，应该是相同能耗情况下，获得的产品收益，或者是相同产出的情况下，消耗能源的多少。将产品收益、原料消耗以及与产品、原料相关的指标与能效指标充分结合起来进行评估，才能更为科学地评价企业用能水平。为了满足在工业大数据时代实现节能降耗以及产业结构转型的时代要求，落实工业生产技术与信息技术的深度融合，并完成对能效的管控以及能源管理决策支持，工业大数据能效管控平台具有极为重要的作用。

11.1 基于 Spark 平台的乙烯生产能效分析平台

11.1.1 大数据平台选型及部署

1. 数据分析流程

如图 11-1 所示，根据数据分析的顺序，将大数据技术体系分为数据集成、数据处理、结果可视化三个层次。

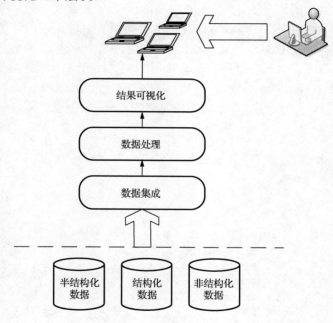

图 11-1 数据分析流程

数据集成的目的即为屏蔽工业数据多源异构性带来的读写差异，将工业生产过程中的结构化数据、半结构化数据以及非结构化数据进行统一的物理上的整合，通过一致的数据操作方法处理数据。

数据处理主要分为离线数据批处理模式以及实时数据的流处理模式。批处理模式适用于大批量数据并且实时性要求不高的工业过程；而流处理模式要求当新数据到来时能在很短的时间内将数据处理结果予以返回，适用于数据批量小且对实时性要求较高的工业场合。

可视化是对数据、信息、知识的内在抽象信息利用计算机图形学、计算机图像处理、计算机信号处理等技术通过计算机进行显示。通过呈现数据、知识等隐含的规律性信息，帮助用户对潜藏在数据中的信息有一个显性化的理解，有助于用户对数据更好地进行后续分析处理。

2. 计算层框架

1）计算框架选型

目前，在大数据分析处理方面，主要根据处理方式将分析处理方法分为两类，分别是离线批处理框架和实时流处理框架。离线计算框架在现阶段比较常用的有 MapReduce、Spark 和 Flink。在互联网行业，基于 MapReduce 的 Hadoop 框架已经广泛用于大数据的分析计算，Hadoop 框架最重要的组成部分是分布式文件系统 HDFS、分布式数据库 HBase 以及数据计算架构 MapReduce。首先对数据源进行数据采集并存放在 HDFS，然后在 HBase 中对数据实时读取并通过 MapReduce 计算框架对数据并行处理，MapReduce 先对数据文件分块，然后根据不同的任务目标编写 Map 和 Reduce 函数，一个文件块对应一个 Mapper，Map 处理结果作为 Reduce 的输入，最后得出处理结果并提交由 Hadoop 框架处理。任务执行流程如图 11-2 所示。

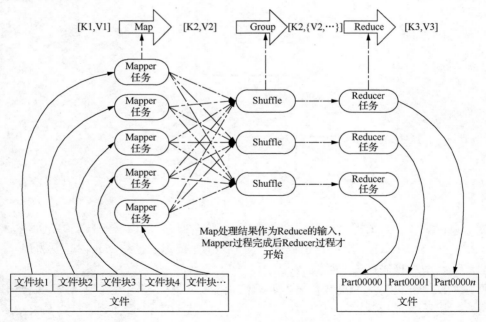

图 11-2　MapReduce 任务执行流程

2010 年，Spark 作为 Apache 基金会的主要开源项目，由美国加州大学伯克利分校的 AMPLab 实验室开发，是以运行速度、易用性以及复杂分析为出发点来构建的新型大数据计算框架。Spark 在汲取了 MapReduce 框架优点的同时，提出了 RDD，并将 map、filter、union、groupByKey、flatMap 等算子融入计算框架中，更为高效率的处理数据。最重要的是，为了提高数据处理的效率，Spark 将中间数据放置在内存中，不经过磁盘，这样极大地减少了对磁盘的读写操作，达到了提高效率的目的。并且能够同时处理实时计算（Spark Streaming）、交互式计算（Spark SQL）、机器学习（Spark Mllib）等复杂任务。

Flink 是可扩展的批处理与流式数据处理的分布式数据处理平台，与 Spark 类似，都是对多源数据的集成处理，但是对于相同目标的实现细节有所不同。最典型的就是 Spark 对于流式计算和批处理都使用统一的数据抽象——RDD，而 Flink 将此分为 DataStream 与 DataSet，两者各有优点，并且还有很多相似的地方。如 Flink 提供了与 Spark 的 Mllib 类似的 CEP 机器学习库，类似于 Spark GraphX 的 Gelly 图计算库等，两者都拥有良好的计算性能，但总的来说，Flink 起步较晚，目前还不成熟，受众群和社区活跃度也不如 Spark。

实时计算框架在现阶段比较常用的有 Storm、Spark、Flink、S4 和 TimeStream 等。Storm 是一个分布式的、容错的流式数据处理系统，Storm 可以用来处理系统实时流数据，并将处理完成后的数据存储到 HDFS、HBase 等存储架构中。Storm 作为一个分布式计算框架，每个节点完成一个基本的计算任务，数据项在相互连接的网络节点中流入流出。Storm 与 Spark Streaming 都可用于实时大数据的分析处理，但 Storm 更适用于"小数据块"的动态处理，Spark Streaming 更适用于导入 Spark 集群的数据全集。

S4 流式计算系统支持可插拔、可扩展，但并不支持节点的热插拔，导致在所有节点都需要调整时，无法实现在线处理，并且 S4 处理数据的错误率随着数据流入速度的加快而升高。

Kafka 是一款支持发布订阅消息的数据处理系统，缺点主要在于代理节点没有 Replication 机制，一旦该节点出现故障，将导致数据不可用，同时也将丢失订阅者的状态。

TimeStream 是微软开发的基于分布式的、实时连续的流式计算系统，最大的优点是可以通过弹性替代机制自适应负载均衡。但是对于延迟要求较低（毫秒级别）的应用需求处理效果不佳，并且当集群规模增加到 16 个 Worker 时，系统吞吐率下降 10%左右。

2）Spark 框架介绍

Spark 被设计为运行在 Hadoop 之上，能够处理实时流数据，并且能对复杂数据分析处理的可替代 MapReduce 计算框架的分布式数据计算平台。分布式应用频繁的读写 I/O 使得经典的 MapReduce 框架无法实现效率和性能的最大化，并且 MapReduce 框架对于海量数据的实时响应能力较差。为改善此缺陷，Spark 在设计时引进了名为弹性分布数据集的数据抽象 RDD，是分布在各个集群节点中可读数据的集合。将数据加载到内存，而无须每次都对磁盘操作，极大减少了对 I/O 的读写。除了 Spark 本身提供的核心编程 API 之外，Spark 计算框架还集成了用于各种复杂数据分析处理的附加库，处理数据领域更为丰富，主要包括：Spark Streaming、Spark Mllib、Spark SQL、Spark GraphX、Spark R、Spark Bagel 等。Spark 计算框架如图 11-3 所示。

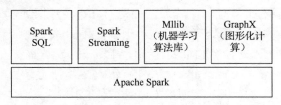

图 11-3　Spark 计算框架

Spark 是由一种类 Java 的编程语言 Scala 实现的，是第一个使用高效、通用的编程语言来处理集群上大数据的系统。实验表明，Spark 的数据计算速度比 Hadoop 快 10 到 100 倍，同时有比 Hadoop 超出 10 倍的机器学习负载。图 11-4 是 Spark 的运行架构，Cluster Manager 在 Standalone 模式时即为主节点，管控整个集群；Worker Node 为从节点，即计算节点，用于启动 Executor 或者 Driver；Executor 是 Application 运行在计算节点上的一个进程，作为程序的执行器；Driver 运行程序的 main()函数，并完成对程序的初始化。

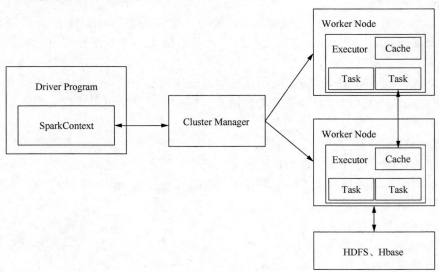

图 11-4　Spark 运行架构

3）RDD

在语序迭代式计算模式中，比如机器学习、图计算等，这些复杂的数据处理过程需要经过大量的迭代计算，会产生许多中间结果，即上一计算过程的输出作为下一计算过程的输入。为提高计算效率，需要将这些中间结果记录下来。目前 MapReduce 架构将这些中间结果存储到 HDFS 中，因此在数据处理过程中需要大量的读写磁盘，大量的序列化与反序列化。Spark 为了解决此问题，提出一种弹性数据集 RDD。

RDD 是一种抽象的数据结构，是 Spark 分区只读数据的集合，无须存储中间过程，只需将一系列逻辑操作表达为 RDD 的转换操作，从而降低对磁盘的读写，极大地提高了数据计算效率。每一个 RDD 都包含以下几个部分：

（1）RDD 分区，每一个数据集都是由若干分区组成的，分布于集群的各个节点之中。

（2）父依赖，关于父 RDD 的依赖，即为当前 RDD 是如何生成的。

（3）函数，即为在父 RDD 中执行计算的函数。

（4）元数据，用于描述 RDD 数据的位置以及如何分区。

前面提到 RDD 是一个分布式的数据集合，RDD 本身也可以进行数据分片，并且每一个 RDD 数据片可以分布在不同的集群节点上，可实现不同节点的并行计算。RDD 是只读数据的集合，一旦创建，无法直接对其进行修改，只能通过存储介质中的数据集创建 RDD，或者通过已创建的 RDD 经过一系列转换操作（如 join、groupBy 等）得到新的 RDD。

由于 RDD 提供的转换接口都是类似于 map、groupBy、join 等这些粗粒度的转换操作，没有细化到针对某一个数据项，因此 RDD 适合对数据的批量处理，不适用于细粒度的应用，如网页爬虫、异步框架的实现等。虽然这种粗粒度的设计让人担忧它的性能会不会受到很大限制，但是众多实践表明这种担忧是没有必要的，RDD 被广泛用于各种大数据的并行计算，以及用于复杂的交互式数据挖掘应用。

RDD 的大致执行流程如下：

（1）从数据源读入数据，并创建 RDD。

（2）RDD 经过若干个转换操作，产生若干个 RDD，以供后序操作使用。

（3）最后一个 RDD 经过行动操作后，将所得结果输出到外部数据源。

RDD 运行流程如图 11-5 所示。

RDD 特性如下：

（1）RDD 存放的数据类型丰富，甚至可以是 Java 对象，可减少不必要的序列化与反序列化开销。

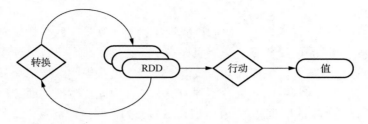

图 11-5 RDD 运行流程

（2）复杂计算的若干中间结果持久化到内存中，无须保存在磁盘中，减少读写磁盘开销。

（3）高容错性。当前的分布式计算框架为了实现系统的高容错性，在集群节点之间进行大量的数据复制与日志记录，但在集群节点之间进行大量的数据传输，需要巨大的开销。但在 Spark 中，RDD 的存在使系统具有天然的高容错性，RDD 中数据只读，不可更改，数据操作是不同 RDD 之间的转换，只需要通过这种"血缘"关系找到出错的转换操作，而无须通过大量的数据冗余，避免了数据传输的高开销。另外，RDD 的操作都是类似 map、filter、join 等的粗粒度转换，不涉及某一个数据项的更改，极大地降低了数据密集型应用中的容错开销。

另外，RDD 中存在宽依赖和窄依赖两种依赖关系，RDD 的依赖关系如图 11-6 所示。依赖关系与 RDD 的转换操作密不可分，下面介绍这两种依赖关系以及二者之间的区别。

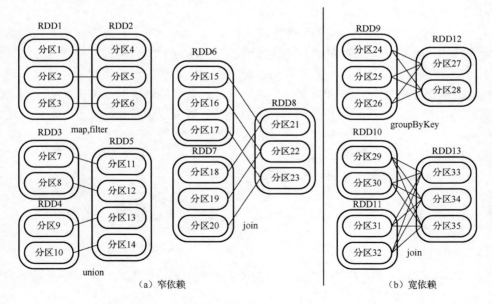

图 11-6 RDD 依赖关系

（1）窄依赖。简单来说，RDD 的窄依赖就是每个父 RDD 的一个 Partition 被子 RDD 的一个 Partition 使用，典型转换操作有 map、filter、union 等。

（2）宽依赖。同样的，RDD 的宽依赖就是父 RDD 的一个 Partition 被子 RDD 的多个 Partition 使用，典型操作有 groupByKey、sortByKey、reduceByKey 等。

对于 join 操作，需要根据是否协同划分来确定具体的依赖关系，协同划分是指父 RDD 的某个分区的所有数据块经过 join 转换后所得子 RDD 都在同一个分区。故对输入做协同划分的 join 操作属于窄依赖；反之，对输入做非协同划分的 join 操作属于宽依赖。

3. 数据存储层

1）HDFS

HDFS 被设计为运行在通用硬件中的分布式文件系统，采用主从架构，HDFS 的架构如图 11-7 所示。HDFS 集群由一个 NameNode 和多个 DataNode 组成，NameNode 负责管理文件系统的名称空间以及处理客户端对系统的访问，Datanode 用于负责节点上的数据存储。在集群内部，一个文件被分成多个块，HDFS 默认一个块 64MB，NameNode 执行文件名称空间的打开、关闭以及重命名等操作，并指定 DataNode 到文件块的映射，DataNode 接受 NameNode 的指令对文件块进行创建、删除和复制操作。HDFS 中将块作为存储单位，而块的大小远大于普通文件系统，可降低寻址开销。HDFS 之所以采用抽象的块概念，是因为具有以下几个优点：

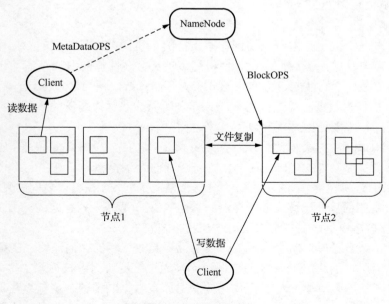

图 11-7　HDFS 架构

（1）支持大规模文件存储。HDFS 中将块作为存储单位，块可以将大规模文件拆分，拆分成的多个文件块可以被分发到集群中不同的节点，因此，集群中某一节点的存储容量并不会限制文件的大小，故文件的大小与节点存储容量没有绝对的关系。

（2）简化系统设计。首先，由于每个文件块的大小都是固定一致的，因此每个节点能存储的文件块也是已知的，方便了系统管理；其次，由于元数据与文件块是分开存储的，对元数据的管理更为方便。

（3）适合数据备份。任一文件块都可在多个节点上冗余存储，这样可提高系统的容错性与可用性。

2）Hive

传统数据仓库存在以下几个缺陷：①无法满足大规模数据量的存储需求；②对各种不同结构的数据无法有效处理；③数据处理能力和效果不佳。Hive 是基于 Hadoop 的数据仓库工具，能够将结构化的数据转换为传统关系型数据库中表的形式，并且支持 SQL 查询。在 Hadoop 集群中，可以将 SQL 查询转换为 MapReduce 任务予以执行，适用于数据的批处理。Hive 体系结构如图 11-8 所示。

从图 11-8 可以看出，Hive 自带集中用户编程接口，CLI 是 shell 命令行接口；JDBC 是 Hive 的 Java 编程接口，类似于传统数据使用 JDBC 连接；WebGUI 是网页可视化界面。驱动模块（Driver）负责把 HiveSQL 语句转换成 MapReduce 任务作业。元数据存储模块（Metastore）是一个独立的关系型数据库（自带 derby 数据库或 MySQL 数据库）。

3）HBase

HDFS 是面向批量数据的访问，不支持随机访问，并且传统的数据库无法面对数据激增时系统的扩展性问题，使得高可扩展、高性能的 HBase 有了诞生的可能。HBase 是一个高性能、可伸缩的分布式存储系统，使用 Zookeeper 管理集群，使用 HDFS 作为数据存储的底层。HBase 之所以能够解决传统关系型数据库不能解决的问题，主要原因体现在以下几个方面：

（1）HBase 数据类型比传统数据库更为简单方便，传统数据库有丰富的数据类型以及多种存储方式，HBase 把数据统一存储为字符串。

（2）HBase 只有简单的对数据的增删改查操作，不存在多表之间的复杂操作。传统数据库都是基于行模式进行存储的，而 HBase 是基于列存储的，由多个文件保存一个列族，同时不同列族之间的文件是分离的。

（3）传统数据库通常会设置多个索引以提高数据库的访问速度。HBase 只有行键一个索引，因此 HBase 中的数据访问都通过行键访问或扫描。

（4）传统数据库中的更新操作指的是对原有数据的覆盖，更新之后原有数据就被删除。HBase 对数据的更新意为生成一个新的版本，原有数据依然存在。

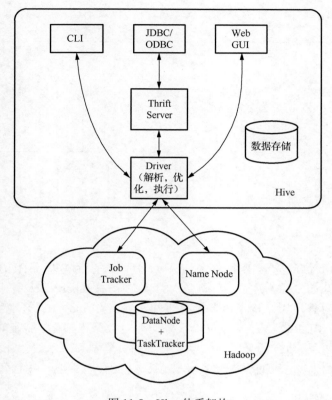

图 11-8　Hive 体系架构

（5）传统数据库很难实现横向扩展，只能实现有限的纵向扩展。HBase 能够轻易地实现横向扩展，并且能够在集群环境中增加或减少硬件的数量来实现性能的伸缩。

HBase 用表来存储数据，表由行和列组成，HBase 的列又可划分为多个列族，在列族层面将完成数据库访问、磁盘和内存的操作记录等操作。

4. 算法库

1）Spark Mllib

Mllib 是 Spark 框架集成的机器学习算法库，由一系列通用的机器学习算法和实用工具组成，内容涵盖降维、分类、聚类、回归、协同过滤等，还包括底层优化原语和管道程序接口。在众多开源分布式架构集成的机器学习算法库中，Spark Mllib 是计算效率较高的，原因在于 Mllib 集成在 Spark 计算框架中，前文已经讲述 Spark 计算框架相对于其他开源计算框架效率高的原因。图 11-9 列出了目前 Spark Mllib 支持的主要的机器学习算法。

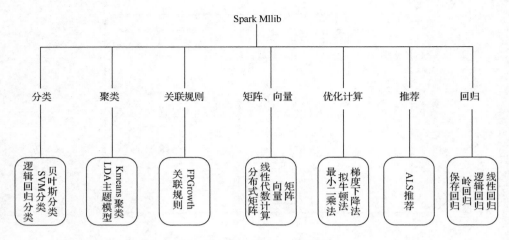

图 11-9 Spark Mllib 主要算法

Spark Mllib 包含基于 RDD 的算法 API，所含算法都是基于 RDD 数据结构实现的。此外，Spark 还提供了一个高层次的 API 库——Spark.ml，基于 DataFrames 实现的 API 套件可用来构建机器学习工作流（PipeLine），很好地弥补了 Mllib 的不足，通过 ML PipeLine 套件可以很方便地对数据正则化、特征转换等，并与多种机器学习算法结合起来，形成单一完整的机器学习流水线。Spark 在机器学习领域发展很快，主流的机器学习算法都已经很好地实现，并且有很高的计算效率。

2）Hadoop Mahout

Mahout 是基于 Hadoop 实现的一款强大的数据挖掘工具，把众多单机运行的算法，集成到 Hadoop 集群中，以 MapReduce 的模式运行，很大程度上提高了可处理的数据量以及处理效率。Mahout 算法库非常丰富且实用，但是 Mahout 在通过机器学习算法进行迭代计算时，每一次迭代生成的中间结果都要写入 HDFS，极大地减缓了算法执行速度。在 Mahout 上实现的机器学习算法如图 11-10 所示。

3）SparkNet

SparkNet 是 2016 年在 ICLR 会议上被提出的，旨在按照开发者的自由意志组成自己想要的网络。目前 SparkNet 主要解决深度神经网络的训练问题，支持卷积神经网络和众多深度学习算法。SparkNet 主要架构如图 11-11 所示。

由图 11-11 可知，Master 负责向各个 Worker 分发任务，而后交由 Worker 利用各自的 Caffe 进行训练。完成任务后，各个 Worker 再将训练的结果统一传回 Master。SparkNet 是建立在 Spark 和 Caffe 深度神经网络的基础之上的算法库，为了减少 Master 与 Worker 之间的通信时间，采用一种并行化机制来实现 SGD 的并行化，使得 SparkNet 能够很好地适应集群的大小并且能够容忍极高的通信延时。

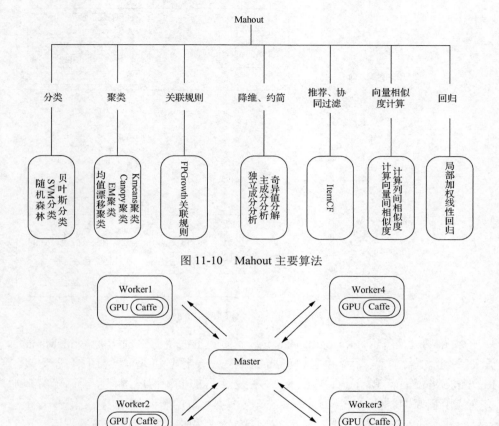

图 11-10　Mahout 主要算法

图 11-11　SparkNet 架构

5. 平台资源管理

Spark 有四种运行模式，分别是本地模式、Standalone 模式、Spark on Yarn 模式、Spark on Mesos 模式。本地模式主要用于开发测试；Standalone 模式是构建一个主从结构的 Spark 集群；Spark on Yarn 模式是指 Spark 客户端直接连接到 Yarn，无须额外构建 Spark 集群；Spark on Mesos 模式是指 Spark 客户端直接连接到 Mesos，无须额外构建 Spark 集群。本平台采用 Spark on Yarn 模式，该模式中，Yarn 的连接信息由 Hadoop 中的配置文件指明，数据存储在 HDFS 中，同时 Spark 可直接连接到 HDFS、Hive、MySQL 等数据库。

Yarn 为另一种资源管理器，是由 Hadoop 推出的分布式集群资源管理器。Yarn 有两个基本组件：ResourceManager 和 NodeManager。Yarn 任务分配及提交步骤如图 11-12 所示。

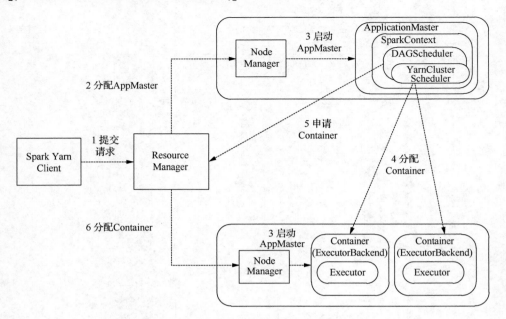

图 11-12　Yarn 任务分配及提交步骤

如图 11-12 所示，ResourceManager 负责集群的资源管理，而 NodeManager 管理每台机器的资源，并且 NodeManager 会定期将资源使用情况反馈给 ResourceManager，ResourceManager 对整个集群的资源情况进行整合。当客户端提交应用程序的时候，ResourceManager 会根据集群的资源使用情况，选择一个节点运行提交的应用程序，并指定 NodeManager 启动指定的节点上的进程运行该应用程序。ApplicationsManager 是应用程序的 Driver，应用程序提交后即向 ResourceManager 申请资源，ResourceManager 根据资源使用情况将可以运行该程序的节点元数据分配给 ApplicationsManager，ApplicationsManager 向 NodeManager 分配具体的资源以运行/停止任务。

11.1.2　基于 Spark 的工业大数据平台设计与实现

1. 平台总体设计

本平台以实现一个基于 Spark 的工业大数据能效分析平台为设计目标，集成了工业大数据的存储、分析与挖掘等功能，为企业众多业务提供决策支持。

从功能上来说，本平台具有以下几个重要功能：

（1）对企业各项数据进行采集，并完成预处理。对能效的相关工艺参数进行统一设计，并对多源异构的工业数据实现统一存储，为后续数据分析提供数据支持。

（2）对能效进行定义，结合先进的机器学习算法进行评估统计，针对评估结果给出节能降耗以及改善生产、提高能源利用效率的有效建议。

（3）对整个企业能效进行管控，保持平台运行良好的稳定性。

（4）支持分析结果以及数据存储的可视化查询，能够对分析结果有多方面、多角度的展现，帮助用户有效地理解数据分析结果。

除了以上功能外，平台还具有以下性能：

（1）高扩展性。平台应该能够根据需求的扩展以及负载的增加，通过增加硬件来完善需求以获得更为强大的性能。

（2）鲁棒性。平台应具备相当程度的容错设计，使得在系统故障时，保障尽量多的机器正常工作，保证任务的继续进行。

（3）低成本。平台应该在成本较低的情况下实现大数据的高效分析处理。

2. 平台体系架构

本章设计的能效分析大数据平台主要由以下几个部分组成，如图 11-13 所示，分别是数据集成、数据存储、数据分析处理、可视化分析四个部分。

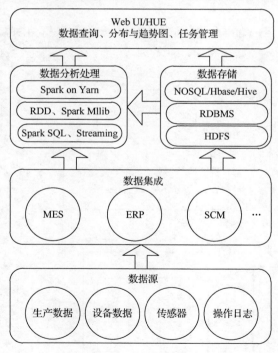

图 11-13 平台架构图

1）数据集成

数据集成主要工作是将多源异构的大规模数据进行统一归置，包括数据清洗、格式转换、标准化等工作。

平台工业过程数据的来源主要包括以下几个部分：

（1）工业设备及产品中内置的传感器采集的实时流数据，这些数据包括设备的状态信号以及产品的实时质量参数。

（2）Flume 日志收集系统采集的应用服务端数据，将散布在不同地方的工业生产日志统一收集，并且该日志收集系统提供了通过其与平台的紧密融合，将数据统一发往平台的功能。

（3）除以上两种数据归置方法外，对于跨度较大的数据可通过 HTTP 服务代理，利用消息中间件将数据发送至本平台，对于跨度大、数据规模不大的数据可建立 socket 通信，将数据传输至平台。

（4）对于企业业务管理数据，可通过 ERP、CRM、MES 等企业管理平台获得。这些管理平台底层都连接到关系型数据库，将数据通过 Sqoop 转换工具进行转换，数据转换完成后即可发送至平台。

2）数据存储

如图 11-14 所示，为屏蔽掉不同数据源各部分数据与 HDFS 之间的异构性，采用 HDFS 作为系统的底层存储，NOSQL 管理平台的历史大数据，RDBMS 存储实时数据。

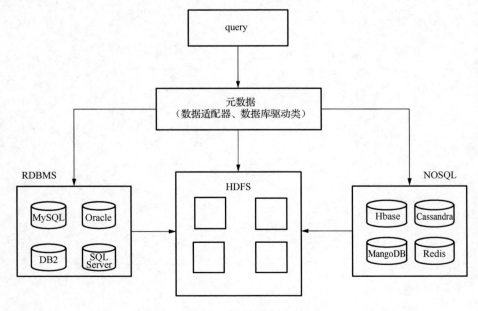

图 11-14　平台数据存储

NOSQL 存储技术与传统的关系型数据库存储最大的不同之处在于约束规则放宽，能更好地处理结构化和半结构化的数据，并且通过对大量节点的并行处理获得较快的存取速度。NOSQL 存储根据存储方式的不同可分为键值对存储（key-value）、基于文本的存储和基于图的存储。

（1）key-value 存储。这是 NOSQL 中应用最多的存储方式，典型的系统有 Redis、Tokyo Cabinet、Amazon Dynamo 等。key-value 是通过 Hash 函数实现从 key 到 value 的映射，在进行数据查询时通过查找 key 值寻址到数据存储点。这种存储模型简单快速，利于对数据的横向分割，在大规模数据群中也能有较高的操作性能。key-value 数据模型中的 value 可以包含多个列，实现多层嵌套映射，实现 key-column 存储的功能，Google 的 Big Table 系统和 Hadoop 开源框架中集成的 Hbase 都是以这种数据模型进行存储。

（2）基于文本的存储。典型的应用有 IBM 的 MangoDB 等。基于文本的存储模型对数据的结构要求相对宽松，无须预定义为统一结构。主要还是以 key-value 为基础，一般存储格式为 JSON 或类 JSON 数据列表，存储效率高，但缺乏统一的查询语法，加重了编程人员的操作负担。

（3）基于图的存储。典型的应用有 Neo4J、Hyper GraphDB 等。在社交网络、关系图谱中应用较为广泛，根据一些条件找到图的节点或边，而后应用图论算法对图进行更为复杂的操作，如计算最短路径、用户推荐等。性能更为强大，但扩展性不强。

针对工业大数据的多源异构性，提供类似适配器的数据接口，实现数据的统一访问，屏蔽掉数据间的异构性。数据适配就是提供多个配置文件使得数据访问时通过配置文件解析出数据库的连接信息，而后对相应的数据库访问。以下是几个配置文件的主要内容。

rdbdb.xml 文件内容如下所示：

```xml
<dsname="rdb" type="ss" recordType="com.data.store.dal.rdbdbDO"
DataType = "SQL-query" FieldType="SQL">
<propertys>
<property key="MYDB" value= "JDBC:mysql://192.168.1.110:3306/
MYDB user =
root ; password=root"/>
<property key="ODB" value= "JDBC:oracle:thin:@// 192.168.1.110:
1521/ODB/ user=
root ; password=root"/>
<property key="DB2" value="JDBC:db2:// 192.168.1.110:3306:5000/
DB2/ user =
root; password=root"/>
<property key="MCSQL" value="JDBC:microsoft:sqlserver://192.
168.1.110: 3306: 1433/MCSQL user=root; password=root"/>
</propertys>
```

首先得到 DataType，再根据得到的 DataType 取出连接数据库的 URL、用户名及密码，再进行数据读写。

nosqldb.xml 文件内容如下所示：

```
<dsname="nosql" type="zss" recordType="com.data.store.dal.nosqldbDO"
DataType="NOSQL-query" FieldType="String">
<propertys>
    <property key="HBASE" value=" HBASEConnector.class"/>
    <property key="Cassandra" value="CassandraConnector.class"/>
    <property key="MongoDB" value="MongoDBConnector.class"/>
</propertys>
```

除上述配置文件之外，NOSQL 数据库还有自带的配置文件，在此就不一一列出了。下面给出文件系统 HDFS 的配置：

```
<dsname="dfs" type="nss" recordType=" com.data.store.dal.dfsDO"
DataType ="DFS-query" FieldType="String">
<propertys>
    <property key="HDFS" value=" DFSConnector.class"/>
</propertys>
```

数据访问时的总体流程是首先判断 DataType。如果是 SQL-query，就在 rdbdb.xml 中获取数据库连接必需的 URL、用户名以及密码等属性，再加载数据库驱动包以连接到数据库。如果 DataType 为 NOSQL-query，则获取 NOSQL 连接，接着读取 NOSQL 配置文件，获取 NOSQL 驱动。如果 DataType 为 HDFS-query，则获取文件系统连接类 HDFSConnector.class，接着读取文件系统自带的配置文件，最后执行查询。数据访问流程如图 11-15 所示。

3）数据分析处理

以 Spark 为核心的数据批处理，可以直接读取 HDFS 或者数据库中的数据。数据处理方面与 MapReduce 最主要的区别在于，Spark 在数据处理时，将数据读入到内存，并且将数据处理的中间结果也直接存储在内存中，而 MapReduce 需要多次读写数据，效率不高。对于复杂数据的挖掘，Spark 通过丰富的机器学习算法库 Mllib 提供分类、聚类、协同过滤等工具对复杂数据进行数据挖掘。Spark 离线数据处理流程如下：

（1）接入源数据。

（2）将接入数据的格式进行统一。

（3）采用 Spark 内置 API 接口进行数据分析，如 map、union、filter、flatMap 等产生新的弹性数据集，若数据较为复杂，可以在分析时调用 Spark Mllib 中的机器学习算法。

（4）对数据进行迭代分析。

（5）对分析结果进行展示或持久化到数据库。

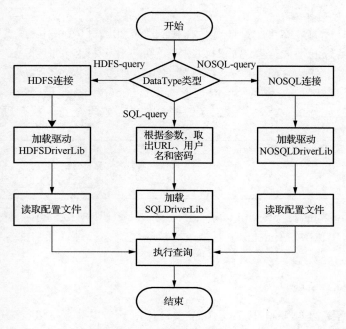

图 11-15　数据访问流程图

Spark 数据批处理流程如图 11-16 所示。

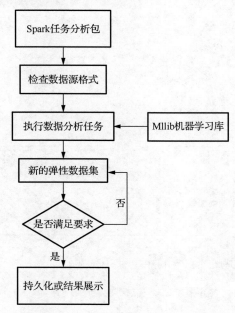

图 11-16　Spark 数据批处理流程

4）可视化分析

对数据分析的最终目的是通过数据找到隐含在数据中的模式或者关联关系，因此，需要良好的用户交互界面对数据进行可视化分析和查询管理。本平台采用的可视化分析工具是 Apache 的开源框架 HUE。HUE 是提供交互式数据分析，并且支持 Hive 的类 SQL 查询、Spark 交互查询、Sqoop 异构数据转换等功能。作为 Web 端的可视化分析工具，需要安装一些组件并且进行配置。执行以下命令来安装众多依赖文件：

```
apt-get install ant asciidoc cyrus-sasl-devel cyrus-sasl-gssapi
gcc gcc-c++ krb5-devel libtidy libxml2-devel libxslt-devel make mysql
mysql-devel openldap-devel python-devel sqlite-devel openssl-devel
gmp-devel libffi-devel -y
```

并且在 Hadoop 的 core-site.xml 以及 hdfs-site.xml 中要增加关于 HUE 的配置文件，与此同时在 HUE 中对 hue.ini 也要修改主机地址、端口号以及 HDFS 地址等相应的配置。

3. 平台运行流程

平台网络结构如图 11-17 所示。本平台是由一个主节点，以及一群任务子节

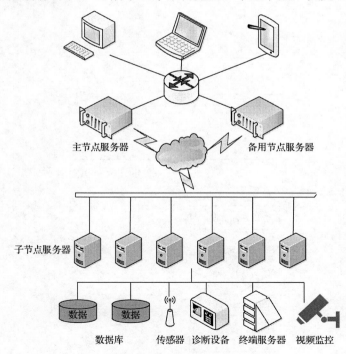

子节点服务器

数据库　　　　传感器　诊断设备　终端服务器　视频监控

图 11-17　平台网络结构图

点组成。平台中，主节点负责任务的调度以及平台的管理，各个子节点负责任务的执行，并且在任务执行完成后将数据处理结果反馈给主节点，主节点将结果呈现给用户并完成序列化操作。

平台执行流程如图 11-18 所示，整体过程归结如下：将来自服务器的日志、生产现场以及设备等的历史数据导入分布式文件系统、NOSQL 或者 Hive 数据仓库，在对相应数据通过算法库中整合的机器学习算法进行处理之前，对数据进行预处理，待数据挖掘任务完成后将数据处理结果序列化到存储系统中，将需要予以展示的处理结果进行可视化操作。

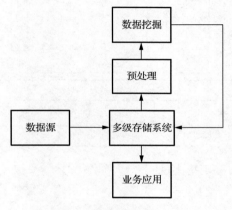

图 11-18　平台执行流程

4. 平台模块设计

为了便于平台的开发与管理，并且为了平台之后的扩展与升级，将平台功能划分为多个模块，各模块划分情况如图 11-19 所示。

由图 11-19 可知，平台分为参数监测、能效分析等多个模块。首先需要权限用户登录平台才能进入之后的模块。参数监测部分以类似表格的形式展示点位数据，包括工艺参数的设定、过程工艺浏览以及生产参数的监测等；能效分析模块通过 Spark Mllib 算法库中部分算法实现工况划分、能效评估、工艺流程的分析等从而实现对乙烯生产过程的能效评估，多角度评价能效状况。任务管理以及用户管理使得系统功能更加完善。为了保证生产数据的安全性，平台需要在登录并且确定权限后才能对包括参数监测和能效分析在内的生产相关操作进行管控。

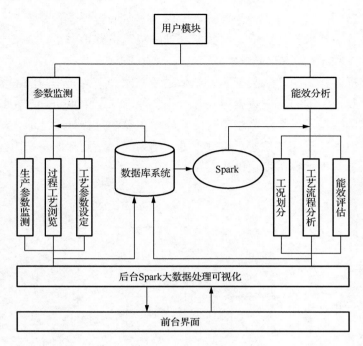

图 11-19　系统模块设计

5. 平台性能实现

1）主节点高可用性

本平台采用的是主从架构，主节点负责管理平台各计算节点的状态，因此主节点的高可用性是极为重要的。为实现主节点的高可用，通常情况下是将主节点进行热备份，两台主服务器，一个处于激活状态为集群提供服务，另一个处于备用状态，当激活的主服务器宕机时，用备用服务器进行替换，以此实现主节点的高可用。

本平台通过 Zookeeper 作为集群的共享存储系统来实现主节点的备份，将记录了集群运行状态以及任务完成信息等内容的 edits 文件传输到 Zookeeper 中，备份节点定期读取 edits 文件，来保持主节点与备份节点的信息同步，保证当主节点故障时可以随时将备份节点切换成主节点。基本框架如图 11-20 所示。

2）平台稳定性

集群中所用节点都是普通计算机，有一定的概率会出现问题。但平台通过相关的机制来提升系统的稳定性。系统的后台是基于 Spark 集群进行开发的，底层文件系统为 HDFS，NameNode 可以对 DataNode 的运行情况以及状态进行监管，当某个 DataNode 发生故障导致该节点不可用时，NameNode 负责重启该节点，并且将该节点数据根据节点自身分配策略分配到其他可用节点上，保证节点的持续可用以及数据安全备份。除此之外，在平台进行运算时，Driver 会监管每个 Worker 的运行状态，确保集群的运行不会因为某个节点的故障而中断，以此保证平台的稳定性。

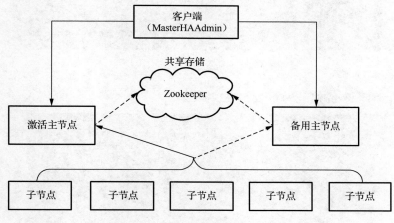

图 11-20　主节点高可用性的实现

6. 平台测试

开发和运行的环境如表 11-1 所示。

表 11-1　开发和运行环境

软件	版本	软件	版本
操作系统	Ubuntu16.04 64 位	Sqoop	Sqoop-1.4.6
JDK	1.8	Spark	Spark-2.2.1
Intellij idea	2017	Hive	Hive-1.2.2
Hadoop	Hadoop-2.9.0	MySQL	MySQL-5.7.21
HBASE	Hbase-1.1.2		

Ubuntu 与 IDE 工具以及数据库等软件的安装都较为简单，都具有完善的可视化安装界面。下面对 Hadoop 及 Spark 的配置做简单介绍。

对 Hadoop 的伪分布式配置需要修改 core-site.xml 和 hdfs-site.xml。core-site.xml 主要负责指定 HDFS 中的 NameNode 节点的存储数据，而 hdfs-site.xml 用于指定 HDFS 中 NameNode 和 DataNode 节点数据的存储目录以及文件块的副本数。将 core-site.xml 修改为如图 11-21 中内容。

```
<configuration>
    <property>
        <name>hadoop.tmp.dir</name>
        <value>file:/usr/local/hadoop/tmp</value>
        <description>Abase for other temporary directories.</description>
    </property>
    <property>
        <name>fs.defaultFS</name>
        <value>hdfs://localhost:9000</value>
    </property>
</configuration>
```

图 11-21　core-site.xml 配置

将 hdfs-site.xml 修改为如图 11-22 中内容。

```
<configuration>
    <property>
        <name>dfs.replication</name>
        <value>1</value>
    </property>
    <property>
        <name>dfs.namenode.name.dir</name>
        <value>file:/usr/local/hadoop/tmp/dfs/name</value>
    </property>
    <property>
        <name>dfs.datanode.data.dir</name>
        <value>file:/usr/local/hadoop/tmp/dfs/data</value>
    </property>
</configuration>
```

图 11-22　hdfs-site.xml 配置

Spark 读写 HDFS 中的数据需要对 spark-env.sh 进行配置：

```
export SPARK_DIST_CLASSPATH=$(/usr/local/hadoop/bin/hadoop classpath)
```

Spark-shell 启动界面如图 11-23 所示。

```
root@shezzer-X550JX: /usr/local/spark
root@shezzer-X550JX:/usr/local/spark# ./bin/spark-shell
Setting default log level to "WARN".
To adjust logging level use sc.setLogLevel(newLevel). For SparkR, use setLogLev
el(newLevel).
18/04/10 03:33:39 WARN util.Utils: Your hostname, shezzer-X550JX resolves to a
loopback address: 127.0.1.1; using 192.168.1.110 instead (on interface wlp3s0)
18/04/10 03:33:39 WARN util.Utils: Set SPARK_LOCAL_IP if you need to bind to an
other address
Spark context Web UI available at http://192.168.1.110:4040
Spark context available as 'sc' (master = local[*], app id = local-152330242513
9).
Spark session available as 'spark'.
Welcome to
      ____              __
     / __/__  ___ _____/ /__
    _\ \/ _ \/ _ `/ __/  '_/
   /___/ .__/\_,_/_/ /_/\_\   version 2.1.0
      /_/

Using Scala version 2.11.8 (OpenJDK 64-Bit Server VM, Java 1.8.0_162)
Type in expressions to have them evaluated.
Type :help for more information.

scala>
```

图 11-23　Spark-shell 启动

7. 平台实现

1）数据存储

（1）数据上传。要将数据上传到本平台可以通过 HDFS 的 WebUI 界面直接上传需要的文件或文件夹，也可通过命令行语句完成上传。WebUI 完成数据上传如图 11-24 所示。

图 11-24　上传文件

文件上传命令（切换至 Hadoop 安装目录）：

```
bin/hdfs dfs -put /output
```

/output 是 HDFS 中对应目录。

将数据上传到 HDFS 中后，在 WebUI 中可查看文件信息。文件信息如图 11-25 所示。

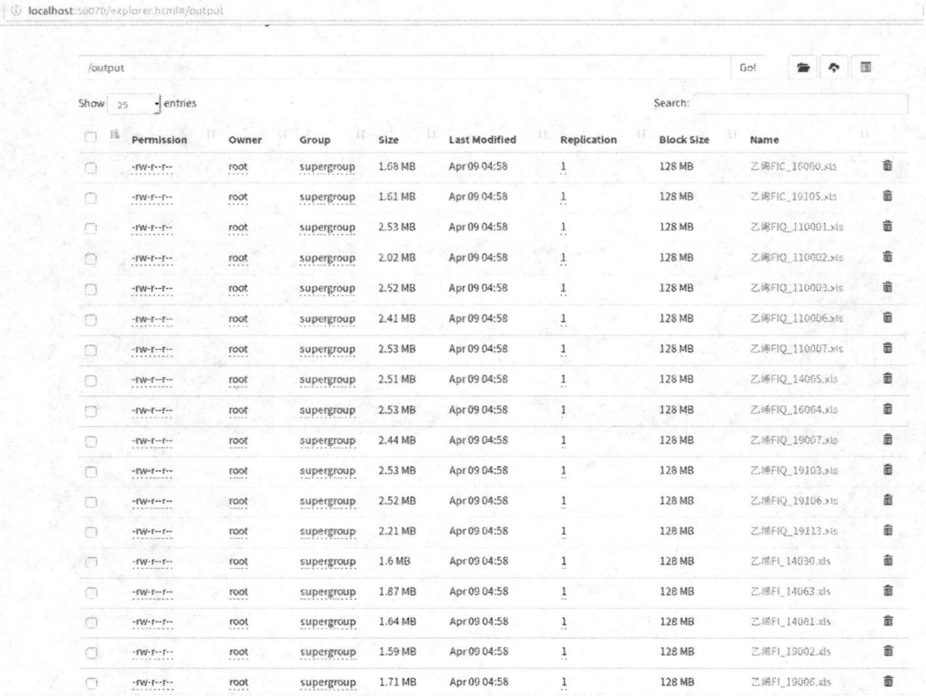
localhost:50070/explorer.html#/output
/output
Go!
Show 25 entries
Search:

Permission	Owner	Group	Size	Last Modified	Replication	Block Size	Name
-rw-r--r--	root	supergroup	1.68 MB	Apr 09 04:58	1	128 MB	乙烯FIC_16060.xls
-rw-r--r--	root	supergroup	1.61 MB	Apr 09 04:58	1	128 MB	乙烯FIC_19105.xls
-rw-r--r--	root	supergroup	2.53 MB	Apr 09 04:58	1	128 MB	乙烯FIQ_110001.xls
-rw-r--r--	root	supergroup	2.02 MB	Apr 09 04:58	1	128 MB	乙烯FIQ_110002.xls
-rw-r--r--	root	supergroup	2.52 MB	Apr 09 04:58	1	128 MB	乙烯FIQ_110003.xls
-rw-r--r--	root	supergroup	2.41 MB	Apr 09 04:58	1	128 MB	乙烯FIQ_110006.xls
-rw-r--r--	root	supergroup	2.53 MB	Apr 09 04:58	1	128 MB	乙烯FIQ_110007.xls
-rw-r--r--	root	supergroup	2.51 MB	Apr 09 04:58	1	128 MB	乙烯FIQ_14065.xls
-rw-r--r--	root	supergroup	2.53 MB	Apr 09 04:58	1	128 MB	乙烯FIQ_16064.xls
-rw-r--r--	root	supergroup	2.44 MB	Apr 09 04:58	1	128 MB	乙烯FIQ_19007.xls
-rw-r--r--	root	supergroup	2.53 MB	Apr 09 04:58	1	128 MB	乙烯FIQ_19103.xls
-rw-r--r--	root	supergroup	2.52 MB	Apr 09 04:58	1	128 MB	乙烯FIQ_19106.xls
-rw-r--r--	root	supergroup	2.21 MB	Apr 09 04:58	1	128 MB	乙烯FIQ_19113.xls
-rw-r--r--	root	supergroup	1.6 MB	Apr 09 04:58	1	128 MB	乙烯FI_14030.xls
-rw-r--r--	root	supergroup	1.87 MB	Apr 09 04:58	1	128 MB	乙烯FI_14063.xls
-rw-r--r--	root	supergroup	1.64 MB	Apr 09 04:58	1	128 MB	乙烯FI_14081.xls
-rw-r--r--	root	supergroup	1.59 MB	Apr 09 04:58	1	128 MB	乙烯FI_19002.xls
-rw-r--r--	root	supergroup	1.71 MB	Apr 09 04:58	1	128 MB	乙烯FI_19006.xls

图 11-25　文件信息

（2）数据接入。数据接入是将传统关系型数据库的数据通过 Sqoop 异构转换工具以及关系型数据库对应的 JDBC 驱动导入平台、Hive 或 HBase 中，并可以在 HBase 中查看导入的数据结果，如图 11-26 所示。

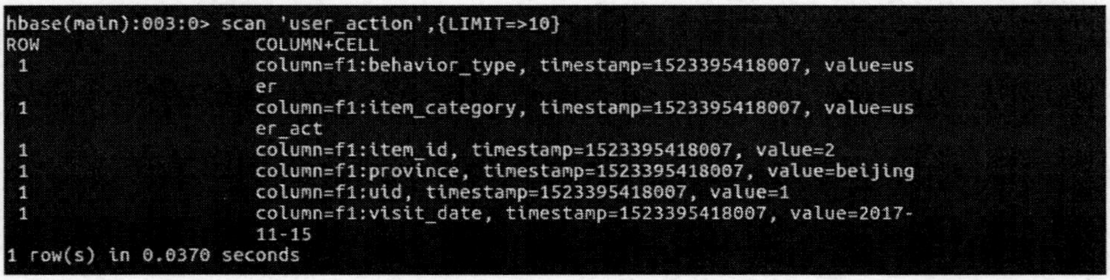
hbase(main):003:0> scan 'user_action',{LIMIT=>10}
ROW   COLUMN+CELL
 1   column=f1:behavior_type, timestamp=1523395418007, value=us
                       er
 1   column=f1:item_category, timestamp=1523395418007, value=us
                       er_act
 1   column=f1:item_id, timestamp=1523395418007, value=2
 1   column=f1:province, timestamp=1523395418007, value=beijing
 1   column=f1:uid, timestamp=1523395418007, value=1
 1   column=f1:visit_date, timestamp=1523395418007, value=2017-
                       11-15
1 row(s) in 0.0370 seconds

图 11-26　HBase 查询数据

2）Spark 离线批处理

对约 1G 文本文件进行分析，统计出现频率最高的 *K* 个数据，本次测试在 IDEA 中通过 Scala 交互语言完成程序编写，核心代码如下：

```
val conf = new SparkConf()
    val sc = new SparkContext(conf)
```

```
//SparkContext 是把代码提交到集群或者本地的通道，我们编写 Spark 代码，
//无论是要本地运行还是集群运行都必须有 SparkContext 的实例
val line = sc.textFile(args(0))
//把读取的内容保存给 line 变量，其实 line 是一个 MappedRDD，Spark 的所
//有操作都是基于 RDD 的
//其中的\\s 表示空格、回车、换行等空白符，+号表示一个或多个的意思
val  result  =  line.flatMap(_.split("\\s+")).map((_,  1)).
reduceByKey(_+_)
val  sorted  =  result.map{case(key,value)  =>  (value,key)}.
sortByKey(true,1)
val topk = sorted.top(args(1).toInt)
```

通过 spark-submit 执行脚本并提交参数：

```
spark-submit \
--master spark://192.168.1.154:7077 \
--class com.cn.gao.topK \
--name topK \
--executor-memory 400M \
--driver-memory 512M \
/usr/local/myjar/TopK.jar \
hdfs://192.168.1.154:9000/user/hadoop/README.md 5
```

通过 Spark 计算框架，实现在 1G 文本中找到出现频率最高的 K 个数据的功能，通过 Spark 强大的计算能力以及运行效率，很快得出计算结果。

8. 可视化分析

本平台的可视化分析是通过 Apache HUE 这款开源产品实现的，下面是 HUE 的一些测试页面。

1）Hive 可视化界面

简单地对表进行查询，其效果图如图 11-27 所示。

图 11-27　Hive 可视化界面

2）HDFS 文件系统管理页面

通过该页面，可实现数据文件的增删改查等操作，其效果展示如图 11-28 所示。

图 11-28　HDFS 文件系统管理页面

3）用户管理界面

通过该页面，可查看当前登录用户权限，以及其他用户所属组别及权限。系统管理员可添加用户，并设置用户的权限，从而有效地管理平台。其效果展示如图 11-29 所示。

图 11-29　用户管理界面

4）任务管理界面

通过实际测试，分别对接入平台的过程以及平台数据存储、数据查询等功能进行展示，并且验证了平台对基于 Spark 的数据批处理的支持。在可视化方面，从用户管理、数据查询、文件管理以及任务管理等方面对可视化进行了多角度展示，如图 11-30 所示。

图 11-30　任务管理界面

11.2　乙烯生产能效分析大数据集群管控平台

随着工业化进程的加快和各种新型信息技术的持续赋能，现阶段我国流程工业的生产和管理初级信息系统基本部署完成。特别是 ERP、CRM、MES 等生产管理系统的应用，将企业的管理模式从粗放型变得更加有针对性。然而，正是由于这些基础信息化的实现，企业在长期生产和运营中积累的数据集的体量和种类均会越来越庞大。针对企业在长期生产和运营过程中积累的越来越庞大的数据集，如何从中收集可操作和可用于管理的知识，帮助企业在复杂的管理环境中做出更明智的商业决策，以提高自身的生产效率与竞争力，现已成为工业领域的重要研究方向。因此，本章结合大数据存储技术，利用具有高容错性和低成本部署的 HDFS 实现存储和管理多源异构工业大数据，并在此基础上，基于大数据平台实现了对乙烯工业生产的能效评估和系统级能效异常的检测与诊断，并最终运用 Java Web 技术开发了能效分析的可视化界面，实现能效评估、能效异常诊断结果的 Web 界面展示，从而给企业决策人员在指导、管控乙烯生产流程层面赋予了有力的根据。

11.2.1　系统部署

本系统采用 Master/Slave 模式来构建集群，集群共有四台服务器，其中，一台作为 Ambari server 节点，一台作为 Master 节点，其余的两台服务器作为 Slave 节点。Ambari server 节点主要运行 Ambari 集群管控服务和前端展示，Master 节点主要用于运行 HDFS 主控服务 NameNode、Yarn 资源管理的主控服务 ResourceManager 和 Ambari agent 节点状态服务，Slave 节点主要用于运行 HDFS 的存储数据服务 DataNode、Yarn 资源管理的任务执行服务 NodeManager 以及 Ambari agent 节点状态服务。集群规划见图 11-31，集群节点分配表见表 11-2。

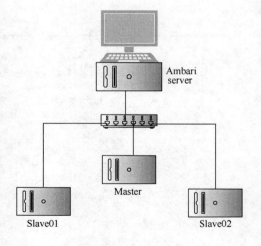

图 11-31　集群规划

表 11-2　集群节点分配表

Host name	IP	节点类型
ambari.cluster.com	192.168.19.151	Ambari server/eclipse
master.cluster.com	192.168.19.152	Ambari
slave01.cluster.com	192.168.19.153	Ambari agent/NodeManager/DataNode
slave02.cluster.com	192.168.19.154	Ambari agent/NodeManager/DataNode

Ambari server 和 Master 节点含有双核 E8400 CPU，8G 内存。Slave 节点含有双核 E8400 CPU，4G 内存。系统的软件开发环境如表 11-3 所示。

表 11-3　系统软件开发环境

软件	版本
OS	Ubuntu16.04 64 位
JDK	1.8
Ambari	2.7.3
HDP	3.1.0
Hadoop	2.9.0
Sqoop	1.4.6
Spark	2.1.1
Hive	1.2.2
MySQL	5.7
MyEclipse	2014

11.2.2　集群管控可视化功能实现

基于 Ambari 部署的集群可以非常方便地根据业务处理需求有选择地增删节点，达到对集群的统一监控。

由于部署大数据平台整个过程步骤众多，关于 Ambari 部署大数据集群技术也比较成熟，所以此处不一一列举，主要介绍一些在安装过程中重要且有必要说明的项。

1. 登录 Apache Ambari 集群

使用 Ambari 集群的主机进入 Ambari，填写用户名和密码，如图 11-32 所示。

2. Ambari 集群控制台首页

Ambari 集群控制台主要包括两个部分，一个是显示目前已安装的所有组件服务，另一个是相应组件服务的监控和配置界面，如图 11-33 所示。

图 11-32　Ambari 平台登录界面

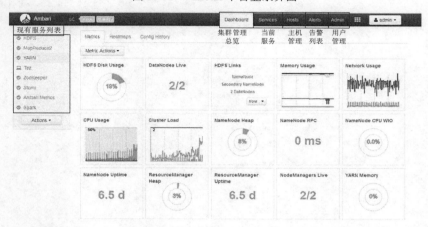

图 11-33　Ambari 集群控制台首页

3. 用户管理

如图 11-34 所示，Ambari 集成了强大的用户角色方案，不但去除掉需要采用手动管理集群用户时的各种麻烦，而且赋予了权限集成、系统认证等有利功能。

图 11-34　用户管理

4. HDFS 文件管理

以 HDFS 作为底层存储，如图 11-35 所示，可以通过 Ambari 中 HDFS Web 页面直接管理集群文件存储，弥补了传统使用 shell 命令进行维护时门槛高、不够直观的缺点。

图 11-35　文件管理

5. 告警管理

如图 11-36 所示，通过告警管理界面及时查看个节点工作进程。

图 11-36　告警管理

6. 可视化 Yarn 资源管理

如图 11-37 所示，基于 Ambari 部署的大数据集群赋予了可视化的 Yarn 任务队列管理工具。Yarn 担负着为所有运行在集群上的应用分配系统资源的职责。可以随时查看配置变更的历史轨迹并进行恢复。弥补了传统上只能通过修改 Yarn 的配置文件来设置队列参数这种十分低效且不便于管理的缺点。

图 11-37　可视化 Yarn 任务队列管理

11.2.3　能效分析可视化功能实现

把数据处理与计算层的能效分析结果保存在 MySQL 数据库中，以 JavaEE 中的 SpringMVC、Ajax 和 ECharts 技术对能效分析的数据通过图表进行展示。

在 JSP 中写入 JavaScript，之后在 JavaScript 中嵌入 Ajax，Ajax 中的 URL 指定到 SpringMVC 的 Controller 中的.do 文件，.do 文件执行数据的获取 DAO，DAO 与 MySQL 进行连接，并最终从 MySQL 上获取数据。使用 Ajax 实现同步数据传输，从 MySQL 提取数据，并通过 ECharts 可视化。最后 JSP 获取 ECharts 数据并动态显示。具体执行流程如图 11-38 所示。

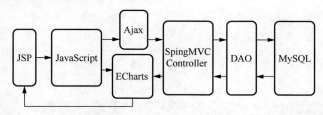

图 11-38　前端可视化页面流程

能效分析可视化所使用的相关技术介绍如下。

（1）JavaScript 是一种基于原型编程、多范式的动态脚本语言，并且支持面向对象、命令式和声明式（如函数式编程）风格。JavaScript 这种脚本语言运用事件驱动的方式，它不必通过 Web 服务器便能够处理客户端的输入。例如，当阅览一个 Web 界面的时候，对于游标在界面上通过点击或翻阅移动等一系列动作，JavaScript 均可以直接为这些触发给出对应的处理。而且，JavaScript 这种脚本语言是支持跨平台的，运行系统只要求浏览器的支持。所以，开发好的 JavaScript 脚本允许运行在大多数机器系统上，正因为它的这些优点，现在很多的浏览器都已经支持 JavaScript。

（2）ECharts 具有相当好的兼容性，底层依靠轻量级 Canvas 类库 Zrender，ECharts 是一种能够流利的运行在 PC 端或者移动端上的图形库。其功能相当的强大，不仅能够提供生动、交叉性高的图表，还能够进行数据可视化图表的高度化定制。

（3）MVC 架构总称为模型-视图-控制器（Model-View-Controller），它为一种以单独方式组织业务逻辑，数据和界面显示的特殊方式。不仅使用相当便利，还可以不必编写一个全新的业务逻辑就能对个性化定制界面进行改进或用户交互。主要作用是将传统的输入、处理和输出功能映射到相同的逻辑图形用户界面结构中。

（4）Ajax 全称是异步 JavaScript 和 XML（Asynchronous JavaScript And XML）。可以异步更新网页并快速创建动态页面。随着 Ajax 的开发和不断完善，即使不加载整个网页，也能对网页上的某个部分进行更新。

图 11-39 为系统级能效 DEA 评估的 Web 界面展示，可以观察评估指标在该统计段的总体情况。

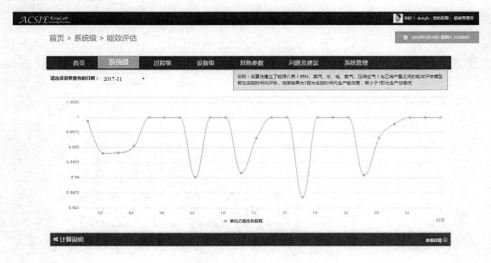

图 11-39　DEA 能效评估 Web 界面展示

图 11-40 和图 11-41 为系统级能效诊断箱线图 Web 展示，展示了系统级能效影响因素，点击每个箱线图可以查看该因素的中位数、上四分位数、下四分位数，以及异常值。

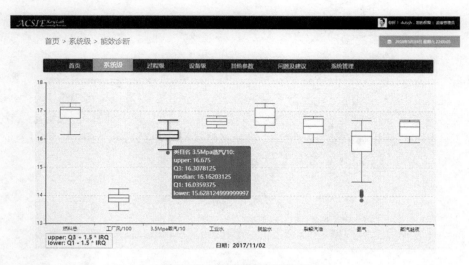

图 11-40　能效诊断组别详情

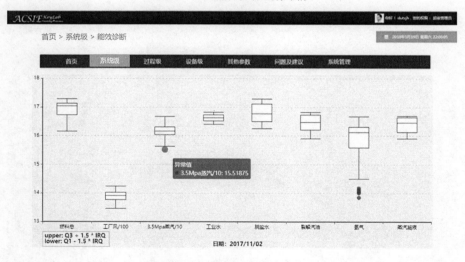

图 11-41　能效诊断异常值详情

11.3　本 章 小 结

随着企业生产的扩大化，数据呈指数级增长，更为重要的是，数据源及其表现形式越来越丰富，由原来单一地从数据库中获取生产历史数据扩展为获取生产管理日志、设备运行数据，以及声音、图像、视频等多维数据，传统的数据分析管理手段无法满足企业迫切想提高生产效率的需求。在此背景下，本章研究了基于 Spark 的工业大数据能效分析平台，以乙烯生产为例，将能效分析模块集成到工业大数据分析平台中，结合平台算法库中的机器学习算法，对乙烯生产过程中的能效进行了分析。同时，根据乙烯生产能效分析的具体业务需求，基于大数据平台研究且开发了乙烯工业能效评估和能效诊断系统。该系统采用 B/S 开发结构，服务层是基于 Hadoop+Spark 大数据集群存储与计算的，其中计算与处理层主要使用 Scala+Python 设计能效分析算法，然后将能效分析结果导入 MySQL，前端通过引入 Java Web 技术，有效地实现了数据的可视化功能。

参 考 文 献

[1] 陈锡荣. 中国石化产业发展趋势研究[J]. 现代化工, 2019, 39 (6): 1-5.

[2] Han Y M, Geng Z Q, Zhu Q X, et al. Energy management and optimization modeling based on a novel fuzzy extreme learning machine: Case study of complex petrochemical industries[J]. Energy Conversion and Management, 2018, 165: 163-171.

[3] Tao R, Patel M, Blok K. Olefins from conventional and heavy feed stocks: Energy use in steam cracking and alternative processes[J]. Energy, 2006, 31(4): 425-451.

[4] 国家统计局. 中华人民共和国 2017 年国民经济和社会发展统计公报[EB/OL]. [2018-2-28]. http: // www. stats. gov. cn/tjsj/zxfb/201802/t20180228_1585631. html.

[5] 工业和信息化部. 石化和化学工业节能减排指导意见[R]. 北京: 工业和信息化部, 2013.

[6] 刘然, 王旭明, 岳高, 等. "十三五" 能源消耗总量和强度 "双控" 机制研究[J]. 能源与环境, 2017, 145(6): 2-7.

[7] Meng D, Shao C, Zhu L. Ethylene cracking furnace TOPSIS energy efficiency evaluation method based on dynamic energy efficiency baselines[J]. Energy, 2018, 156: 620-634.

[8] Shao C, Dong X Y, Zhu L. FCM-LSSVM modelling for ethylene loss rate of distillation column with respect to operation conditions[J]. International Journal of Computer Application in Technology, 2018, 57(4): 302-311.

[9] 谭捷. 我国乙烯行业供需分析及发展建议[J]. 乙醛醋酸化工, 2017(7): 17-20.

[10] 刘刚, 谌湘临, 张少宁. 石化生产执行制造系统智能化功能提升及应用[J]. 化工进展, 2017, 36(7): 2714-2723.

[11] Zhao Z T, Chong K, Jiang J Y, et al. Low-carbon roadmap of chemical production: A case study of ethylene in China[J]. Renewable and Sustainable Energy Reviews, 2018, 97: 580-591.

[12] Palm J, Thollander P. An interdisciplinary perspective on industrial energy efficiency[J]. Applied Energy, 2010, 87(10): 3255-3261.

[13] Martin A, Edmundas K Z, Dalia S, et al. A comprehensive review of data envelopment analysis (DEA) approach in energy efficiency[J]. Renewable and Sustainable Energy Reviews, 2017, 70: 1298-1322.

[14] Murray G P. What is energy efficiency? Concepts, indicators and methodological issues[J]. Energy Policy, 1996, 24(5): 377-390.

[15] Han Y M, Geng Z Q, Gu X B, et al. Performance analysis of China ethylene plants by measuring malmquist production efficiency based on an improved data envelopment analysis cross-model[J]. Industrial & Engineering Chemistry Research, 2015, 54(1): 272-284.

[16] 高镜媚, 王麟琨. 典型石化行业的多级能效评估方法研究[J]. 仪器仪表标准化与计量, 2013(5): 19-21.

[17] Zhang N, Smith R, Bulatov I, et al. Sustaining high energy efficiency in existing processes with advanced process integration technology[J]. Applied Energy, 2013, 101: 26-32.

[18] Wu L M, Chen B S, Bor Y C, et al. Structure model of energy efficiency indicators and applications[J]. Energy Policy, 2007, 35(7): 3768-3777.

[19] Sarrico C S. Data Envelopment analysis: A comprehensive text with models, applications, references and DEA-solver software[J], 2001, 52(12): 1408-1409.

[20] 陈婷. 乙烯裂解过程能量分析策略研究[D]. 广州: 中山大学, 2009.

[21] 许斌. 乙烯装置急冷系统工艺模拟与研究[D]. 天津: 天津大学, 2005.

[22] 王松汉, 何细藕. 乙烯工艺与技术[M]. 北京: 中国石化出版社, 2000.

[23] 刘刚. 乙烯装置分离冷区系统影响乙烯收率的因素分析研究[D]. 兰州: 兰州理工大学, 2014.

[24] Giacone E, Mancò S. Energy efficiency measurement in industrial processes[J]. Energy, 2012, 38(1): 331-345.

[25] 林宗寿. 无机非金属材料工学[D]. 武汉: 武汉理工大学, 2013.

[26] 韩永明. 能效评价方法研究及其在乙烯工业中的应用[D]. 北京: 北京化工大学, 2014.

[27] Usón S, Valero A, Correas L. Energy efficiency assessment and improvement in energy intensive systems through thermoeconomic diagnosis of the operation[J]. Applied Energy, 2010, 87(6): 1989-1995.

[28] Gong S X, Shao C, Zhu L. Energy efficiency evaluation in ethylene production process with respect to operation classification[J]. Energy, 2017, 118: 1370-1379.

[29] 张省. 国外电力需求侧管理经验[J]. 农电管理, 2008(3): 36-37.

[30] 国家电网公司. 电力需求侧管理工作指南[M]. 北京: 中国电力出版社, 2007.

[31] Efficiency Valuation Organization. International Performance Measurement and Verification Protocol (IPMVP) [EB/OL]. (2013-12-20)[2018-6-20]. http://www.evo-world.org.

[32] 能源管理体系 ISO 50001 获批成为国际标准草案[J]. 中国石油和化工标准与质量, 2010, 11(30): 45.

[33] 石油化工设计能量消耗计算方法: SH/T 3110—2001[S]. 北京: 中国石化出版社, 2002.

[34] 综合能耗计算通则: GB/T 2589—2008[S]. 北京: 中国标准出版社, 2008.

[35] 陈龙. 等效焓降法与常规热平衡法在热力系统的计算分析[J]. 能源研究与利用, 2015(4): 26-38.

[36] 马福民, 王坚. 面向企业能效的能源消耗过程建模方法研究[J]. 高技术通讯, 2008, 18(1): 47-53.

[37] Bodo L, John A T. Heat-recovery networks: New insights yield big savings[J]. Chemical Engineering, 1981, 88(22): 56-70.

[38] 王铁山. 乙烯装置的能量优化与系统集成[D]. 北京: 北京化工大学, 2005.

[39] 华丽, 于海晨, 邵诚, 等. 基于 SVM-BOXPLOT 的乙烯生产过程异常工况监测与诊断[J]. 化工学报, 2018(3): 1053-1063.

[40] Aigner D, Lovell C A K, Schmidt P. Formulation and estimation of stochastic frontier production function models[J]. Journal of Econometrics, 1977, 6(1): 21-37.

[41] Farrell M J. The measurement of productive efficiency[J]. Journal of the Royal Statistical Society, 1957, 120(3): 253-281.

[42] Sueyoshi T, Yuan Y, Goto M. A literature study for DEA applied to energy and environment[J]. Energy Economics, 2017, 62: 104-124.

[43] Charnes A, Cooper W W, Rhodes E. Evaluating program and managerial efficiency: An application of data envelopment analysis to program follow through[J]. Management Science, 1981, 27(6): 668-697.

[44] 虞琛平, 顾祥柏, 耿志强. 基于 EPI 的乙烯行业效率分析[J]. 化工学报, 2012(9): 2931-2935.

[45] Geng Z Q, Han Y M, Yu C P. Energy efficiency evaluation of ethylene product system based on density clustering data envelopment analysis model[J]. Advanced Science Letters, 2012, 9(1): 735-741.

[46] 崔培崇, 王学雷, 马增良. 基于数据包络分析的乙烯能效分析系统[J]. 计算机与应用化学, 2010, 27(9): 1182-1186.

[47] Han Y M, Geng Z Q, Zhu Q X, et al. Energy efficiency analysis method based on fuzzy DEA cross-model for ethylene production systems in chemical industry[J]. Energy, 2015, 83: 685-695.

[48] Han Y M, Geng Z Q, Zhu Q X. Energy optimization and prediction of complex petrochemical industries using an improved artificial neural network approach integrating data envelopment analysis[J]. Energy Conversion and Management, 2016, 124: 73-83.

[49] Geng Z Q, Dong J G, Han Y M, et al. Energy and environment efficiency analysis based on an improved environment DEA cross-model: Case study of complex chemical processes[J]. Applied Energy, 2017, 205: 465-476.

[50] Han Y M, Geng Z Q, Gu X B, et al. Energy efficiency analysis based on DEA integrated ISM: A case study for Chinese ethylene industries[J]. Engineering Applications of Artificial Intelligence, 2015, 45: 80-89.

[51] Cooper W W, Seiford L M, Tone K. Introduction to Data Envelopment Analysis and Its Uses: With DEA-Solver Software and References[M]. Boston: Springer, 2006.

[52] Emrouznejad A, Amin R G. DEA models for ratio data: Convexity consideration[J]. Applied Mathematical Modeling, 2009, 33(11): 486-498.

[53] 朱群雄, 石晓赟, 顾祥柏, 等. 基于时序数据融合的乙烯装置能效价值研究及应用[J]. 化工学报, 2010(10): 2620-2626.

[54] Han Y M, Geng Z Q, Zhu Q X, et al. Energy consumption hierarchical analysis based on interpretative structural model for ethylene production[J]. Chinese Journal of Chemical Engineering, 2015, 23(12): 2029-2036.

[55] Han Y M, Geng Z Q, Liu Q Y. Energy efficiency evaluation based on data envelopment analysis integrated analytic hierarchy process in ethylene production[J]. Chinese Journal of Chemical Engineering, 2014, 22(11-12): 1279-1284.

[56] Peng Y W, Wu S X, Xu X Z. DEA cross-evaluation analysis with MATLAB[J]. Journal of Southwest University for Nationalities (Natural Science Edition), 2004, 30(5): 553-556.

[57] 高辉. SPYRO 软件在乙烯原料优化中的应用[J]. 齐鲁石油化, 2014, 42(4): 259-262.

[58] Houshyar E, Kiani S, Davoodi M J S. Energy consumption efficiency for corn production utilizing data envelopment analysis (DEA) and analytical hierarchy process (AHP) techniques[J]. Research on Crops, 2012, 13(2): 754-759.

[59] Zhang C, Sun L, Wen F S, et al. An interpretative structural modeling based network reconfiguration strategy for power systems[J]. International Journal of Electrical Power and Energy Systems, 2015, 65: 83-93.

[60] 耿志强, 朱群雄, 顾祥柏. 基于关联层次模型的乙烯装置能效虚拟对标及应用[J]. 化工学报, 2011(8): 2372-2377.

[61] Adhaua S P, Moharila R M, Adhaub P G. K-means clustering technique applied to availability of micro hydro power[J]. Sustainable Energy Technologies and Assessments, 2014, 8: 191-201.

[62] Gong S X, Shao C, Zhu L. Energy efficiency evaluation based on DEA integrated factor analysis in ethylene production[J]. Chinese Journal of Chemical Engineering, 2017, 25(6): 793-799.

[63] 王学雷. 面向乙烯生产流程的能源消耗动态定标方法[J]. 计算机与应用化学, 2010, 27(9): 1165-1170.

[64] 高文清. 天津石化乙烯裂解原料的评价及工业应用[D]. 天津: 天津大学, 2006.

[65] Wang Z. Analysis of energy consumption of ethylene plant of Qilu company and measures to reduce energy consumption[J]. Sino-global Energy, 2012, 17(8): 64-67.

[66] Rehab D, Mohammed A R. A novel approach for initializing the spherical K-means clustering algorithm[J]. Simulation Modelling Practice and Theory, 2015, 54: 49-63.

[67] Li G J, Huang D H, Sun C S, et al. Developing interpretive structural modeling based on factor analysis for the water-energy-food nexus conundrum[J]. The Science of the Total Environment, 2018, 651(1): 309-322.

[68] Kim J-O, Mueller C W. Factor Analysis: Statistical Methods and Practical Issues[M]. Thousand Oaks: SAGE Publications, Inc, 2012.

[69] Abdullah A, Saeed Z. Review of efficiency ranking methods in data envelopment analysis[J]. Measurement, 2017, 106: 161-172.

[70] Chiang K. Multiplicative aggregation of division efficiencies in network data envelopment analysis[J]. European Journal of Operational Research, 2018, 270(1): 328-336.

[71] Seiford L M, Zhu J. Profitability and marketability of top 55 US commercial banks[J]. Management Science, 1999, 45 (9): 1270-1288.

[72] Wang Y M, Chin K. Some alternative DEA models for two-stage process[J]. Expert Systems with Applications, 2010, 37(12): 8799-8808.

[73] Madjid T, Mohamad A K, Debora D C, et al. A two-stage data envelopment analysis model for measuring performance in three-level supply chains[J]. Measurement, 2016, 78: 322-333.

[74] Kao C. Efficiency decomposition and aggregation in network data envelopment analysis[J]. European Journal of Operational Research, 2016, 255(3): 1-9.

[75] 雷西洋. 网络结构决策单元效率评价方法及其应用研究[D]. 合肥: 中国科学技术大学, 2017.

[76] Kao C. Efficiency decomposition in network data envelopment analysis: A relational model[J]. European Journal of Operational Research, 2009, 192(3): 949-962.

[77] Liu Y N, Wang K. Energy efficiency of China's industry sector: An adjusted network DEA (data envelopment analysis)-based decomposition analysis[J]. Energy, 2015, 93: 1328-1337.

[78] 王宏全, 薛峰. USC 型管式裂解炉在乙烯装置中的应用[J]. 石油与化工设备, 2010, 13(7): 32-39.

[79] Zhao H, Rong G, Feng Y P. Effective solution approach for integrated optimization models of refinery production and utility system[J]. Industrial & Engineering Chemistry Research, 2015, 54(37): 9238-9250.

[80] 杨希东. 实验数据异常值的剔除方法[J]. 唐山师专学报, 1998, 20(5): 56-57.

[81] Xia X H, Zhang L J. Industrial energy systems in view of energy efficiency and operation control[J]. Annual Reviews in Control, 2016, 42: 299-308.

[82] 杨尔辅, 胡益锋, 周强, 等. 乙烯生产过程建模及控制和优化技术综述[J]. 石油化工自动化, 2002(2): 1-11.

[83] Tjoa I B, Ota Y, Matsuo H, et al. Ethylene plant scheduling system based on a MINLP formulation[J]. Computer and Chemical Engineering, 1997, 21: 1073-1077.

[84] 韩云. 乙烯裂解炉裂解反应数值模拟及工况优化试验研究[D]. 南京: 东南大学, 2007.

[85] 陈孜讓, 邱彤, 何小荣. 基于生产计划模型制定乙烯原料优化方案[J]. 计算机与应用化学, 2010, 27(7): 875-878.

[86] 赵红松. 乙烯装置急冷系统的综合治理[J]. 乙烯工业, 2004, 16(2): 34-37.

[87] Solovyev B, Miller R, Emoto G, et al. Ethylene quench column optimal operation and controllability analysis[J]. Journal of Process Control, 2000, 10: 251-258.

[88] 吕文祥, 张金柱, 江奔奔, 等. 面向热集成耦合的精馏过程集成控制与优化[J]. 化工学报, 2013(12): 4319-4324.

[89] 马江鹏, 陈海胜, 黄克谨. 简化外部热耦合双精馏塔的控制与优化[J]. 化工学报, 2011(8): 2195- 2199.

[90] 韩岳龙, 孙强, 杨晓一. 乙烯精馏塔再沸器加热控制方案的优化[J]. 乙烯工业, 2013, 25(3): 37- 40.

[91] 张少石, 陈晓蓉, 梅华, 等. MTO 脱甲烷塔分离过程模拟及优化[J]. 化工进展, 2014, 33(5): 1093-1100.

[92] 吴凯, 何小荣, 邱彤, 等. 脱丙烷塔的操作优化[J]. 计算机与应用化学, 2003, 20(3): 233- 235.

[93] 王恩杰. 石化企业生产计划系统建模与优化研究[D]. 济南: 山东大学, 2015.

[94] Viswanathan J, Grossmann I E. A combined penalty function and outer-approximation method for MINLP optimization[J]. Computers and Chemical Engineering, 1990, 14: 769-782.

[95] Gubitoso F, Pinto J M. A planning model for the optimal production of a real-world ethylene plant[J]. Chemical Engineering and Processing, 2007, 46(11): 1141-1150.

[96] Perssony J A, Gothe-lundgren M, Lundgren J T, et al. A tabu search heuristic for scheduling the production process at an oil refinery[J]. International Journal of Production Economics, 2004, 42(3): 445-471.

[97] Zhang Y, Jin X Z, Feng Y P, et al. Data-driven robust optimization under correlated uncertainty: A case study of production scheduling in ethylene plant[J]. Computers and Chemical Engineering, 2018, 109: 48-67.

[98] Rajasekhar K, Prakash K. Optimal production planning in a petrochemical industry using multiple levels[J]. Computers & Industrial Engineering, 2016, 100: 133-143.

[99] Emil H E, Jens G B. Dynamic optimization and production planning of thermal cracking operation[J]. Chemical Engineering Science, 2001, 56: 989-997.

[100] 宋长春. 原油采购和生产优化模型 PIMS 在石家庄炼化的应用[J]. 河北企业, 2019(1): 5-6.

[101] 吴原华, 张纯刚, 卢叶凌. 提高 PIMS 模型测算精度的方法[J]. 石化技术与应用, 2019, 37(1): 65-70.

[102] 张冬冬, 王冰亚, 张春研. PIMS 信息系统在生产应用中的分析研究[J]. 科学技术创新, 2018(22): 85-86.

[103] 崔译戈. 基于 PIMS 模型的生产计划动态管理[J]. 石化技术, 2017, 24(7): 223.

[104] Zhao H, Ierapetritou M G, Shah N K, et al. Integrated model of refining and petrochemical plant for enterprise-wide optimization[J]. Computers and Chemical Engineering, 2017, 97: 194-207.

[105] Xiong G, Nyberg T R. Push/pull production plan and schedule used in modern refinery CIMS[J]. Robotics and Computer Integrated Manufacturing, 2000, 16(6): 397-410.

[106] Kadambur R, Kotecha P. Multi-level production planning in a petrochemical industry using elitist teaching-learning-based-optimization[J]. Expert Systems with Applications, 2015, 42(1): 628-641.

[107] Berreni M, Wang M H. Modelling and dynamic optimization of thermal cracking of propane for ethylene manufacturing[J]. Computers and Chemical Engineering, 2011, 35: 2876-2885.

[108] Yu K J, While L, Reynolds M, et al. Cyclic scheduling for an ethylene cracking furnace system using diversity learning teaching-learning-based optimization[J]. Computers and Chemical Engineering, 2017, 99: 314-324.

[109] Yu K J, Wang X, Wang Z L. Multiple learning particle swarm optimization with space transformation perturbation and its application in ethylene cracking furnace optimization[J]. Knowledge-Based Systems, 2016, 96(15): 156-170.

[110] 董小云. 精馏塔乙烯损失率建模及智能优化控制策略[D]. 大连: 大连理工大学, 2017.

[111] 刘佳. 乙烯裂解炉收率建模及优化控制策略[D]. 大连: 大连理工大学, 2016.

[112] 罗雄麟, 赵晓鹰, 孙琳, 等. 裂解装置乙烯精馏塔回收率与总能耗的均衡操作优化[J]. 计算机与应用化学, 2015, 32(11): 1297-1303.

[113] Masoumi M E, Sadrameli S M, Towfighi J, et al. Simulation, optimization and control of a thermal cracking furnace[J]. Energy, 2006, 31: 516-527.

[114] Yu K J, While L, Reynolds M, et al. Multiobjective optimization of ethylene cracking furnace system using self-adaptive multiobjective teaching-learning-based optimization[J]. Energy, 2018, 148: 469-481.

[115] Zhao H, Ierapetritou M G, Rong G. Production planning optimization of an ethylene plant considering process operation and energy utilization[J]. Computers and Chemical Engineering, 2016, 87: 1-12.

[116] Wang S, Cao T, Chen B. Urban energy-water nexus based on modified input-output analysis[J]. Applied Energy, 2017, 196: 208-217.

[117] Behera S K, Das D P, Subudhi B. Functional link artificial neural network applied to active noise control of a mixture of tonal and chaotic noise[J]. Applied Soft Computing, 2014, 23: 51-60.

[118] Dehuri S, Roy R, Cho S B, et al. An improved swarm optimized functional link artificial neural network (ISO-FLANN) for classification[J]. The Journal of Systems and Software, 2012, 85(6): 1333-1345.

[119] Li M, Gao J L. An ensemble data mining and FLANN combining short-term load forecasting system for abnormal days[J]. Journal of Software, 2011, 6(6): 961-968.

[120] Deepa D, Matolak, David W, et al. Spectrum occupancy prediction based on functional link artificial neural network (FLANN) in ISM band[J]. Neural Computing & Applications, 2018, 29(12): 1363-1376.

[121] Zhao H Q, Zeng X P, Hea Z Y, et al. Improved functional link artificial neural network via convex combination for nonlinear active noise control[J]. Applied Soft Computing, 2016, 42: 351-359.

[122] 王春民, 崔兴华. 预测误差法参数辨识及其MATLAB仿真[J]. 系统仿真学报, 2005, 17(s2): 145- 150.

[123] Shen Y, Zhang J Q, Wang S Z. A new method for nonlinear estimation and dynamic calibration of pulp consistency sensors[J]. Chinese Journal of Scientific Instrument, 1997, 18(1): 1-6.

[124] He Y L, Zhu Q X. A novel robust regression model based on functional link least square (FLLS) and its application to modeling complex chemical processes[J]. Chemical Engineering Science, 2016, 153: 117-128.

[125] Yang Z K, Wang J L, Yu T, et al. Dynamic model parameter identification of the acceleration sensor based on the prediction error method[J]. Chinese Journal of Scientific Instrument, 2015, 36(6): 1244-1249.

[126] 万中, 冯冬冬. 无约束优化问题的精细修正牛顿算法[J]. 高校应用数学学报 A 辑, 2011, 26(2): 179-186.

[127] Geng Z Q, Han Y M, Gu X B, et al. Energy efficiency estimation based on data fusion strategy: Case study of ethylene product industry[J]. Industrial & Engineering Chemistry Research, 2012, 51(25): 8526-8534.

[128] Liang S, Wang Y F, Zhang T Z, et al. Structural analysis of material flows in China based on physical and monetary input-output models[J]. Journal of Cleaner Production, 2017, 158: 209-217.

[129] Sun X D, Li J S, Qiao H, et al. Energy implications of China's regional development: New insights from multi-regional input-output analysis[J]. Applied Energy, 2017, 196: 118-131.

[130] Jin Y K, Li J L, Du W L, et al. Integrated operation and cyclic scheduling optimization for an ethylene cracking furnaces system[J]. Industrial & Engineering Chemistry Research, 2015, 54(15): 3844-3854.

[131] Zhao B, Cao Y J. Multiple objective particle swarm optimization technique for economic load dispatch[J]. Journal of Zhejiang University Science, 2005, 6A(5): 420-427.

[132] Coello C A C, Lechuga M S M. A proposal for multiple objective particle swarm optimization[J]. IEEE Proceedings World Congress on Computational Intelligence, 2003, 2: 1051-1056.

[133] Chai T Y, Qin S J, Wang H. Optimal operational control for complex industrial processes[J]. Annual Reviews in Control, 2014, 38: 81-92.

[134] Zhou P, Chai T Y, Wang H. Intelligent optimal-setting control for grinding circuits of mineral processing process[J]. IEEE Transactions on Automation Science and Engineering, 2009, 6(4): 730-743.

[135] 姜洪殿, 董康银, 杨立雷, 等. 我国炼油工业能源效率提升对策研究[J]. 现代化工, 2017(4): 11-15.

[136] 王文新. 常压蒸馏装置的在线优化控制[D]. 北京: 北京化工大学, 2000.

[137] 宋天民, 宋尔明. 炼油工艺与设备[M]. 北京: 中国石化出版社, 2014.

[138] Liu X H, Xu Y G, Guo D Y, et al. Mill gear box of intelligent diagnosis based on support vector machine parameters optimization[J]. Applied Mechanics &Materials, 2015, 697: 239-243.

[139] 胡旺, 李志蜀. 一种更简化而高效的粒子群优化算法[J]. 软件学报, 2007, 18(4): 861-868.

[140] Wang Z W, Sun J J, Yin C F. A Support vector machine based on an improved partical swarm optimization algorithm and its application[J]. Journal of Harbin Engineering University. 2016, 37(12): 1728-1733.

[141] 张健中. 3.5Mt/a 常减压装置的流程模拟及操作优化研究[D]. 哈尔滨: 哈尔滨工业大学, 2006.

[142] 陶勇. 基于原油调和的常减压装置操作的多目标优化[D]. 武汉: 武汉理工大学, 2014.

[143] López C D C, Hoyos L J, Mahecha C A, et. al. Optimization model of crude oil distillation units for optimal crude oil blending and operating conditions[J]. Industrial & Engineering Chemistry Research, 2013, 52(36): 12993-13005.

[144] 沈鑫, 俞辉, 赵英凯, 等. 常减压蒸馏装置流程模拟及优化研究[J]. 自动化仪表, 2011, 32(11): 39-42.

[145] 黄小侨, 李娜, 李军, 等. 基于遗传算法的常减压装置多目标优化[J]. 中国石油大学学报 (自然科学版), 2016, 40(2): 163-168.

[146] 陶少辉, 史书阳, 刘猛. LS-SVM 模型在线校正的替代法及其软测量应用[J]. 化工自动化 及仪表, 2010, 37(8): 15-18.

[147] 陈爱军. 最小二乘支持向量机及其在工业过程建模中的应用[D]. 杭州: 浙江大学, 2006.

[148] Suykens J A K, Vandewalle J. Least squares support vector machine classifiers[J]. Neural Processing Letters, 1999, 9(3): 293-300.

[149] 侯凯锋. 大型石化项目的能源网络图分析[J]. 石油炼制与化工, 2012, 43(2): 87-90.

[150] 邵信光, 杨慧中, 陈刚. 基于粒子群优化算法的支持向量机参数选择及其应用[J]. 控制理 论与应用, 2006, 23(5): 740-743.

[151] Bates J M, Granger C W. The combination of forecasts[J]. Operations Research Quarterly, 1969, 20(4): 319-323.

[152] Cho S B, Kim J H. Combining multiple neural networks by fuzzy integral for robust classification[J]. IEEE Transactions on Systems, Man and Cybernetics, 1995, 25(2): 380-384.

[153] 高林, 顾幸生. 神经网络多模型软测量技术及其应用[J]. 华东理工大学学报, 2004, 30(5): 559-563.

[154] Mitchell T. 机器学习[M]. 曾华军, 张音奎, 译. 北京: 机械工业出版社, 2003.

[155] 朱国强, 刘士荣, 俞金寿. 基于支持向量机的数据建模在软测量建模中的应用[J]. 华东理工大学学报, 2002, 22(9): 6-10.

[156] Kenned J, Eberhart R. Particle swarm optimization[C]. IEEE International Conference on Neural Networks, 1995: 1942-1948.

[157] 万乐乐. 浅析移动互联网的发展现状及趋势[J]. 电脑迷, 2018(8): 241.

[158] 2018 年 2 月份通信业经济运行情况分析[J]. 通信企业管理, 2018(4): 77-79.

[159] 卢衍会. 乙烯生产能效监测系统评估模块的设计与实现[D]. 大连: 大连理工大学, 2017.